大数据与人工智能技术丛书

PaddlePaddle 深度学习实践 微课视频版

◎ 卢睿 李林瑛 著

清華大學出版社
北京

内 容 简 介

全书共8章，可分为三部分。第一部分为深度学习基础篇，包括第1、2章，介绍Python基础、数学基础、深度学习的概念和任务；第二部分为深度学习基本模型篇，包括第3～5章，介绍卷积神经网络、循环神经网络和基于自注意力机制的Transformer模型；第三部分为自然语言应用篇，包括第6～8章，介绍词向量、预训练语言模型、词法分析等自然语言处理领域的应用和实践。书中各章相互独立，读者可根据自己的兴趣和时间使用。书中每章都给出了相应的实践内容，建议读者在阅读时，辅以代码实践，快速上手深度学习，加深对模型的理解。

本书内容基础、案例丰富，适合作为高等院校人工智能及相关专业的教材，也可供研究人员和技术人员参考。

图书在版编目（CIP）数据

PaddlePaddle深度学习实践 ：微课视频版 / 卢睿，李林瑛著. -- 北京 ：清华大学出版社，2024. 6.

(大数据与人工智能技术丛书). -- ISBN 978-7-302-66449-9

Ⅰ. TP181

中国国家版本馆CIP数据核字第202448UT28号

策划编辑：魏江江
责任编辑：郑寅堃　温明洁
封面设计：刘　键
责任校对：郝美丽
责任印制：丛怀宇

出版发行：清华大学出版社
网　　址：https://www.tup.com.cn，https://www.wqxuetang.com
地　　址：北京清华大学学研大厦A座　　**邮　　编**：100084
社 总 机：010-83470000　　**邮　　购**：010-62786544
投稿与读者服务：010-62776969，c-service@tup.tsinghua.edu.cn
质量反馈：010-62772015，zhiliang@tup.tsinghua.edu.cn
课件下载：https://www.tup.com.cn，010-83470236
印 装 者：三河市天利华印刷装订有限公司
经　　销：全国新华书店
开　　本：185mm×260mm　　**印　　张**：15.25　　**字　　数**：354千字
版　　次：2024年8月第1版　　**印　　次**：2024年8月第1次印刷
印　　数：1～1500
定　　价：59.90元

产品编号：097333-01

前言

新一轮科技革命和产业变革带动了传统产业的升级改造。党的二十大报告强调“必须坚持科技是第一生产力、人才是第一资源、创新是第一动力，深入实施科教兴国战略、人才强国战略、创新驱动发展战略，开辟发展新领域新赛道，不断塑造发展新动能新优势”。建设高质量高等教育体系是摆在高等教育面前的重大历史使命和政治责任。高等教育要坚持国家战略引领，聚焦重大需求布局，推进新工科、新医科、新农科、新文科建设，加快培养紧缺型人才。

深度学习源于人工神经网络。2012 年 AlexNet 在 ImageNet 大赛中成功击败传统方法后，深度学习兴起，迅速成为机器学习领域内非常活跃的一个分支。深度学习是一种基于数据表征学习的方法，通过构建具有多个隐藏层的学习网络和海量的训练数据来学习有用的特征，通过逐层特征变换将样本在原空间的特征表示变换到新特征空间，从而实现更加准确高效的分类或预测。近年来，深度学习方法已经在人脸识别、自动驾驶、工业机器人、智能推荐、智能客服等诸多领域得到广泛应用，取得了令人惊喜的应用成果。

深度学习平台作为人工智能时代的“操作系统”，其自主可控的重要性不言而喻。然而，无论是学术界驱动的代表性深度学习框架 Theano、Caffe，还是由企业主导的深度学习框架 TensorFlow、PyTorch，鲜有中国主导的平台。面对愈演愈烈的国际竞争态势，为了全面提升我国人工智能科技实力，发展和推广类似飞桨(PaddlePaddle)这样自主可控的深度学习开源平台势在必行。本书编写的初衷就是为推动我国人工智能教育，以及人工智能技术的自主可控贡献一份力量。

本书特色

本书是关于深度学习的入门级教程，在编写过程中始终遵循“内容基础、由浅入深、注重实践”。书中较为全面地覆盖了深度学习所必须具备的基础知识以及主要模型，包括 Python 核心库编程基础、数学基础、感知机、卷积神经网络、循环神经网络以及自注意力模型，并给出模型和算法的代码实现，尽量做到理论和实践高度融合。具体内容的章节安排充分考虑了读者的特点和认知规律，在知识架构和案例穿插的设计上确保强化基础、循序渐进、由浅入深。本书的另外一个重要特点是提供了大量有趣案例，覆盖了从网络数据爬取到计算机视觉、自然语言处理等领域经典的模型和应用案例。本书每章经典模型和案例都提供了基于百度深度学习框架飞桨(PaddlePaddle)的完整代码，并给出详细解析和说明，以便加深加快读者对所学内容的理解和掌握。

本书的编写受到“2021 年度辽宁省普通高等教育本科教学改革研究项目(LNBKJG11432202101)”“2022 年度辽宁省研究生教育教学改革研究项目(LNYJG2022423)”“2022 年度辽宁省教育厅基本科研项目(LJKMZ20221549)”的支持。

为方便实践与练习，读者可以扫描本书二维码获取相应资源，亦可登录“飞桨 AI Studio——人工智能学习与实训社区”交流学习。

深度学习背后的核心技术包括神经网络的结构设计和方法等，其理论体系虽然有一定进展，但是并不完美。当前的主流深度学习技术是一门应用性极强的工程技术，这种尚不完备的理论以及具有较高门槛的应用工程特点，对于初学者来说具有一定的困难。如果本书能够引领读者迅速进入深度学习研究和应用领域，取得一定的成果，那将是本书作者的荣幸！

本书面向对象

主要读者对象包括：

(1) 人工智能领域的技术工程师，尤其是机器学习和深度学习领域的工程师；

(2) 高校人工智能专业学生、教师以及研究人员；

(3) 希望了解人工智能尤其是深度学习的技术工程师和产品经理；

(4) 对 PaddlePaddle 平台感兴趣的读者。

目录

随书资源

第一部分　深度学习基础

第二部分 深度学习基本模型

第三部分 自然语言应用

第一部分 深度学习基础

第 1 章

Python与数学基础

本章将介绍在学习深度学习之前需要掌握的一些数学知识和 Python 编程知识。由于书中编写的代码都是基于 Python 实现的,因此本章将在 1.1 节首先介绍 Python 的特点及应用。之后,在 1.2 节将介绍在深度学习算法开发中最为常用的两个 Python 基础库——NumPy(Numerical Python)库和 Matplotlib 库。接着,在 1.3 节和 1.4 节介绍飞桨(PaddlePaddle)编程基础以及学习深度学习所需具备的数学基础知识。最后,在 1.5 节中给出本章实践案例:爬取百度百科《青春有你 2》所有参赛选手的信息。学完本章,希望读者能够:

- 理解深度学习涉及的基本数学知识,掌握深度学习中涉及的线性代数和微积分等基础知识;
- 掌握 Python 库 NumPy 和 Matplotlib 的基本应用;
- 具备数学推导、算法设计与编程实现的综合能力。

1.1 Python 简介

研究人工智能非常难,需要数学、编程、机器学习的基础,但是使用人工智能却很简单。Python 最大的优势,就是它非常接近自然语言,易于阅读理解,编程简单直接,更加适合初学者。人工智能和 Python 互相成就对方,人工智能算法促进 Python 的发展,而 Python 也让算法更加简单。

Python 的设计混合了传统语言软件工程的特点和脚本语言的易用性,具有如下特性:

- 开源、易于维护、可移植;
- 易于使用、简单优雅;

- 广泛的标准库、功能强大；
- 可扩展、可嵌入；
- 所有的深度学习框架一般都有一个 Python 版的接口。

Python 应用非常广泛，包括数据分析、科学计算、常用软件开发、人工智能、网络爬虫和 Web 开发等，如图 1-1 所示。

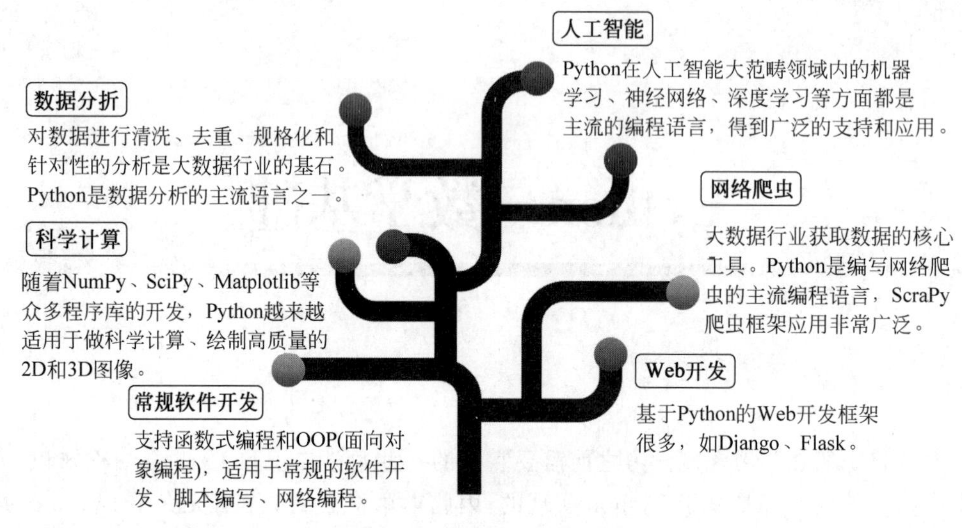

图 1-1 Python 典型应用

1.2 深度学习常用 Python 库

Python 被大量应用在数据挖掘和深度学习领域，其中使用极其广泛的是 NumPy、Pandas、Matplotlib、PIL 等库。这里主要介绍两个在深度学习中最为常用的库：NumPy 和 Matplotlib。

1.2.1 NumPy 库

NumPy 是高性能科学计算和数据分析的基础包，其部分功能如下：

- 可通过 ndarray 生成具有矢量算术运算和广播能力的快速且节省空间的多维数组；
- 对整组数据进行快速运算的标准数学函数，编程时不需要编写循环；
- 具有读写磁盘数据的工具以及用于操作内存映射文件的工具；
- 具有线性代数、随机数生成以及傅里叶变换功能。

1. 数组创建

创建数组最简单的办法就是使用 array 函数。它接受一切序列型的对象，然后产生新的含有传入数据的 NumPy 数组。其中，一组等长列表组成的列表嵌套序列将会被转换为一个多维数组。此外，zeros 和 ones 分别可以创建指定长度或者形状的全 0 或全 1

数组，random 可以创建均匀分布和正态分布数组。下面展示相应的代码示例。

```
01. import numpy as np
02. a = [1,  2,  3,  4]                          # 创建简单的列表
03. b = np.array(a)                              # 将列表转换为数组
04. print(b)
05. # 创建 2 行 2 列的数值为浮点 0 的矩阵
06. array_zero = np.zeros([2,2])
07. print(array_zero)
08. # 创建 3 行 3 列的数值为浮点 1 的矩阵
09. array_one = np.ones([3,3])
10. print(array_one)
11. #均匀分布
12. #print(np.random.rand(4, 14)) #创建指定形状(示例为 4 行 14 列)的数组(范围为 0~1)
13. #print(np.random.uniform(0, 100))       #创建指定范围内的一个数
14. #print(np.random.randint(0, 100))       #创建指定范围内的一个整数
15. #正态分布
16. norm = np.random.normal(1.75, 0.1, (2, 3)) #给定均值/标准差/维度的正态分布 print
    (norm)
```

执行结果如下。

```
[1 2 3 4]
[[0. 0.]
[0. 0.]]
[[1. 1. 1.]
[1. 1. 1.]
[1. 1. 1.]]
[[1.70827076 1.57336673 1.64910244]
[1.67839499 1.77657256 1.71828301]]
```

2. 数组和标量之间的运算

数组很重要，因为它不用编写循环即可对数据执行批量运算，这通常叫作矢量化(Vectorization)。大小相等的数组之间的任何算术运算都会将运算应用到元素级。同样，数组与标量的算术运算也会将那个标量值传播到各个元素。代码如下所示。

```
01. arr = np.array([[1., 2., 3.], [4., 5., 6.]])
02. print(1/arr,arr - arr,arr * arr,arr * 0.5)
```

执行结果如下。

```
[[1.         0.5         0.33333333]
[0.25        0.2         0.16666667]]
[[0. 0. 0.][0. 0. 0.]]
[[ 1. 4. 9.][16. 25. 36.]]
[[0.5 1. 1.5][2. 2.5 3. ]]
```

3. 索引和切片

一维数组与列表最重要的区别在于：数组切片是原始数组的视图。这意味着数据不会被复制，视图上的任何修改都会直接反映到源数组上。二维数组各索引位置上的元素不再是标量，而是一维数组。多维数组如果省略了后面的索引，则返回对象会是一个维度低一点的 ndarray。代码如下所示。

```
01. arr3d = np.array([[[1, 2, 3], [4, 5, 6]], [[7, 8, 9], [10, 11, 12]]])
02. print(arr3d[0,1])
```

执行结果如下。

```
[4 5 6]
```

4. 数学和统计方法

可以通过数组上的一组数学函数对整个数组或某个轴向的数据进行统计计算。sum、mean 和 std 等聚合计算既可以当作调用数组的实例方法，也可以当作 NumPy 函数。代码如下所示。

```
01. arr = np.random.randn(5, 4)  # 正态分布的数据
02. print(np.mean(arr))
03. print(arr.sum())
```

执行结果如下。

```
0.010392124768247173
0.20784249536494348
```

基本数组统计方法如表 1-1 所示。

表 1-1 统计方法

方法	说明
sum	对数组中全部或某轴向的元素求和。零长度的数组的 sum 为 0
mean	算术平均数。零长度的数组的 mean 为 NaN
std，var	分别为标准差和方差，自由度可调(默认为 n)
min，max	最大值和最小值
argmin，argmax	分别为最大和最小元素的索引
cumsum	所有元素的累加
cumprod	所有元素的累积

5. 线性代数

线性代数(如矩阵乘法、矩阵分解、行列式等)是任何与数组相关库的重要组成部分。

NumPy 提供了一个用于矩阵乘法的 dot 函数输出数组的一些信息,如维度、形状、元素个数、元素类型等。代码如下所示。

```
01. x = np.array([[1., 2., 3.], [4., 5., 6.]])
02. y = np.array([[6., 23.], [-1, 7], [8, 9]])
03. print(x.dot(y)) # 相当于 np.dot(x, y)
```

执行结果如下。

```
[[ 28. 64.]
[ 67. 181.]]
```

6. 广播机制

对于 array,默认执行对位运算,涉及多个 array 的对位运算要求维度一致。如果维度不一致,则在没有对齐的维度上分别执行对位运算,该机制称为广播机制。代码如下所示。

```
01. array_a = np.array([[1, 2, 3],[4, 5, 6]])
02. array_b = np.array([[1, 2, 3],[1, 2, 3]])
03. print?("相同维度 array, 进行对位运算, 结果为:\n" + str(array_a + array_b))
04. array_c = np.array([[1, 2, 3],[4, 5, 6],[7, 8, 9],[10, 11, 12]])
05. array_d = np.array([2, 2, 2])
06. print ("广播机制下, c 和 d 对每一行分别计算, 结果为:\n" + str(array_c + array_d))
```

执行结果如下。

```
相同维度 array, 进行对位运算, 结果为:
[[2 4 6]
[5 7 9]]
广播机制下, c 和 d 对每一行分别计算, 结果为:
[[ 3 4 5]
[ 6 7 8]
[ 9 10 11]
[12 13 14]]
```

1.2.2　Matplotlib 库

Matplotlib 是 Python 中常用的可视化工具之一,可以非常方便地创建 2D 图表和部分 3D 图表。Matplotlib 最早是为了可视化癫痫病人脑皮层电图相关的信号而研发的,因为在函数设计上参考了 MATLAB,所以叫作 Matplotlib。

Matplotlib 非常强大,本节以深度学习中梯度下降法展示其图表功能。假设现在需要求解目标函数 $\mathrm{func}(x)=x^2$ 的极小值。由于 func 是一个凸函数,因此它的极小值也是最小值,其一阶导数为 $\mathrm{dfunc}(x)/\mathrm{d}x=2x$,该导数求解函数为梯度下降函数 gradient_ descent()。代码如下所示。

```
01. import matplotlib.pyplot as plt
02.
03. def func(variable_x):
04.     """
05.     构建目标函数实现
06.     args:
07.         variable_x: 自变量
08.     return:
09.         np.square(variable_x): 目标函数
10.     """
11.       return np.square(variable_x)
12.
13. def dfunc(variable_x):
14.     """
15.     目标函数一阶导数(即偏导数)实现
16.     args:
17.         variable_x: 目标函数
18.     return:
19.         2 * variable_x: 目标函数一阶导数
20.     """
21.       return 2 * variable_x
22.
23. def gradient_descent(x_start, func_deri, epochs, learning_rate):
24.     """
25.     梯度下降法函数
26.     args:
27.         x_start: x的起始点
28.         func_deri: 目标函数的导函数
29.         Epochs: 迭代周期
30.         learning_rate: 学习率
31.    return:
32.         xs: 求在 Epochs 次迭代后 x 的更新值
33.     """
34.      theta_x = np.zeros(epochs + 1)
35.      temp_x = x_start
36.      theta_x[0] = temp_x
37.      for i in range(epochs):
38.         deri_x = func_deri(temp_x)
39.         # delta 表示 x 要改变的幅度
40.         delta = - deri_x * learning_rate
41.         temp_x = temp_x + delta
42.         theta_x[i + 1] = temp_x
43.         return theta_x
44.
45. def mat_plot():
46.     """
```

```
47.     使用 matplotlib 绘制函数图像
48.     """
49.     line_x = np.linspace( - 5, 5, 100)
50.     line_y = func(line_x)
51.     x_start = - 5
52.     epochs = 5
53.     learning_rate = 0.3
54.     dot_x = gradient_descent(x_start, dfunc, epochs,
55.                              learning_rate = learning_rate)
56.     color = 'r'
57.     # plot 实现绘制的主功能
58.     plt.plot(line_x, line_y, c = 'b')
59.     plt.plot(dot_x, func(dot_x), c = color,
60.              label = 'learning_rate = {}'.format(learning_rate))
61.     plt.scatter(dot_x, func(dot_x), c = color, )
62.     # legend 函数显示图例
63.     plt.legend()
64.     # show 函数显示
65.     plt.show()
66.
67. mat_plot()
```

图 1-2 展示了如何用梯度下降法求解 x^2 的极小值，起始 $x=5$，学习率为 0.3，浅色线为检索过程，点位是每次更新的 x 值所在的点。

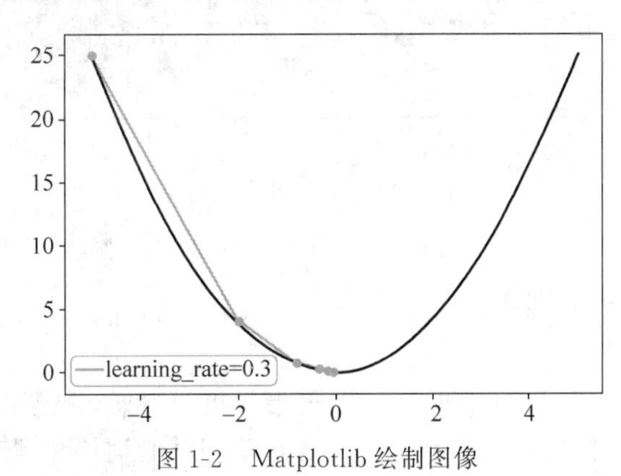

图 1-2 Matplotlib 绘制图像

Matplotlib 可以实现多图像绘制，绘制时仅需要指定绘制的图像数目及当前子图所在的行数与列数，两个子图绘制到一个图形的代码如下所示。图 1-3 表示两个子图分别显示在 1 行 1 列和 2 行 1 列位置上。

```
01. import matplotlib.pyplot as plt
02. import numpy as np
03.
04. # 显示 Matplotlib 生成的图形
05. % matplotlib inline
```

```
06. def f1(x):
07.     return np.exp(x) * np.sin(2 * np.pi * x)
08.
09. def f2(x):
10.     return np.log(x) * np.cos(2 * np.pi * x)
11.
12. x1 = np.arange(0.1,5.0,0.1)
13. x2 = np.arange(0.1,5.0,0.05)
14. plt.figure(1)
15. plt.subplot(211) #设置两个子图,位于 1 行 1 列
16. plt.plot(x1,f1(x1),'go',x2,f2(x2),'k')
17.
18. plt.subplot(212) #设置两个子图,位于 2 行 1 列
19. plt.scatter(x2,f2(x2))
20. plt.show()
```

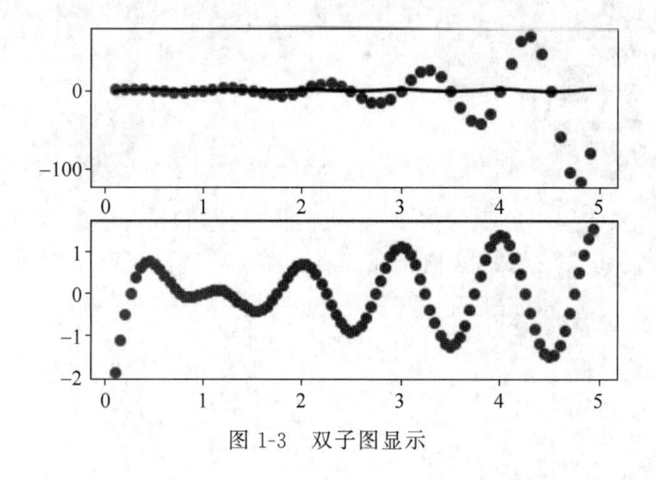

图 1-3　双子图显示

1.3　PaddlePaddle 基础

本书使用的是百度 PaddlePaddle(飞桨)开源深度学习库,它是中国首个开源开放、技术领先、功能丰富的产业级深度学习平台,集深度学习核心训练和推理框架、基础模型库、端到端开发套件和丰富的工具组件于一体。与其他深度学习框架相比,飞桨具有如下四大领先优势。

(1) 具有开发便捷的深度学习框架：飞桨兼顾便于性能优化的静态图和易于调试的动态图两种组网编程范式,默认采用命令式编程范式,并实现动静统一,开发者使用飞桨可以实现动态图编程调试,一行代码转静态图训练部署。同时还提供低代码开发的高层 API,并且高层 API 和基础 API 采用一体化设计,两者可以互相配合使用,做到高低融合,确保用户可以同时享受开发的便捷性和灵活性。

(2) 具有超大规模的深度学习模型训练技术：支持千亿特征、万亿参数的高速并行训练；支持业内首个通用参数服务器架构。

(3) 具有多端多平台部署的高性能推理引擎：即训即用，支持"端-边-云"多硬件和多操作系统。

(4) 具有产业级开源模型库：算法总数 200 余个，包含领先的预训练模型、国际竞赛冠军模型等，助力产业应用。

严格地讲，PaddlePaddle 是一个基于张量(Tensor)的数学运算工具包，提供了两个高级功能：能够使用 GPU 加速进行张量计算；能够自动进行微分计算，从而可以使用基于梯度的方法对模型参数进行优化。本节将简要介绍 PaddlePaddle 的基本功能，包括基本的数据存储结构(张量)，张量的基本操作以及通过反向传播技术自动计算梯度。

首先，仍然可以使用 pip 包管理工具安装 PaddlePaddle(CPU 版本)，具体方法为"!pip install paddlepaddle"。

本书推荐使用基于百度 AI Studio 线上环境安装和运行 PaddlePaddle，具体安装方法可以参考 PaddlePaddle 官网。

1.3.1　张量的概念

飞桨和其他深度学习框架一样，使用张量来表示数据结构，在神经网络中传递的数据均为张量。张量可以将其理解为多维数组，其可以具有任意多的维度，不同张量可以有不同的数据类型(Dtype)和形状 (Shape)。同一张量的中所有元素的数据类型均相同。如果你对 NumPy 熟悉，张量是类似于 NumPy array 的概念，同时张量比 NumPy 的 ndarray 多一些重要功能。首先，支持 GPU 加速计算(而 NumPy 仅支持 CPU 计算)；其次，张量支持自动微分，该功能使得张量更适合深度学习。

1. Tensor 的创建

首先，创建一个 Tensor，并用 ndim 表示 Tensor 维度的数量。

(1) 创建类似于 vector 的 1-DTensor，其 ndim 为 1。代码如下所示。

```
01. # 可通过 dtype 来指定 Tensor 数据类型，否则会创建 float32 类型的 Tensor
02. ndim_1_tensor = paddle.to_tensor([2.0, 3.0, 4.0], dtype = 'float64')
03. print(ndim_1_tensor)
```

执行结果如下。

```
Tensor(shape = [3], dtype = float64, place = CUDAPlace(0), stop_gradient = True,
       [2., 3., 4.])
```

特殊地，如果仅输入单个 scalar 类型数据(例如 float/int/bool 类型的单个元素)，则会创建 shape 为[1]的 Tensor。下面两种创建方式完全一致，shape 均为[1]，代码如下所示。

```
01. paddle.to_tensor(2)
02. paddle.to_tensor([2])
03. print(paddle.to_tensor([2])
```

执行结果如下。

```
Tensor(shape = [1], dtype = int64, place = CUDAPlace(0), stop_gradient = True, [2])
```

(2) 创建类似于 matrix 的 2-D Tensor,其 ndim 为 2。代码如下所示。

```
01. ndim_2_tensor = paddle.to_tensor([[1.0, 2.0, 3.0], [4.0, 5.0, 6.0]])
02. print(ndim_2_tensor)
```

执行结果如下。

```
Tensor(shape = [2, 3], dtype = float32, place = CUDAPlace(0), stop_gradient = True,
       [[1., 2., 3.],
       [4., 5., 6.]])
```

(3) 同样地,还可以创建 ndim 为 3, 4, …,N 等更复杂的多维 Tensor。代码如下所示。

```
01. # Tensor 可以有任意数量的轴(也称为维度)
02. ndim_3_tensor = paddle.to_tensor([[[1, 2, 3, 4, 5],
03.                                    [6, 7, 8, 9, 10]],
04.                                   [[11, 12, 13, 14, 15],
05.                                    [16, 17, 18, 19, 20]]])
06. print(ndim_3_tensor)
```

执行结果如下。

```
Tensor(shape = [2, 2, 5], dtype = int64, place = CUDAPlace(0), stop_gradient = True,
      [[[1, 2, 3, 4, 5],
        [ 6, 7, 8, 9, 10]],
      [[11, 12, 13, 14, 15],
        [16, 17, 18, 19, 20]]])
```

图 1-4 为上述不同 ndim 的 Tensor 表示。

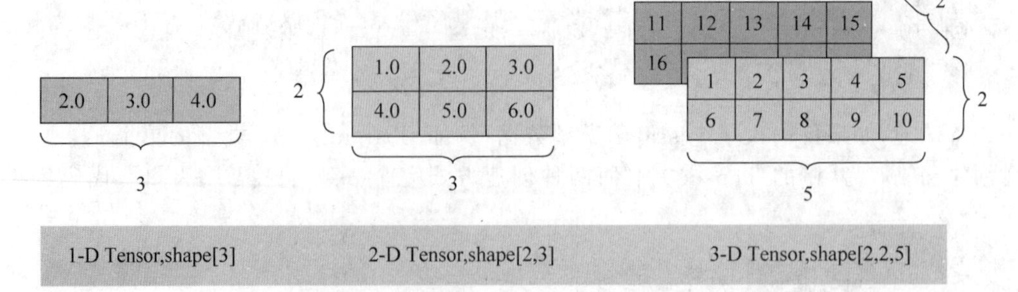

图 1-4 不同 ndim 的 Tensor 可视化表示

2. Tensor 和 NumPy 转换

你可以通过 Tensor.numpy 方法方便地将 Tensor 转化为 NumPy array。代码如下所示。

```
01. ndim_2_tensor.numpy()
02. array([[1., 2., 3.],
03.        [4., 5., 6.]], dtype = float32)
```

3. 创建指定形状 Tensor

如果要创建一个指定 shape 的 Tensor，PaddlePaddle 也提供了一些 API，如下所示。

```
01. paddle.zeros([m, n])                  # 创建数据全为 0,shape 为[m, n]的 Tensor
02. paddle.ones([m, n])                   # 创建数据全为 1,shape 为[m, n]的 Tensor
03. paddle.full([m, n], 10)               # 创建数据全为 10,shape 为[m, n]的 Tensor
04. paddle.arange(start, end, step)       # 创建从 start 到 end,步长为 step 的 Tensor
05. paddle.linspace(start, end, num)      # 创建从 start 到 end,元素个数固定为 num 的 Tensor
```

1.3.2 调整张量形状

1. 基本概念

查看一个 Tensor 的形状可以通过 Tensor.shape，shape 是 Tensor 的一个重要属性，以下为相关概念：

- shape 描述 Tensor 的每个维度上元素的数量；
- ndim 为 Tensor 的维度数量，例如向量的 ndim 为 1，矩阵的 ndim 为 2；
- axis 或者 dimension 指 Tensor 某个特定的维度；
- size 指 Tensor 中全部元素的个数。

创建 1 个 4-D Tensor，并通过图 1-5 图形来直观表达以上几个概念之间的关系。代码如下所示。

```
01. ndim_4_tensor = paddle.ones([2, 3, 4, 5])
02. print("Data Type of every element:", ndim_4_tensor.dtype)
03. print("Number of dimensions:", ndim_4_tensor.ndim)
04. print("Shape of tensor:", ndim_4_tensor.shape)
05. print("Elements number along axis 0 of tensor:", ndim_4_tensor.shape[0])
06. print("Elements number along the last axis of tensor:", ndim_4_tensor.shape[-1])
```

执行结果如下。

```
Data Type of every element: VarType.FP32
Number of dimensions: 4
Shape of tensor: [2, 3, 4, 5]
Elements number along axis 0 of tensor: 2
Elements number along the last axis of tensor: 5
```

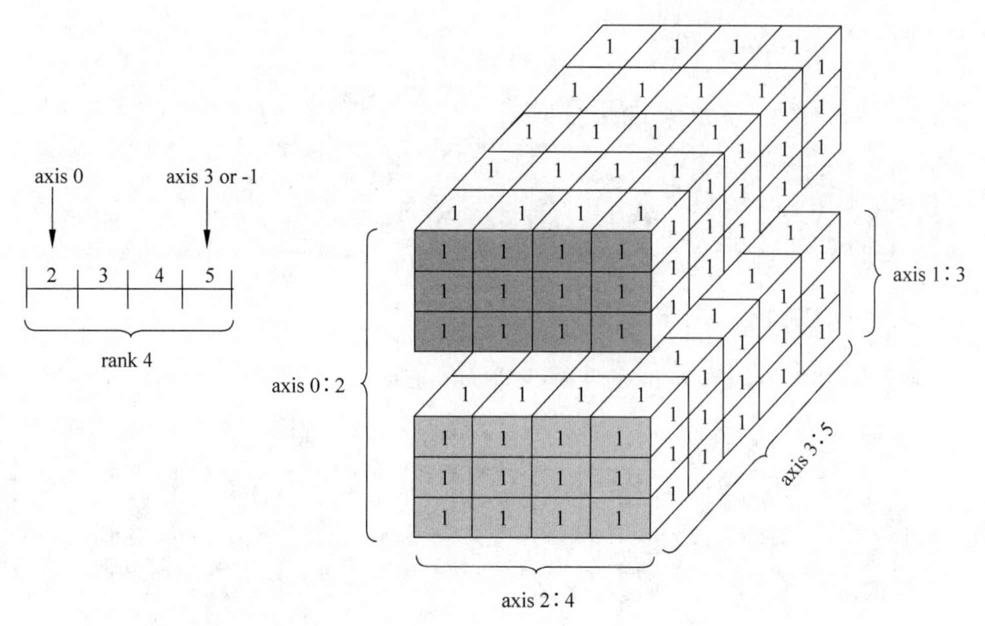

图 1-5 Tensor 的 shape、axis、dimension、ndim 之间的关系

2. reshape 函数

PaddlePaddle 提供了 reshape 接口来改变 Tensor 的 shape。代码如下所示。

```
01. ndim_3_tensor = paddle.to_tensor([[[1, 2, 3, 4, 5],
02.                                    [6, 7, 8, 9, 10]],
03.                                   [[11, 12, 13, 14, 15],
04.                                    [16, 17, 18, 19, 20]],
05.                                    [[21, 22, 23, 24, 25],
06.                                   [26, 27, 28, 29, 30]]])
07. print("the shape of ndim_3_tensor:", ndim_3_tensor.shape)
08. ndim_3_tensor = paddle.reshape(ndim_3_tensor, [2, 5, 3])
09. print("After reshape:", ndim_3_tensor.shape)
```

执行结果如下。

```
the shape of ndim_3_tensor: [3, 2, 5]
After reshape: [2, 5, 3]
```

1.3.3 索引和切片

PaddlePaddle 使用标准的 Python 索引规则：

- 基于 0～n 的下标进行索引，如果下标为负数，则从尾部开始计算；
- 通过冒号“ : ”分隔切片，并用参数 start:stop:step 来进行切片操作，其中 start、stop 和 step 均可空缺来采用默认值。

（1）针对 1-D Tensor，则仅有单个轴上的索引或切片。代码如下所示。

```
01. ndim_1_tensor = paddle.to_tensor([0, 1, 2, 3, 4, 5, 6, 7, 8])
02. print("Origin Tensor:", ndim_1_tensor.numpy())
03. print("First element:", ndim_1_tensor[0].numpy())
04. print("Last element:", ndim_1_tensor[-1].numpy())
05. print("All element:", ndim_1_tensor[:].numpy())
06. print("Before 3:", ndim_1_tensor[:3].numpy())
07. print("From 6 to the end:", ndim_1_tensor[6:].numpy())
08. print("From 3 to 6:", ndim_1_tensor[3:6].numpy())
09. print("Interval of 3:", ndim_1_tensor[::3].numpy())
10. print("Reverse:", ndim_1_tensor[::-1].numpy())
```

执行结果如下。

```
Origin Tensor: [0 1 2 3 4 5 6 7 8]
First element: [0]
Last element: [8]
All element: [0 1 2 3 4 5 6 7 8]
Before 3: [0 1 2]
From 6 to the end: [6 7 8]
From 3 to 6: [3 4 5]
Interval of 3: [0 3 6]
Reverse: [8 7 6 5 4 3 2 1 0]
```

（2）针对 2-D 及以上的 Tensor，则会有多个轴上的索引或切片。代码如下所示。

```
01. ndim_2_tensor = paddle.to_tensor([[0, 1, 2, 3],
02.                                   [4, 5, 6, 7],
03.                                   [8, 9, 10, 11]])
04. print("Origin Tensor:", ndim_2_tensor.numpy())
05. print("First row:", ndim_2_tensor[0].numpy())
06. print("First row:", ndim_2_tensor[0, :].numpy())
07. print("First column:", ndim_2_tensor[:, 0].numpy())
08. print("Last column:", ndim_2_tensor[:, -1].numpy())
09. print("All element:", ndim_2_tensor[:].numpy())
10. print("First row and second column:", ndim_2_tensor[0, 1].numpy())
```

执行结果如下。

```
Origin Tensor : [[ 0 1 2 3]
                 [ 4 5 6 7]
                 [ 8 9 10 11]]
First row: [0 1 2 3]
First row: [0 1 2 3]
First column: [0 4 8]
Last column: [ 3 7 11]
```

```
All element : [[ 0 1 2 3]
              [ 4 5 6 7]
              [ 8 9 10 11]]
First row and second column: [1]
```

索引或切片的第一个值对应 axis 0,第二个值对应 axis 1,以此类推,如果某个 axis 上未指定索引,则默认为":"。下面这两种操作的结果是完全相同: ndim_2_tensor[1]和 ndim_2_tensor[1,:]。

1.3.4 自动微分

神经网络是由节点和节点间的相互连接组成的,网络中每层的每个节点代表一种特定的函数,每个函数都是由不同参数(权重 w 和偏置 b)组成。神经网络训练的过程,就是不断地让这些函数的参数进行学习、优化,从而能够更好地处理后面输入的过程。为了让神经网络的判断更加准确,首先需要有衡量效果的工具,于是损失函数应运而生。如果用户想要神经网络的效果好,那么就要让损失函数尽可能得小。于是深度学习引入了能够有效计算函数最小值的算法(梯度下降等优化算法)以及参数优化更新过程(反向传播)。

- 前向传播将输入通过每一层节点计算后得到每层输出,上层输出又作为下一层的输入,最终达到输出层。然后通过损失函数计算得到 loss 值。
- 反向传播通过 loss 值来指导前向节点中的函数参数如何改变,并更新每层中每个节点的参数,来让整个神经网络达到更小的 loss 值。

自动微分机制就是让读者只关注组网中的前向传播过程,然后由 PaddlePaddle 框架来自动完成反向传播过程,从而实现从烦琐的求导、求梯度的过程中解放出来。下面以 $z=x^2+4y$ 求导简单说明自动微分计算过程。

```
01. x = paddle.to_tensor([1.0, 2.0, 3.0], stop_gradient = False)
02. y = paddle.to_tensor([4.0, 5.0, 6.0], stop_gradient = False)
03. z = x ** 2 + 4 * y
04. z.backward()
05. print("Tensor x's grad is: {}".format(x.grad))
06. print("Tensor y's grad is: {}".format(y.grad))
```

执行结果如下。

```
Tensor x's grad is: [2. 4. 6. ]
Tensor y's grad is: [4. 4. 4. ]
```

假设上面创建的 x 和 y 分别是神经网络中的参数,z 为神经网络的损失值 loss。对 z 调用 backward(),飞桨即可以自动计 x 和 y 的梯度,并且将它们存进 grad 属性中。

1.3.5 PaddlePaddle 中的模型与层

模型是深度学习中的重要概念之一。模型的核心功能是将一组输入变量经过一系列计算，映射到另一组输出变量中，该映射函数即代表一种深度学习算法。在 PaddlePaddle 框架中，模型包括以下两方面内容：①一系列层的组合用于进行映射（前向传播）；②一些参数变量在训练过程中实时更新（反向传播）。

1. 定义模型与层

在 PaddlePaddle 中，大多数模型由一系列层组成，层是模型的基础逻辑执行单元。层中持有两方面内容：一方面是计算所需的变量，以临时变量或参数的形式作为层的成员持有；另一方面则持有一个或多个具体的 Operator 来完成相应的计算。

如果从零开始构建变量、Operator，从而组建层、模型，这将是一个很复杂的过程，并且当中难以避免地会出现很多冗余代码，因此 PaddlePaddle 提供了 paddle.nn.Layer 来快速实现自定义层和模型。模型和层都可以基于 paddle.nn.Layer 扩充实现，因此也可以说模型只是一种特殊的层。下面代码将演示如何利用该函数建立自己的模型。

```
01. class Model(paddle.nn.Layer):
02.     def __init__(self):
03.         super(Model, self).__init__()
04.         self.flatten = paddle.nn.Flatten()
05.
06.     def forward(self, inputs):
07.         y = self.flatten(inputs)
08.         return y
```

当前示例中，通过继承 paddle.nn.Layer 的方式构建了一个模型类型 Model，模型中仅包含一个 paddle.nn.Flatten 层。模型执行时，输入变量 inputs 会被 paddle.nn.Flatten 层展平。

2. 层的执行

1）执行模式设置

模型的执行模式有两种：需要训练的话调用 train()；只进行前向执行不更新参数则调用 eval()。代码如下所示。

```
01. x = paddle.randn([10, 1], 'float32')
02. model = Model()
03. model.eval()          # set model to eval mode
04. out = model(x)
05. model.train()         # set model to train mode
06. out = model(x)
```

这里将模型的执行模式先后设置为 eval 和 train。这两种执行模式是互斥的，新的执行模式设置会覆盖原有的设置。

2）执行函数

模式设置完成后可以直接调用执行函数。可以直接调用 forward()方法进行前向执行,也可以调用 __call__()方法,方法从而执行在 forward()方法当中定义的前向计算逻辑。代码如下所示。

```
01. model = Model()
02. x = paddle.randn([10, 1], 'float32')
03. out = model.forward(x)
04. print(out)
```

执行结果如下。

```
Tensor(shape = [10, 1], dtype = float32, place = CPUPlace, stop_gradient = True,
       ...
```

3. 模型数据保存

如果想要保存模型中的参数而不存储模型本身,则可以首先调用 state_dict()接口将模型中的参数以及永久变量存储到一个 Python 字典中,随后保存该字典。如果想要连同模型一起保存,则可以使用 paddle.save()函数。代码如下所示。

```
01. model = Model()
02. state_dict = model.state_dict()
03. paddle.save( state_dict, "paddle_dy.pdparams")
```

1.4 数学基础

深度学习的发展是建立在多种数学基础之上的。本节主要介绍深度学习中广泛使用的线性代数和微积分的基础知识。由于本书主要介绍是基于 PaddlePaddle 的深度学习,所以数学部分仅简单扼要地介绍相关内容,其实现代码也是基于 PaddlePaddle 的。如果读者已经熟悉相关知识,可以跳过本节。

1.4.1 线性代数

从全连接神经网络、卷积神经网络、循环神经网络,基于 Transformer 的神经网络等经典深度学习模型,线性代数无所不在。下面分别介绍标量(Scalar)、向量、矩阵等基本概念以及代码实现。

1. 标量

在线性代数中,最基本的概念是标量,标量本质上就是一个实数。如下所示是两个标量的加法、乘法、除法和指数算术运算。代码如下所示。

```
01. x = paddle.to_tensor([3.0])
02. y = paddle.to_tensor([2.0])
03. print(x + y, x * y, x / y, x ** y)
```

执行结果如下。

```
(Tensor(shape = [1], dtype = float32, place = CPUPlace, stop_gradient = True,[5. ]),
Tensor(shape = [1], dtype = float32, place = CPUPlace, stop_gradient = True,[6. ]),
Tensor(shape = [1], dtype = float32, place = CPUPlace, stop_gradient = True, [1.50000000]),
Tensor(shape = [1], dtype = float32, place = CPUPlace, stop_gradient = True,[9. ]))
```

2. 向量

比标量更常用的是向量。向量就是 n 个实数组成的有序数组,称为 n 维向量。当向量表示数据集中的样本时,它们的值具有一定的现实意义。例如,如果用户正在训练一个模型来预测贷款违约风险,可能会将每个申请人与一个向量相关联,其分量与其收入、工作年限、过往违约次数和其他因素相对应。如果用户正在研究医院患者可能面临的心脏病发作风险,可能会用一个向量来表示每个患者,其分量为最近的生命体征、胆固醇水平、每天运动时间等。在数学表示法中,通常将向量用加粗、小写字母 $\boldsymbol{x}$、$\boldsymbol{y}$、$\boldsymbol{z}$ 表示。在数学中,向量 $\boldsymbol{x}$ 可以写为:

$$\boldsymbol{x}=\begin{bmatrix}x_1\\x_2\\\vdots\\x_n\end{bmatrix}\tag{1-1}$$

其中,x_1, x_2, …, x_n 是向量的元素。下面代码定义了一个向量,并用下标访问向量元素。代码如下所示。

```
01. x = paddle.arange(4)
02. print(x)
03. print(x[3])
```

执行结果如下。

```
Tensor(shape = [4], dtype = int64, place = CPUPlace, stop_gradient = True, [0, 1, 2,3])Tensor
(shape = [1], dtype = int64, place = CPUPlace, stop_gradient = True, [3])
```

3. 矩阵

向量将标量从零阶推广到一阶,矩阵将向量从一阶推广到二阶。矩阵通常用加粗、大写字母 $\boldsymbol{X}$、$\boldsymbol{Y}$、$\boldsymbol{A}$ 表示。其中,$\boldsymbol{A}\in\mathbb{R}^{m\times n}$ 表示矩阵,其由 m 行和 n 列的实值标量 a_{ij} 组成:

$$\boldsymbol{A}=\begin{bmatrix}a_{11}&a_{12}&\cdots&a_{1n}\\a_{21}&a_{22}&\cdots&a_{2n}\\\vdots&\vdots&\ddots&\vdots\\a_{m1}&a_{m2}&\cdots&a_{mn}\end{bmatrix}\tag{1-2}$$

1) n 阶矩阵

当矩阵具有相同数量的行和列 n 时,称为 n 阶矩阵。代码如下所示。

```
01. A = paddle.reshape(paddle.arange(20), (5, 4))
02. print(A)
```

执行结果如下。

```
Tensor (shape = [5, 4], dtype = int64, place = CPUPlace, stop_gradient = True,
       [[0 , 1 , 2 , 3 ],
       [4 , 5 , 6 , 7 ],
       [8 , 9 , 10, 11],
       [12, 13, 14, 15],
       [16, 17, 18, 19]])
```

2) 矩阵转置

交换矩阵的行和列时,称为矩阵的转置(Transpose)。矩阵 $\boldsymbol{A}$ 转置 $\boldsymbol{A}^{\mathrm{T}}$:

$$\boldsymbol{A}^{\mathrm{T}}=\begin{bmatrix} a_{11} & a_{21} & \cdots & a_{m1} \\ a_{12} & a_{22} & \cdots & a_{m2} \\ \vdots & \vdots & \ddots & \vdots \\ a_{1n} & a_{2n} & \cdots & a_{mn} \end{bmatrix} \tag{1-3}$$

PaddlePaddle 用 transpose 函数实现转置 $\boldsymbol{A}^{\mathrm{T}}$。代码如下所示。

```
01. paddle.transpose(A, perm = [1, 0])
```

执行结果如下。

```
Tensor (shape = [4, 5], dtype = int64, place = CPUPlace, stop_gradient = True,
       [[0 , 4 , 8 , 12, 16],
       [1 , 5 , 9 , 13, 17],
       [2 , 6 , 10, 14, 18],
       [3 , 7 , 11, 15, 19]])
```

具有任意数量轴的 n 维数组称为张量。向量是一阶张量,矩阵是二阶张量。张量用加粗的大写字母 $\boldsymbol{X}$、$\boldsymbol{Y}$、$\boldsymbol{Z}$ 表示,有关张量的介绍请参考 1.3 节。

3) 矩阵的点积(Dot Product)

给定两个向量 $\boldsymbol{x},\boldsymbol{y}\in\mathbb{R}^d$,点积 $\boldsymbol{x}^{\mathrm{T}}\cdot\boldsymbol{y}$(或$\langle\boldsymbol{x},\boldsymbol{y}\rangle$)表示相同位置元素乘积的和:$\boldsymbol{x}^{\mathrm{T}}\cdot\boldsymbol{y}=\sum_{i=1}^{d}x_iy_i$。代码如下所示。

```
01. y = paddle.ones(shape = [4], dtype = 'float32')
02. print(x, y, paddle.dot(x, y))
```

执行结果如下。

```
(Tensor(shape = [4], dtype = float32, place = CPUPlace, stop_gradient = True,
    [0., 1., 2., 3.]),
Tensor(shape = [4], dtype = float32, place = CPUPlace, stop_gradient = True,
    [1., 1., 1., 1.]),
Tensor(shape = [1], dtype = float32, place = CPUPlace, stop_gradient = True,
    [6.]))
```

4）矩阵的向量积

矩阵的向量积 $\boldsymbol{Ax}$ 是一个长度为 m 的列向量，其第 i 个元素是点积 $\boldsymbol{a}_i^{\mathrm{T}} \cdot \boldsymbol{x}$：

$$\boldsymbol{Ax} = \begin{bmatrix} \boldsymbol{a}_1^{\mathrm{T}} \\ \boldsymbol{a}_2^{\mathrm{T}} \\ \vdots \\ \boldsymbol{a}_m^{\mathrm{T}} \end{bmatrix} \boldsymbol{x} = \begin{bmatrix} \boldsymbol{a}_1^{\mathrm{T}} \cdot \boldsymbol{x} \\ \boldsymbol{a}_2^{\mathrm{T}} \cdot \boldsymbol{x} \\ \vdots \\ \boldsymbol{a}_m^{\mathrm{T}} \cdot \boldsymbol{x} \end{bmatrix} \tag{1-4}$$

矩阵向量积 $\boldsymbol{Ax}$ 实现的代码如下。

```
01. print(A.shape, x.shape, paddle.mv(A, x))
```

执行结果如下。

```
([5, 4],
[4],
Tensor(shape = [5], dtype = float32, place = CPUPlace, stop_gradient = True,
    [14. , 38. , 62. , 86. , 110.]))
```

5）矩阵乘法

假设两个矩阵 $\boldsymbol{A} \in \mathbb{R}^{n \times k}$ 和 $\boldsymbol{B} \in \mathbb{R}^{k \times m}$，

$$\boldsymbol{A} = \begin{bmatrix} a_{11} & a_{12} & \cdots & a_{1k} \\ a_{21} & a_{22} & \cdots & a_{2k} \\ \vdots & \vdots & \ddots & \vdots \\ a_{n1} & a_{n2} & \cdots & a_{nk} \end{bmatrix}, \quad \boldsymbol{B} = \begin{bmatrix} b_{11} & b_{12} & \cdots & b_{1m} \\ b_{21} & b_{22} & \cdots & b_{2m} \\ \vdots & \vdots & \ddots & \vdots \\ b_{k1} & b_{k2} & \cdots & b_{km} \end{bmatrix}$$

矩阵乘法公式为：

$$\boldsymbol{C} = \boldsymbol{AB} = \begin{bmatrix} \boldsymbol{a}_1^{\mathrm{T}} \\ \boldsymbol{a}_2^{\mathrm{T}} \\ \vdots \\ \boldsymbol{a}_n^{\mathrm{T}} \end{bmatrix} \begin{bmatrix} \boldsymbol{b}_1 & \boldsymbol{b}_2 & \cdots & \boldsymbol{b}_m \end{bmatrix} = \begin{bmatrix} \boldsymbol{a}_1^{\mathrm{T}}\boldsymbol{b}_1 & \boldsymbol{a}_1^{\mathrm{T}}\boldsymbol{b}_2 & \cdots & \boldsymbol{a}_1^{\mathrm{T}}\boldsymbol{b}_m \\ \boldsymbol{a}_2^{\mathrm{T}}\boldsymbol{b}_1 & \boldsymbol{a}_2^{\mathrm{T}}\boldsymbol{b}_2 & \cdots & \boldsymbol{a}_2^{\mathrm{T}}\boldsymbol{b}_m \\ \vdots & \vdots & \ddots & \vdots \\ \boldsymbol{a}_n^{\mathrm{T}}\boldsymbol{b}_1 & \boldsymbol{a}_n^{\mathrm{T}}\boldsymbol{b}_2 & \cdots & \boldsymbol{a}_n^{\mathrm{T}}\boldsymbol{b}_m \end{bmatrix} \tag{1-5}$$

在下面的代码中，$\boldsymbol{A}$ 是一个 5 行 4 列的矩阵，$\boldsymbol{B}$ 是一个 4 行 3 列的矩阵，相乘后得到了一个 5 行 3 列的矩阵。代码如下所示。

```
01. B = paddle.ones(shape = [4, 3], dtype = 'float32')
02. print(paddle.mm(A, B))
```

执行结果如下。

```
Tensor(shape = [5, 3], dtype = float32, place = CPUPlace, stop_gradient = True,
      [[6. , 6. , 6. ],
      [22., 22., 22.],
      [38., 38., 38.],
      [54., 54., 54.],
      [70., 70., 70.]])
```

4. 范数

深度学习中衡量一个向量大小通常用范数(Norms)概念。范数可以理解为将一个向量映射到非负实数的函数。范数表示的是向量的"长度"。范数 L_p 的定义如下：

$$\|\boldsymbol{x}\|_p = \left(\sum_{i=1}^{n} |x_i|^p\right)^{1/p} \tag{1-6}$$

在深度学习领域用到最常用的两个范数是 L_1 范数和 L_2 范数。

1) L_1 范数

假设 n 维向量 $\boldsymbol{x}$ 中的元素是 $x_1, x_2, \cdots, x_n$，L_1 范数表示为向量元素的绝对值之和：

$$\|\boldsymbol{x}\|_1 = \sum_{i=1}^{n} |x_i| \tag{1-7}$$

在代码中，可以按如下方式计算向量的 L_1 范数。代码如下所示。

```
01. print(paddle.abs(u).sum())
```

执行结果如下。

```
Tensor(shape = [1], dtype = float32, place = CPUPlace, stop_gradient = True, [7.])
```

2) L_2 范数

事实上，数学中的欧几里得距离就是 L_2 范数。假设 n 维向量 $\boldsymbol{x}$ 中的元素是 $x_1, x_2, \cdots, x_n$，其 L_2 范数是向量元素平方和的平方根：

$$\|\boldsymbol{x}\|_2 = \sqrt{\sum_{i=1}^{n} x_i^2} \tag{1-8}$$

在代码中，可以按如下方式计算向量的 L_2 范数。代码如下所示。

```
01. u = paddle.to_tensor([3.0, -4.0])
02. print(paddle.norm(u))
```

执行结果如下。

```
Tensor(shape = [1], dtype = float32, place = CPUPlace, stop_gradient = True, [5.])
```

3）Frobenius 范数

类似于向量的 L_2 范数，矩阵 $\boldsymbol{X}\in\mathbb{R}^{m\times n}$ 的 Frobenius 范数是矩阵元素平方和的平方根：

$$\|\boldsymbol{X}\|_F=\sqrt{\sum_{i=1}^{m}\sum_{j=1}^{n}x_{ij}^2} \tag{1-9}$$

1.4.2 微分基础

深度学习除了有线性代数的基本知识，还需要有一定的微分基础知识。在深度学习计算过程中，反向传播算法和梯度下降算法需要用到偏导数求解的知识，这部分内容将在第 2 章着重论述。

1. 导数和微分

本节首先讨论导数的计算，这几乎是所有深度学习优化算法的关键步骤。在深度学习中，通常选择对于模型参数可微的损失函数。对于每个参数，如果把这个参数增加或减少一个无穷小的量，就可以知道损失会以多快的速度增加或减少。

假设函数 $f:\mathbb{R}^n\rightarrow\mathbb{R}$，其输入和输出都是标量，$f$ 的导数被定义为：

$$f'(x)=\lim_{h\rightarrow 0}\frac{f(x+h)-f(x)}{h} \tag{1-10}$$

如果这个极限存在。如果 $f'(a)$存在，则称 f 在 a 处是可微(Differentiable)的。如果 f 在一个区间内的每个数上都是可微的，则此函数在此区间中是可微的。导数 $f'(x)$ 解释为 $f(x)$相对于 x 的瞬时(Instantaneous)变化率。瞬时变化率是基于 x 中的变化 h，且 h 接近 0。代码如下所示。

```
01. def f(x):
02.     return 3 * x ** 2 - 4 * x
03.
04. def numerical_lim(f, x, h):
05.     return (f(x + h) - f(x)) / h
06.
07. h = 0.1
08. for i in range(5):
09.     print(f'h = {h:.5f}, numerical limit = {numerical_lim(f, 1, h):.5f}')
10.     h * = 0.1
```

执行结果如下。

```
h = 0.10000, numerical limit = 2.30000
h = 0.01000, numerical limit = 2.03000
h = 0.00100, numerical limit = 2.00300
h = 0.00010, numerical limit = 2.00030
h = 0.00001, numerical limit = 2.00003
```

下面的代码绘制了函数 $u=f(x)$ 及其在 $x=1$ 处的切线 $y=2x-3$，其结果如图 1-6 所示。

```
01. %matplotlib inline
02. import numpy as np
03. from IPython import display
04. from matplotlib import pyplot as plt
05.
06. def use_svg_display(): #@save
07.     """使用 SVG 格式在 Jupyter 中显示绘图"""
08.     display.set_matplotlib_formats('svg')
09.
10. def set_figsize(figsize=(3.5, 2.5)): #@save
11.     """设置 Matplotlib 的图表大小"""
12.     use_svg_display()
13.     plt.rcParams['figure.figsize'] = figsize
14.
15.     #@savc
16. def set_axes(axes, xlabel, ylabel, xlim, ylim, xscale, yscale, legend):
17.     """设置 Matplotlib 的轴"""
18.     axes.set_xlabel(xlabel)
19.     axes.set_ylabel(ylabel)
20.     axes.set_xscale(xscale)
21.     axes.set_yscale(yscale)
22.     axes.set_xlim(xlim)
23.     axes.set_ylim(ylim)
24.     if legend:
25.         axes.legend(legend)
26.     axes.grid()
27.
28.     #@save
29. def plot(X, Y=None, xlabel=None, ylabel=None, legend=None, xlim=None,
30.         ylim=None, xscale='linear', yscale='linear',
31.         fmts=('-', 'm--', 'g-.', 'r:'), figsize=(3.5, 2.5), axes=None):
32.     """绘制数据点"""
33.     if legend is None:
34.         legend = []
35.
36.     set_figsize(figsize)
37.     axes = axes if axes else plt.gca()
38.
39.     # 如果 'X' 有一个轴,则输出 True
40.     def has_one_axis(X):
41.         return (hasattr(X, "ndim") and X.ndim == 1 or
42.                 isinstance(X, list) and not hasattr(X[0], "__len__"))
43.
44.     if has_one_axis(X):
45.         X = [X]
46.     if Y is None:
47.         X, Y = [[]] * len(X), X
48.     elif has_one_axis(Y):
```

```
49.         Y = [Y]
50.     if len(X) != len(Y):
51.         X = X * len(Y)
52.     axes.cla()
53.     for x, y, fmt in zip(X, Y, fmts):
54.         if len(x):
55.             axes.plot(x, y, fmt)
56.         else:
57.             axes.plot(y, fmt)
58.     set_axes(axes, xlabel, ylabel, xlim, ylim, xscale, yscale, legend)
59.
60. x = np.arange(0, 3, 0.1)
61. plot(x, [f(x), 2 * x - 3], 'x', 'f(x)', legend = ['f(x)', 'Tangent line (x = 1)'])
```

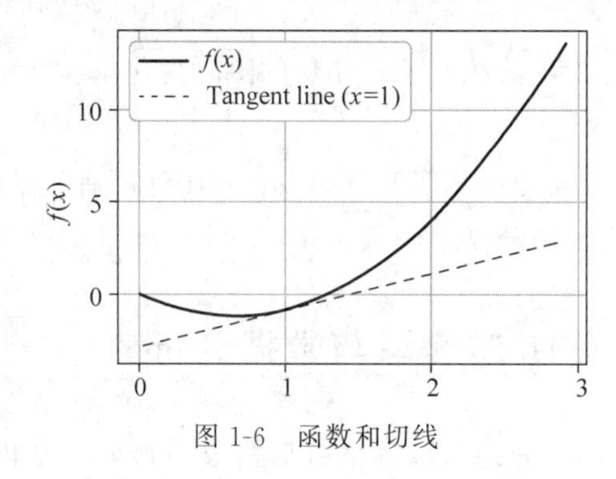

图 1-6 函数和切线

2. 偏导数

在深度学习中，函数通常依赖于许多变量。设 $y=f(x_1,x_2,\cdots,x_n)$ 是一个具有 n 个变量的函数。y 关于第 i 个参数 x_i 的偏导数(Partial Derivative)：

$$\frac{\partial y}{\partial x_i}=\lim_{h\to 0}\frac{f(x_1,\cdots,x_{i-1},x_i+h,x_{i+1},\cdots,x_n)-f(x_1,\cdots,x_i,\cdots,x_n)}{h} \tag{1-11}$$

为了计算 $\frac{\partial y}{\partial x_i}$，我们可以简单地将 $x_1,\cdots,x_{i-1},x_{i+1},\cdots,x_n$ 看作常数，并计算 y 关于 x_i 的导数。

3. 梯度

梯度(Gradient)向量是多元函数对其所有变量的偏导数。设函数 f 的输入是一个 n 维向量 $\boldsymbol{x}=(x_1,x_2,\cdots,x_n)^{\mathrm{T}}$，并且输出是一个标量。函数 $f(\boldsymbol{x})$ 相对于 $\boldsymbol{x}$ 的梯度是一个包含 n 个偏导数的向量：

$$\nabla_{x}f(\boldsymbol{x})=\left[\frac{\partial f(\boldsymbol{x})}{\partial x_1},\frac{\partial f(\boldsymbol{x})}{\partial x_2},\cdots,\frac{\partial f(\boldsymbol{x})}{\partial x_n}\right]^{\mathrm{T}} \tag{1-12}$$

其中，$\nabla_{x}f(\boldsymbol{x})$ 通常在没有歧义时被 $\nabla f(\boldsymbol{x})$ 取代。

4. 链式法则

深度学习通常采用链式法则微分复合函数。假设可微分函数 y 有变量 $u_1,u_2,\cdots,u_m$,其中每个可微分函数 u_i 都有变量 $x_1,x_2,\cdots,x_n$。注意,y 是 $x_1,x_2,\cdots,x_n$ 的函数。对于任意 $i=1,2,\cdots,n$,链式法则给出微分计算公式:

$$\frac{\mathrm{d}y}{\mathrm{d}x_i}=\frac{\mathrm{d}y}{\mathrm{d}u_1}\frac{\mathrm{d}u_1}{\mathrm{d}x_i}+\frac{\mathrm{d}y}{\mathrm{d}u_2}\frac{\mathrm{d}u_2}{\mathrm{d}x_i}+\cdots+\frac{\mathrm{d}y}{\mathrm{d}u_m}\frac{\mathrm{d}u_m}{\mathrm{d}x_i} \tag{1-13}$$

深度学习中需要用到大量的微分和梯度等计算,为加深读者对本节概念的理解,特总结如下:

(1) 微分和积分是微积分的两个分支,其中前者可以应用于深度学习中无处不在的优化问题。

(2) 导数可以被解释为函数相对于其变量的瞬时变化率。它也是函数曲线的切线的斜率。

(3) 梯度是一个向量,其分量是多变量函数相对于其所有变量的偏导数。

(4) 链式法则能够实现微分复合函数。

视频讲解

1.5 案例:《青春有你 2》爬取与数据分析

网络资源丰富多彩,而有效地获取网络数据构成语料成为分析问题的基础。本节以爬取百度百科中《青春有你 2》所有参赛选手的信息为例,旨在熟悉 Python 基本语法和掌握爬虫的基本原理。

1.5.1 思路分析

首先使用 Chrome 浏览器打开百度百科《青春有你 2》界面,如图 1-7 是页面中的图片。使用浏览器或者编写代码发送请求时,返回的都是 HTML 代码,浏览器中看到的页面其实是 HTML 代码经过浏览器渲染后的结果。所以为了获取需要的数据,就必须找到数据在 HTML 代码中的位置,即 HTML 解析。当然解析的工具很多,比如正则表达式、BeautifulSoup、XPath 等,本节采用 BeautifulSoup 和正则表达式的方法。

在浏览器页面右击“查看网页源代码”或者使用开发工具(按 F12 键)选项(选择 sources 或 network)都可以查看页面的 HTML 代码,也可以右击后选择“检查”,单击左上角的箭头,就可以通过移动鼠标查看自己想要的信息对应的 HTML 代码,如图 1-8 所示。HTML 代码一般是层层嵌套的,通过 HTML 的标签和属性可以很快定位到数据的位置,再使用正则表达式就可以提取出自己想要的数据。

本节实践由于需要安装的工具包较多,也可以用以下代码实现持久化安装,而不需要每次启动重新安装所需工具包。

图 1-7　百度百科《青春有你 2》

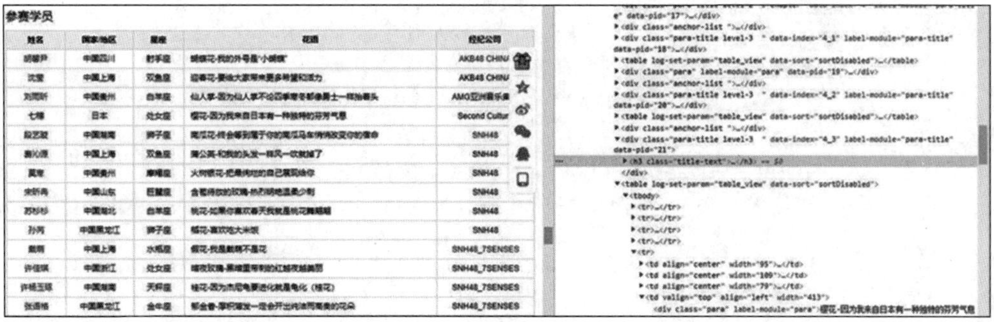

图 1-8　爬取界面

```
01. !mkdir /home/aistudio/external-libraries
02. !pip install beautifulsoup4 -t /home/aistudio/external-libraries
03. !pip install lxml -t /home/aistudio/external-libraries
04. !pip install bs4 -t /home/aistudio/external-libraries
05. # 每次环境(kernel)启动的时候只要运行下方代码
06. import sys
07. sys.path.append('/home/aistudio/external-libraries')
```

1.5.2　获取网页页面

使用 request 发送请求获取 HTML 文本,主要包括:①使用 requests.get()函数获取 HTML 网页。②利用 BeautifulSoup 对网页进行解析,获取需要的部分 HTML 代码。代码如下所示。

```
01. import json
02. import re
03. import requests
```

```
04. import datetime
05. import lxml
06. from bs4 import BeautifulSoup
07. import os
08.
09. #获取当天的日期,并进行格式化,用于后面文件命名,格式:20200420
10. today = datetime.date.today().strftime('%Y%m%d')
11.
12. def crawl_wiki_data():
13.   """
14.   爬取百度百科中《青春有你2》中参赛选手信息,返回HTML
15.   """
16.       headers = {
17.           'User-Agent': 'Mozilla/5.0 (Windows NT 10.0; WOW64) AppleWebKit/537.36
    (KHTML, like Gecko) Chrome/67.0.3396.99 Safari/537.36'
18. }
19.
20.   #url='https://baike.baidu.com/item/青春有你第二季'
21.   url = 'https://baike.baidu.com/item/青春有你第二季?fromtitle=青春有你第二季
    &fromid=24266334'
22.
23.   try:
24.       response = requests.get(url,headers=headers)
25.       print(response.status_code)
26.
27.       #将一段文档传入BeautifulSoup的构造方法,就能得到一个文档的对象,可以传入一
    段字符串
28.       soup = BeautifulSoup(response.text,'lxml')
29.
30.       #返回的是class为table-view log-set-param的<table>所有标签
31.       #tables = soup.find_all('table',{'class':'table-view log-set-param'})
32.       # 返回的是log-set-param为table-view的<table>所有标签
33.
34.       tables = soup.find_all('table', {'log-set-param': 'table_view'})
35.
36.       crawl_table_title = "参赛学员"
37.
38.       for table in tables:
39.           #对当前节点前面的标签和字符串进行查找
40.           table_titles = table.find_previous('div').find_all('h3')
41.           for title in table_titles:
42.               if(crawl_table_title in title):
43.                   return table
44.   except Exception as e:
45.       print(e)
```

获取HTML页面极有可能遇到很多异常,如目标网站网址发送变化、目标服务器资源不存在,因此在获得网页内容时需要添加异常捕获代码。

1.5.3 解析页面

针对爬取的页面和所需数据在页面中的位置,利用 BeautifulSoup 对 HTML 代码解析选手信息,保存为 JSON 文件,代码如下所示。

```
01. def parse_wiki_data(table_html):
02.     '''
03.     从百度百科返回的 HTML 中解析得到选手信息,以当前日期作为文件名,存 JSON 文件,保存
        到 work 目录下
04.     '''
05.     bs = BeautifulSoup(str(table_html),'lxml')
06.     all_trs = bs.find_all('tr')
07.
08.     error_list = ['\'','\"']
09.
10.     stars = []
11.
12.     for tr in all_trs[1:]:
13.          all_tds = tr.find_all('td')
14.
15.          star = {}
16.
17.          #姓名
18.          star["name"] = all_tds[0].text
19.          #个人百度百科链接
20.          star["link"] = 'https://baike.baidu.com' + all_tds[0].find('a').get('href')
21.          #籍贯
22.          star["zone"] = all_tds[1].text
23.          #星座
24.          star["constellation"] = all_tds[2].text
25.          #身高
26.          #star["height"] = all_tds[3].text
27.          #体重
28.          #star["weight"] = all_tds[4].text
29.
30.          #花语,去除掉花语中的单引号或双引号
31.          flower_word = all_tds[3].text
32.          for c in flower_word:
33.              if c in error_list:
34.                flower_word = flower_word.replace(c,'')
35.          star["flower_word"] = flower_word
36.
37.          #公司
38.          if not all_tds[4].find('a') is None:
39.              star["company"] = all_tds[4].find('a').text
40.          else:
```

```
41.             star["company"] = all_tds[4].text
42.
43.         stars.append(star)
44.
45.     json_data = json.loads(str(stars).replace("\'","\""))
46.     with open('work/' + today + '.json', 'w', encoding = 'UTF-8') as f:
47.         json.dump(json_data, f, ensure_ascii = False)
```

1.5.4 爬取选手百度百科图片

从选手自己百度百科上爬取选手图片，主要包括：①读取保存的参赛选手数据的 JSON 文件，存在数组中；②获取选手自己的百度百科地址，取 JSON 中的 link 字段；③从每个选手自己的百度百科地址，爬取该选手的照片，并统计出每个选手的照片数；④保存统计信息。代码如下所示。

```
01. def crawl_pic_urls():
02.     '''
03.     爬取每个选手的百度百科图片,并保存
04.     '''
05.     with open('work/'+ today + '.json', 'r', encoding = 'UTF - 8') as file:
06.         json_array = json.loads(file.read())
07.
08.     statistics_datas = []
09.
10.     headers = {
11.         'User - Agent': 'Mozilla/5.0 (Windows NT 10.0; WOW64) AppleWebKit/537.36 (KHTML,
    like Gecko) Chrome/67.0.3396.99 Safari/537.36'
12.     }
13.
14.     for star in json_array:
15.         name = star['name']
16.         link = star['link']
17.
18.         #向选手个人百度百科发送一个 HTTP Get 请求
19.         response = requests.get(link,headers = headers)
20.         #将一段文档传入 BeautifulSoup 的构造方法,就能得到一个文档的对象
21.         bs = BeautifulSoup(response.text,'lxml')
22.         #防止为空
23.         if len(bs.select('.summary - pic a')) == 0:
24.             continue
25.
26.         #从个人百度百科页面中解析得到一个链接,该链接指向选手图片列表页面
27.         pic_list_url = bs.select('.summary - pic a')[0].get('href')
28.         pic_list_url = 'https://baike.baidu.com' + pic_list_url
29.         #向选手图片列表页面发送 HTTP Get 请求
30.         pic_list_response = requests.get(pic_list_url,headers = headers)
```

```
31.         #对选手图片列表页面进行解析,获取所有图片链接
32.         bs = BeautifulSoup(pic_list_response.text,'lxml')
33.         pic_list_html = bs.select('.pic - list img ')
34.
35.         pic_urls = []
36.         for pic_html in pic_list_html:
37.             pic_url = pic_html.get('src')
38.             pic_urls.append(pic_url)
39.         #根据图片链接列表 pic_urls, 下载所有图片,保存在以 name 命名的文件夹中
40.         down_pic(name,pic_urls)
41.
42. def down_pic(name,pic_urls):
43.     '''
44.     根据图片链接列表 pic_urls, 下载所有图片,保存在以 name 命名的文件夹中,
45.     '''
46.     path = 'work/' + 'pics/' + name + '/'
47.
48.     if not os.path.exists(path):
49.       os.makedirs(path)
50.
51.     for i, pic_url in enumerate(pic_urls):
52.         try:
53.                 pic = requests.get(pic_url, timeout = 15)
54.                 string = str(i + 1) + '.jpg'
55.                 with open(path + string, 'wb') as f:
56.                     f.write(pic.content)
57.                     print('成功下载第 %s 张图片: %s' % (str(i + 1), str(pic_url)))
58.         except Exception as e:
59.             print('下载第 %s 张图片时失败: %s' % (str(i + 1), str(pic_url)))
60.             print(e)
61.             continue
62.
63. def show_pic_path(path):
64.     '''
65.     遍历所爬取的每张图片,并打印所有图片的绝对路径
66.     '''
67.     pic_num = 0
68.     for (dirpath,dirnames,filenames) in os.walk(path):
69.         for filename in filenames:
70.           pic_num += 1
71.           print("第 %d 张照片: %s" % (pic_num,os.path.join(dirpath,filename)))
72.     print("共爬取《青春有你 2》选手的 %d 照片" % pic_num)
73.
74.  if __name__ == '__main__':
75.
```

```
76.    #爬取百度百科中《青春有你 2》中参赛选手信息,返回 HTML
77.    awl_wiki_data()
78.
79.    #解析 HTML,得到选手信息,保存为 JSON 文件
80.    parse_wiki_data(html)
81.
82.    #从每个选手的百度百科页面上爬取图片,并保存
83.    crawl_pic_urls()
84.
85.    #打印所爬取的选手图片路径
86.    show_pic_path('/home/aistudio/work/pics/')
87.
88.      print("所有信息爬取完成!")
89. # 同时添加如下代码, 这样每次环境(kernel)启动的时候只要运行下方代码即可:
90. # Also add the following code, so that every time the environment (kernel) starts, just
    run the following code:
91. import sys
92. sys.path.append('/home/aistudio/external - libraries')
93. # 下载中文字体
94. # !wget https://mydueros.cdn.bcebos.com/font/simhei.ttf
95. # 将字体文件复制到 Matplotlib 字体路径
96. ! cp simhei.ttf /opt/conda/envs/python35 - paddle120 - env/lib/python3.7/site -
    packages/matplotlib/mpl - data/fonts/ttf/
97. # 一般只需要将字体文件复制到系统字体目录下即可,但是在 aistudio 上该路径没有写权
    限,所以此方法不能用
98. !cp simhei.ttf /usr/share/fonts/
99.
100. # 创建系统字体文件路径
101. !mkdir .fonts
102. # 复制文件到该路径
103. !cp simhei.ttf .fonts/
104. !rm - rf .cache/matplotlib
```

1.5.5 数据展示与分析

1.5.4 节已经将数据存储到文件中,为了更方便地展示结果,本节使用 Python 的 Matplotlib 库统计籍贯数据。主要包括:①加载 JSON 数据;②获取所有选手的籍贯;③统计每个籍贯对应的选手数量。代码如下所示。

```
01. import matplotlib.pyplot as plt
02. import numpy as np
03. import json
04. import matplotlib.font_manager as font_manager
05.
```

```
06. # 设置显示中文和图大小
07. plt.rcParams['font.sans-serif'] = ['FZSongYi-Z13S'] # 指定默认字体
08. plt.rcParams['axes.unicode_minus'] = False # 解决保存图像是负号'-'显示为方块的问题
09. plt.figure(figsize=(20,15))
10.
11. with open('work/20211113.json', 'r', encoding='UTF-8') as file:
12.          json_array = json.loads(file.read())
13.
14. #绘制小姐姐区域分布柱状图,x轴为地区,y轴为该区域的小姐姐数量
15.
16. zones = []
17. for star in json_array:
18.   zone = star['zone']
19.   zones.append(zone)
20. print(len(zones))
21. print(zones)
22.
23. zone_list = []
24. count_list = []
25.
26. for zone in zones:
27.   if zone not in zone_list:
28.      count = zones.count(zone)
29.      zone_list.append(zone)
30.      count_list.append(count)
31.
32. print(zone_list)
33. print(count_list)
34.
35. plt.bar(range(len(count_list)), count_list, color='r', tick_label=zone_list,
    facecolor='#9999ff', edgecolor='white')
36. # 这里是调节横坐标的倾斜度,rotation是度数,以及设置刻度字体大小
37. plt.xticks(rotation=45, fontsize=20)
38. plt.yticks(fontsize=20)
39.
40. plt.legend()
41. plt.title('''《青春有你2》参赛选手''', fontsize = 24)
42. plt.savefig('/home/aistudio/work/result/bar_result01.jpg')
43. plt.show()
```

获得的结果如图1-9所示。从结果可以简单地看出来自山东和四川的选手最多，而两省也是我国的人口大省。

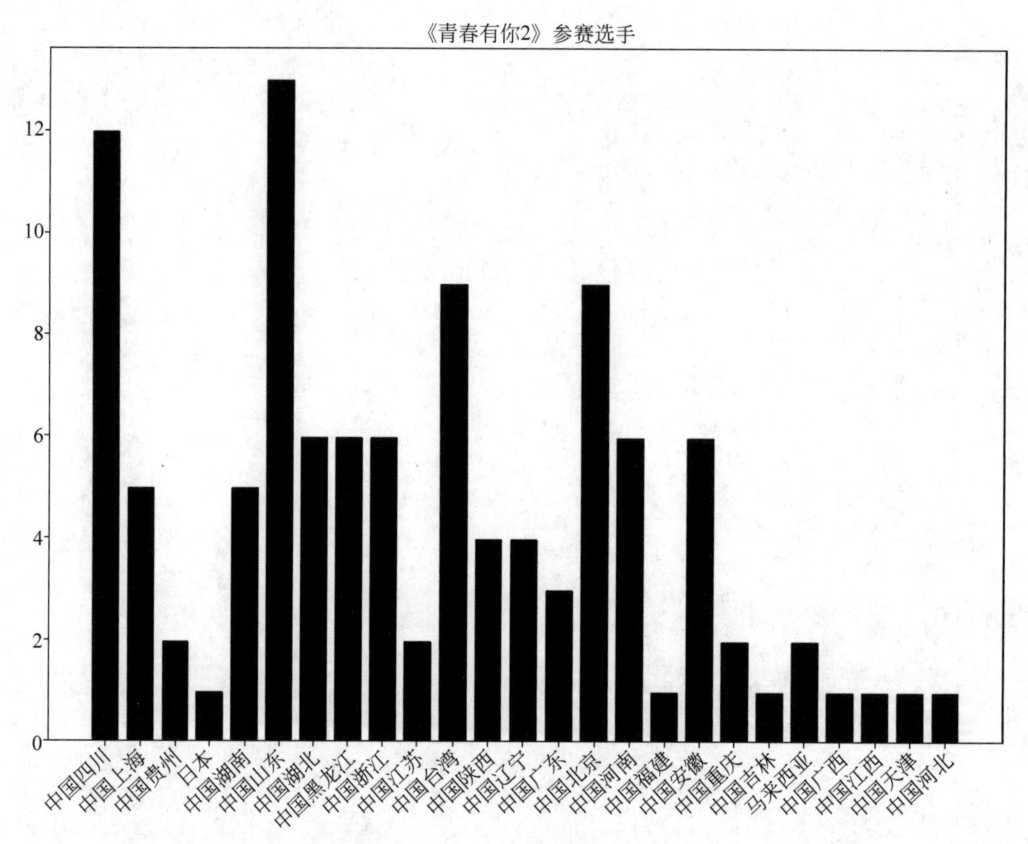

图 1-9　参赛选手籍贯分布

1.6　本章小结

本章开篇介绍了 Python 的特点，希望读者能够在业余时间提高对 Python 语法的掌握程度，特别是字符串、列表和字典之间的相互转化。

在本章的中间，介绍了 Python 与机器学习和深度学习密切相关的基础包——NumPy、Matplotlib 和 PaddlePaddle。NumPy 部分重点介绍了数组，在后续章节中输出结果会频繁使用它们。Matplotlib 作为可视化的基础，需要读者认真练习和熟练掌握。PaddlePaddle 是百度开发的深度学习框架，其提供的 Tensor 是深度学习的基础，且其高级 API 可提高建模速度，希望读者予以重视。接着，回顾了机器学习和深度学习需要的基础数学知识。向量、矩阵、偏导数和链式法则等内容需要读者加以重视，为下一章的一些细致的数学推导打下良好的基础。

本章最后给出了爬取百度百科《青春有你 2》所有参赛选手的案例，希望读者能够由此进一步掌握 Python 语言，以及认识到网络数据爬取是获得后续数据集或语料库的基础。

第 2 章

深度学习基础

人类在经历了蒸汽革命、电气革命和信息技术革命后，人工智能经过几次反复，终于迎来了一场空前的智能革命。百度、谷歌、微软、阿里巴巴等国内外大公司纷纷宣布将人工智能作为他们下一步的战略重心。人工智能、机器学习、深度学习这几个关键词一时间占据了媒体报道的大量版块。面对繁杂的概念，初学者们无法短时间内正确区分这其中的关系，本章针对这一问题，向读者介绍深度学习领域的重要知识。本章首先以时间为线索，介绍深度学习的发展历程。其次，解释人工智能、机器学习和深度学习的概念与关系，用通俗的语言为读者提供一个系统的概述。接着，从机器学习方法论出发给出深度学习的模型结构，深度地分析了该结构的三个部分：模型构建、损失函数和参数学习，并将其具体实现。最后，在读者了解理论知识之后，使用 PaddlePaddle 实现基于全连接神经网络的手写数字识别，使读者感受到在问题变得较为复杂后，深度学习框架 PaddlePaddle 给开发带来的便捷。学完本章，希望读者能够：

- 理解一定范围内深层网络比浅层网络能力更强；
- 理解深度学习模型结构：模型构建、损失函数和参数学习；
- 了解常见的网络参数，了解网络参数和超参数的区别。

2.1 深度学习历史

神经网络思想的提出已经是多年前的事情了，现今的神经网络和深度学习的设计理论是一步一步完善的。在这漫长的发展岁月中，一些取得关键突破的闪光时刻，值得读者这些深度学习爱好者们铭记，如图 2-1 所示。

- 20 世纪 40 年代：首次提出神经元的结构，但权重是不可学的。
- 20 世纪 50—60 年代：提出权重学习理论，神经元结构趋于完善，开启了神经网络

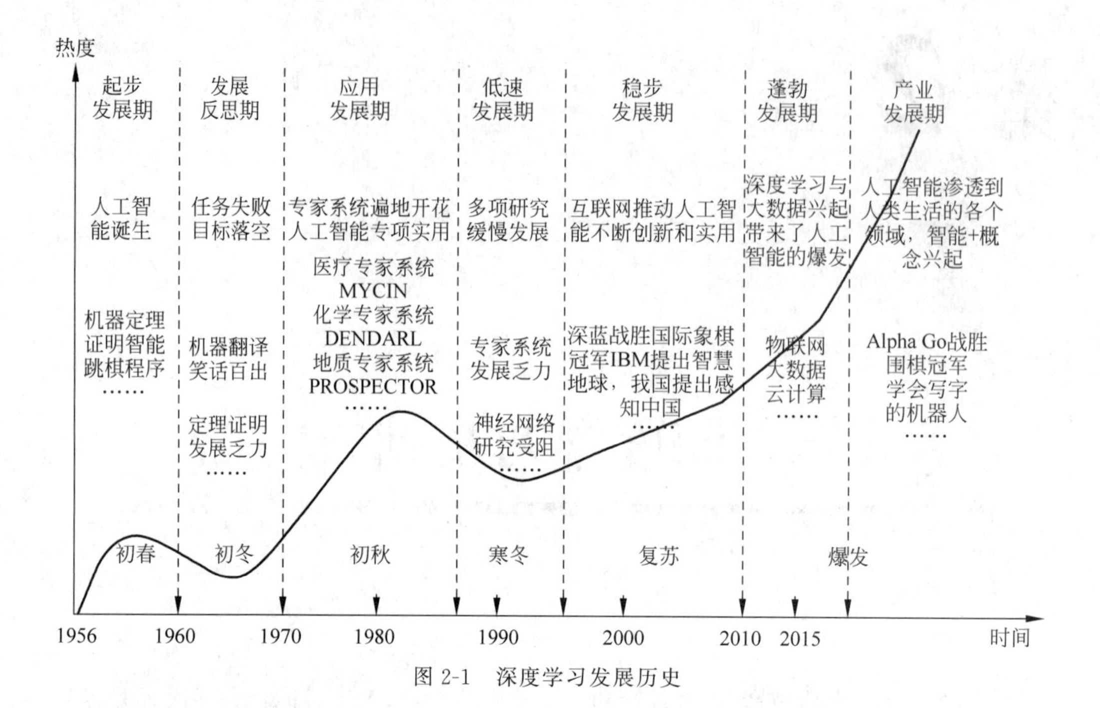

图 2-1　深度学习发展历史

的第一个黄金时代。

- 1969 年：提出异或问题(人们惊讶地发现神经网络模型连简单的异或问题也无法解决，对其期望从云端跌落到谷底)，神经网络模型进入了被束之高阁的黑暗时代。
- 1986 年：新提出的多层神经网络解决了异或问题，但随着 90 年代后理论更完备并且实践效果更好的 SVM 等机器学习模型的兴起，神经网络并未得到重视。
- 2010 年左右：深度学习进入真正兴起时期。随着神经网络模型改进的技术在语音和计算机视觉任务上大放异彩，逐渐被证明在更多的任务(如自然语言处理以及海量数据的任务)更加有效。至此，神经网络模型重新焕发生机，并有了一个更加响亮的名字：深度学习。

为何神经网络到 2010 年后才焕发生机呢？这与深度学习成功所依赖的先决条件：大数据涌现、硬件发展和算法优化。

大数据是神经网络发展的有效前提。神经网络和深度学习是非常强大的模型，需要足够量级的训练数据。时至今日，之所以很多传统机器学习算法和人工特征依然是足够有效的方案，原因在于很多场景下没有足够的标记数据来支撑深度学习。深度学习的能力特别像科学家阿基米德的豪言壮语：“给我一根足够长的杠杆，我能撬动地球。”深度学习也可以发出类似的豪言：“给我足够多的数据，我能够学习任何复杂的关系。”但在现实中，足够长的杠杆与足够多的数据一样，往往只能是一种美好的愿景。直到近些年，各行业 IT 化程度提高，累积的数据量爆发式地增长，才使得应用深度学习模型成为可能。

依靠硬件的发展和算法的优化。现阶段，依靠更强大的计算机、GPU、AutoEncoder

预训练和并行计算等技术，深度学习在模型训练上的困难已经被逐渐克服。其中，数据量和硬件是更主要的原因，没有这两者，科学家们想优化算法都束手无策。

2.2 深度学习

2.2.1 人工智能、机器学习、深度学习的关系

近些年人工智能、机器学习和深度学习的概念十分火热，但很多从业者却很难说清它们之间的关系，外行人更是雾里看花。在研究深度学习之前，我们先从三个概念的正本清源开始。

概括来说，人工智能、机器学习和深度学习覆盖的技术范畴是逐层递减的。人工智能是最宽泛的概念。机器学习是当前比较有效的一种实现人工智能的方式。深度学习是机器学习算法中最热门的一个分支，近些年取得了显著的进展，并替代了大多数传统机器学习算法。三者的关系如图 2-2 所示，即人工智能＞机器学习＞深度学习。

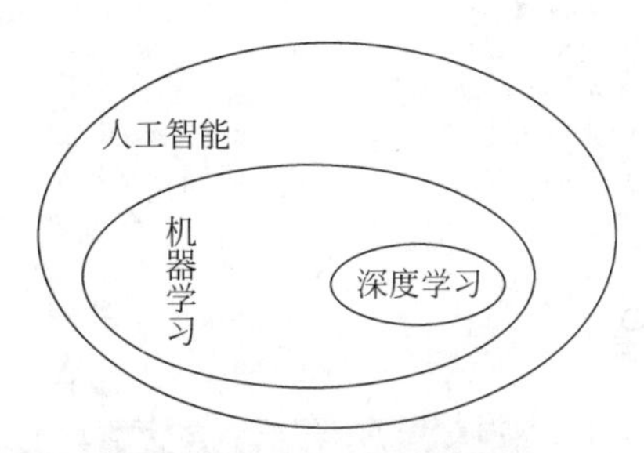

图 2-2 人工智能、机器学习和深度学习三者关系示意

如字面含义，人工智能是研发用于模拟、延伸和扩展人的智能的理论、方法、技术及应用系统的一门新的技术科学。由于这个定义只阐述了目标，而没有限定方法，因此实现人工智能存在的诸多方法和分支，导致其变成一个“大杂烩”式的学科。

2.2.2 机器学习

区别于人工智能，机器学习，尤其是监督学习，则有更加明确的指代。机器学习是专门研究计算机怎样模拟或实现人类的学习行为，以获取新的知识或技能，重新组织已有的知识结构，使之不断改善自身的性能。这句话有点“云山雾罩”的感觉，让人不知所云，下面我们从机器学习的模型结构角度进行剖析，帮助读者更加清晰地认识机器学习的来龙去脉。

机器学习模型结构由模型假设、评价函数和优化算法三个部分构成。

- 模型假设：世界上的可能关系千千万，漫无目标的试探 Y 和 X 之间的关系显然是十分低效的。因此假设空间先圈定了一个模型能够表达的关系可能，如图 2-3 所示蓝色圆圈。机器还会进一步在假设圈定的圆圈内寻找最优的 Y-X 关系，即确定参数 w。
- 评价函数：寻找最优之前，我们需要先定义什么是最优，即评价一个 Y-X 关系的好坏的指标。通常衡量该关系是否能很好地拟合现有观测样本，将拟合的误差最小作为优化目标。
- 优化算法：设置了评价指标后，就可以在假设圈定的范围内，将使得评价指标最优（损失函数最小/最拟合已有观测样本）的 Y-X 关系找出来，这个寻找的方法即

为优化算法。最笨的优化算法即按照参数的可能，穷举每一个可能取值来计算损失函数，保留使得损失函数最小的参数作为最终结果。

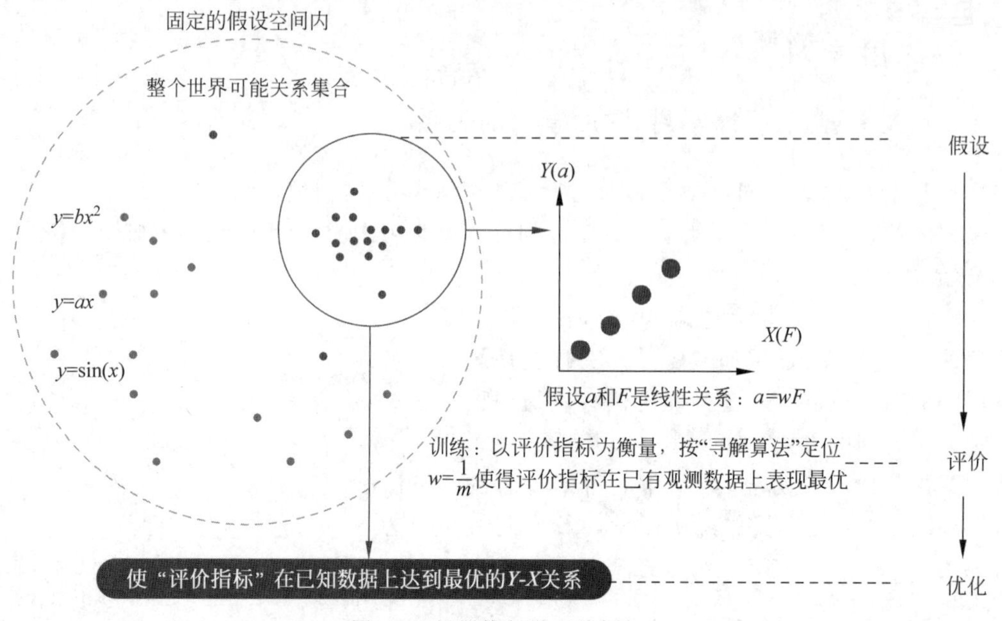

图 2-3　机器执行学习的框架

2.2.3　深度学习

机器学习算法理论在20世纪90年代发展成熟，在许多领域都取得了成功。但平静的日子只延续到2010年左右，随着大数据的涌现和计算机算力提升，深度学习模型异军突起，极大改变了机器学习的应用格局。今天，多数机器学习任务都可以使用深度学习模型解决，尤其在语音、计算机视觉和自然语言处理等领域，深度学习模型的效果比传统机器学习算法有显著提升。

那么相比传统的机器学习算法，深度学习做出了哪些改进呢？其实两者在理论结构上是一致的，即模型假设(模型构建)、评价函数(损失函数)和优化算法(参数学习)，其根本差别在于假设的复杂度，如图2-4所示。

对于图2-4中的美女照片，人脑可以接收到五颜六色的光学信号，能用极快的速度反应出这张图片是一位美女，而且是程序员喜欢的类型。但对计算机而言，只能接收到一个数字矩阵，对于美女这种高级的语义概念，从像素到高级语义概念中间要经历的信息变换的复杂性是难以想象的！这种变换已经无法用数学公式表达，因此研究者们借鉴了人脑神经元的结构，设计出基于神经网络的模型。如图2-5所示的深度学习模型结构，以手写输入"0""2""5"为训练时的输入数据，通过三个步骤完成模型训练，接着进入测试阶段，对于输入图片利用训练好的模型 f^* (函数)预测输出结果"罗红霉素"。预测输出结果显然有误，后续章节将逐步给读者解释其原因。

深度学习模型结构由三个部分构成：

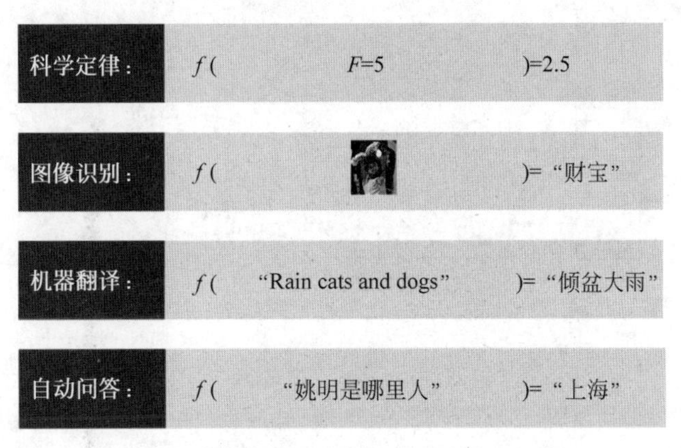

图 2-4　深度学习的模型复杂度难以想象

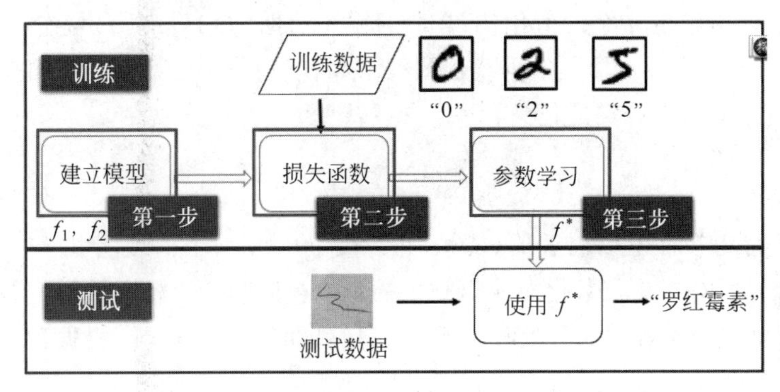

图 2-5　深度学习模型结构

（1）建立模型：设计神经网络结构，网络层数，每层神经元数目。

（2）损失函数：考虑损失函数，例如平方差、交叉熵。

（3）参数学习：采用梯度下降法、反向传播算法。

2.3　模型构建

神经元是深度学习模型构建的基本单位，下面简单介绍神经元从线性到非线性，最终前向连接成多层感知机的过程。

2.3.1　线性神经元

在生物学中，神经元细胞有兴奋与抑制两种状态。大多数神经元细胞在正常情况下处于抑制状态，一旦某个神经元受到刺激并且电位超过一定的阈值后，这个神经元细胞就被激活，处于兴奋状态，并向其他神经元传递信息。基于神经元细胞的结构特性与传递信息方式，神经科学家 Warren McCulloch 和逻辑学家 Walter Pitts 合作提出了"McCulloch-Pitts(MCP)neuron"模型。在人工神经网络中，MCP 模型成为人工神经网络中的最基本结构。MCP 模型结构如图 2-6 所示。

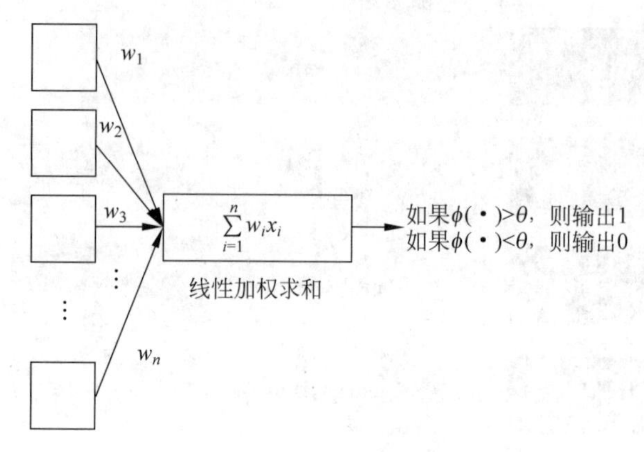

图 2-6 MCP 模型结构

从图 2-6 可见，给定 n 个二值化(0 或 1)的输入数据 $x_i(1\leqslant i\leqslant n)$与连接参数 $w_i(1\leqslant i\leqslant n)$，MCP 神经元模型对输入数据线性加权求和，然后使用函数 $\phi()$将加权累加结果映射为 0 或 1，以完成两类分类的任务：

$$y=\phi\left(\sum_{i=1}^{n} w_i x_i\right) \tag{2-1}$$

其中，w_i 为预先设定的连接权重值(一般在 0 和 1 中取一个值或者 1 和 -1 中取一个值)，用来表示其所对应输入数据对输出结果的影响(即权重)。输入端数据与连接权重所得线性加权累加结果再经过 $\phi()$处理与预先设定阈值 θ 进行比较，根据比较结果输出 1 或 0。具体而言，如果线性加权累加结果 $\left(\text{即} \sum_{i=1}^{m} w_i x_i\right)$ 大于阈值 θ，则函数 $\phi()$的输出为 1，否则为 0。也就是说，如果线性加权累加结果大于阈值 θ，则神经元细胞处于兴奋状态，向后传递 1 的信息，否则该神经元细胞处于抑制状态而不向后传递信息。

从另外一个角度来看，对于任何输入数据 $x_i(1\leqslant i\leqslant n)$，MCP 模型可得 1 或 0 这样的输出结果，实现了将输入数据分类到 1 或 0 两个类别中，解决了二分类问题。

2.3.2 线性单层感知机

1957 年 Frank Rosenblatt 提出了一种简单的人工神经网络，被称之为感知机。早期的感知机结构和 MCP 模型相似，由一个输入层和一个输出层构成，因此也被称为“单层感知机”。感知机的输入层负责接收实数值的输入向量，输出层则为 1 或 -1 两个值。单层感知机可作为一种二分类线性分类模型，结构如图 2-7 所示。

单层感知机的模型可以简单表示为：

$$f(x)=\text{sign}(w\times x+b) \tag{2-2}$$

对于具有 n 个输入 x_i 以及对应连接权重系数为 w_j 的感知机，首先通过线性加权得到输入数据的累加结果 z：$z=w_1x_1+w_2x_2+\cdots+b$。这里 $x_1,x_2,\cdots,x_n$ 为感知机的输入，$w_1,w_2,\cdots,w_n$ 为网络的权重系数，b 为偏置项(Bias)。然后将 z 作为激活函数 $\phi()$的输入，这里激活函数 $\phi()$为 sign 函数，其表达式为：

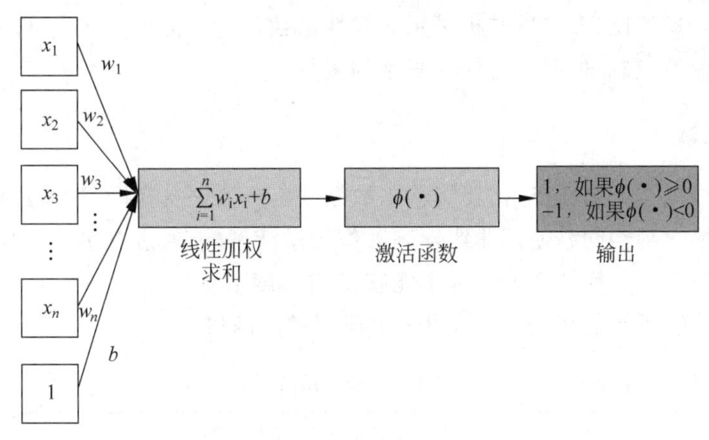

图 2-7　感知机模型

$$\operatorname{sign}(x)=\begin{cases}1, & x \geqslant 0 \\ -1, & x<0\end{cases} \tag{2-3}$$

$\phi()$会将 z 与某一阈值(此例中,阈值为 0)进行比较,如果大于或等于该阈值则感知器输出为 1,否则输出为-1。通过这样的操作,输入数据被分类为 1 或-1 这两个不同类别。单层感知机可被用来区分线性可分数据。计算机门电路中的逻辑异或(XOR)是非线性可分的逻辑函数,因此单层感知机无法模拟逻辑异或函数的功能。

2.3.3　非线性多层感知机

由于无法模拟诸如异或以及其他复杂函数的功能,使得单层感知机的应用较为单一。一个简单的想法是,如果能在感知机模型中增加若干隐藏层,增强神经网络的非线性表达能力,就会让神经网络具有更强拟合能力。因此,由多个隐藏层构成的多层感知机被提出。

如图 2-8 所示,多层感知机由输入层、输出层和至少一层的隐藏层构成。网络中各个隐藏层中神经元可接收相邻前序隐藏层中所有神经元传递而来的信息,经过加工处理后将信息输出给相邻后续隐藏层中所有神经元。

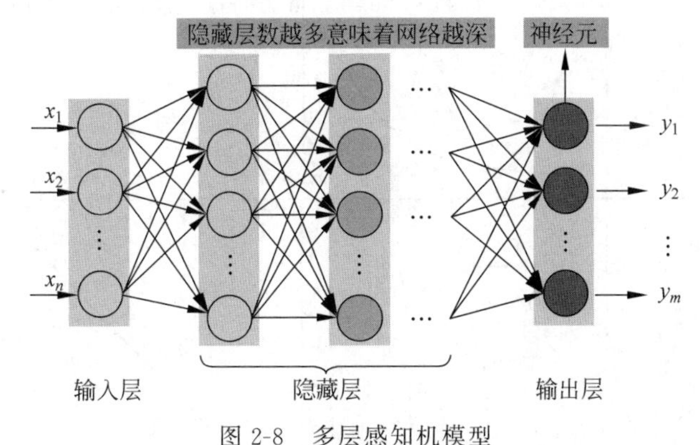

图 2-8　多层感知机模型

多层感知机神经元可以简单表示为:

$$f(x)=\phi(wx+b) \tag{2-4}$$

与单层感知机相比，多层感知机采用非线性函数作为激活函数 $\phi(\cdot)$，完成了输出和输出的非线性变换，进而可以拟合任何复杂的函数。

1. 激活函数

将神经网络用于分类任务，需要将输入数据映射到其语义空间，这一过程就是一个复杂的非线性变换。神经网络使用非线性函数作为激活函数，通过对多个非线性函数组合，来实现对输入信息的非线性变换。为了能够使用梯度下降方法来训练神经网络参数，激活函数必须是连续可导的。表 2-1 给出三个典型激活函数。

表 2-1　典型激活函数

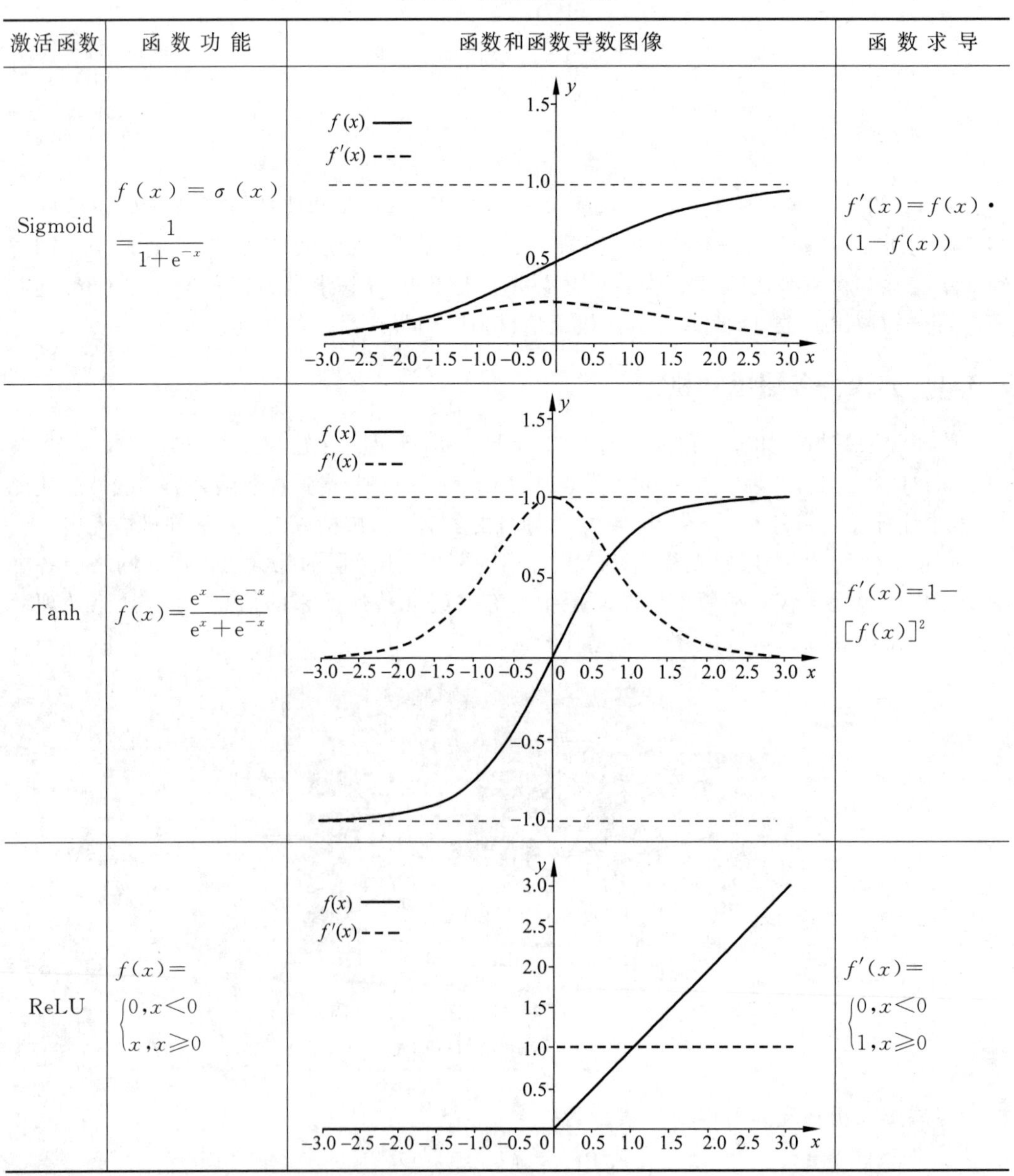

激活函数	函数功能	函数和函数导数图像	函数求导
Sigmoid	$f(x)=\sigma(x)=\frac{1}{1+e^{-x}}$		$f'(x)=f(x)\cdot(1-f(x))$
Tanh	$f(x)=\frac{e^{x}-e^{-x}}{e^{x}+e^{-x}}$		$f'(x)=1-[f(x)]^2$
ReLU	$f(x)=\begin{cases}0, x<0\\ x, x\geqslant 0\end{cases}$		$f'(x)=\begin{cases}0, x<0\\ 1, x\geqslant 0\end{cases}$

如图 2-9 给出了输入 $x_1=1,x_2=-1$ 时神经网络前向计算过程,其激活函数为 Softmax。

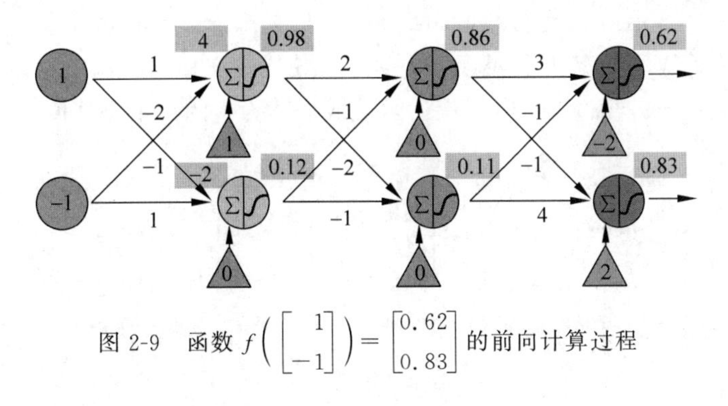

图 2-9 函数 $f\left(\begin{bmatrix}1\\-1\end{bmatrix}\right)=\begin{bmatrix}0.62\\0.83\end{bmatrix}$ 的前向计算过程

2. 网络结构(隐藏层结构)

在多层感知机中,相邻层所包含的神经元之间通常使用“全连接”方式进行连接。“全连接”主要是指隐藏层两个相邻层之间的神经元相互成对连接,但同一层内神经元之间没有连接。多层感知机可以模拟复杂非线性函数功能,所模拟函数的复杂性取决于网络隐藏层数目和各层中神经元数目。神经元不同的连接方式构成不同的网络结构,如图 2-2 所示的经典的卷积神经网络。

表 2-2 针对手写数字任务的卷积神经网络

模 型	层 数	错 误 率
AlexNet(2012)	8 层	16.4%
VGG(2014)	19 层	7.3%
GoogLeNet(2014)	22 层	6.7%
ResNet(2015)	152 层	3.57%

3. 输出层

输出层常用 Softmax 作为输出层激活函数。如果模型能输出 10 个标签的概率,对应真实标签的概率输出尽可能接近 100%,而其他标签的概率输出尽可能接近 0%,且所有输出概率之和为 1。与此对应,真实的标签值可以转变成一个 10 维的 one-hot 向量,在对应数字的位置上为 1,其余位置为 0,比如标签“6”可以转变成[0,0,0,0,0,0,1,0,0,0]。为了实现上述思路,需要引入 Softmax 函数,它可以将原始输出转变成对应标签的概率,公式如下:

$$\mathrm{Softmax}(x_i)=\frac{\mathrm{e}^{x_i}}{\sum_{j=0}^{N}\mathrm{e}^{x_j}},\quad i=0,1,\cdots,C-1 \tag{2-5}$$

其中,C 是标签类别个数。

从公式的形式可见,每个输出的范围均在0～1,且所有输出之和等于1,这是这种变换后可被解释成概率的基本前提。对应到代码实现上,需要在前向计算中,对全连接网络的输出层增加一个Softmax运算,即outputs = F.Softmax(outputs)。

图2-10是一个三个标签的分类模型(三分类)使用的Softmax输出层,从中可见原始输出的三个数字3、1、−3,经过Softmax层后转变成加和为1的三个概率值0.88、0.12、0。

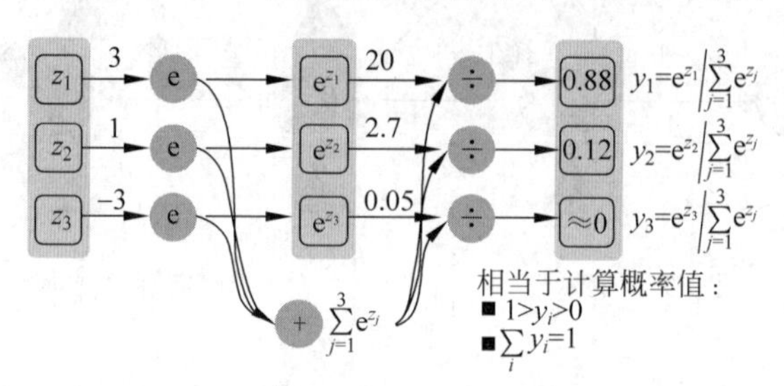

图2-10 网络输出层改为Softmax函数

2.3.4 模型实现

1. 神经网络层与激活函数

前面介绍了从简单的线性神经元到复杂的多层感知机等多种神经网络模型,接下来介绍如何使用PaddlePaddle实现这些模型。实际上,使用第1章介绍的基本张量及运算功能,就可以实现这些模型。但是这种方式不但难度高,而且容易出错。因此,PaddlePaddle将常用的神经网络模型封装到了paddle.nn内,从而可以方便灵活地加以调用。如通过以下代码,就可以创建一个线性映射模型(也叫线性层)。

```
01. from paddle import nn
02. linear = nn.Linear(in_features,out_features)
```

代码中的in_features是输入特征的数目,out_features是输出特征的数目。可以使用该函数实现简单的线性神经元,只要将输出特征的数目设置为1即可。当实际调用线性层时,可以一次地输入多个样本数据,一般叫作一个批次(Batch),并同时获得每个样本地输出。所以,如果输入张量的形状是(batch_size, in_features),则输出张量的形状是(batch_size, out_features)。采用批次操作的好处是可以充分利用GPU等硬件的多核并行计算能力,大幅提高计算的效率,具体代码如下所示。

```
01. linear = nn.Linear(in_features = 32,out_features = 2) # 输入 32 维,输出 2 维
02. inputs = paddle.randn((3,32), dtype = "float32") # 创建一个形状为(3,32)的随机张量,3
    为批次大小
03. outputs = linear(inputs) # 输出张量形状为(3,2)
04. print(outputs)
```

执行结果如下。

```
Tensor(shape = [3, 2], dtype = float32, place = CUDAPlace(0), stop_gradient = False,
       [[ - 0.15681726,  - 0.01821065],
       [ 1.78913236,  - 0.35371369],
       [ 1.40582800, 0.27880195]])
```

Sigmoid、Softmax 等各种激活函数包含在 paddle. nn. functional 中，实现对输入按元素进行非线性运算，调用方式如下所示。

```
01. from paddle.nn import functional as F
02.
03. activation  =  F.sigmoid(outputs)
04. print("Sigmoid:")
05. print(activation)
06.
07. activation  =  F.Softmax(outputs)
08. print("Softmax:")
09. print(activation)
10.
11. activation  =  F.relu(outputs)
12. print("relu:")
13. print(activation)

Sigmoid:
Tensor(shape = [3, 2], dtype = float32, place = CUDAPlace(0), stop_gradient = False,
       [[0.46087587, 0.49544752],
       [0.85682088, 0.41248214],
       [0.80310714, 0.56925249]])
Softmax:
Tensor(shape = [3, 2], dtype = float32, place = CUDAPlace(0), stop_gradient = False,
       [[0.46540371, 0.53459626],
       [0.89499843, 0.10500163],
       [0.75528967, 0.24471034]])
relu:
Tensor(shape = [3, 2], dtype = float32, place = CUDAPlace(0), stop_gradient = False,
       [[0.        , 0.         ],
       [1.78913236, 0.         ],
       [1.40582800, 0.27880195]])
```

2. 自定义神经网络模型

通过对上文介绍的神经网络以及激活函数进行组合，就可以搭建更复杂的神经网络模型。在 PaddlePaddle 中构建一个自定义神经网络模型非常简单，就是从 paddle. nn 中的 Layer 类派生一个子类，并实现构造函数和 forward 函数。其中，构造函数定义了模型所需的成员对象，如构成模型的各个层，并对其中的参数进行初始化等。而 forward 函数用来实现该模型的前向过程，即对输入逐层处理，从而得到最终的输出结果。下面以多层感知机为例，说明如何自定义一个神经网络模型，其代码如下所示。

```
01. import paddle
02. from paddle import nn
03. from paddle.nn import functional as F
04.
05. class MLP(nn.Layer):
06.   def __init__(self, input_dim, hidden_dim, num_class):
07.       super(MLP,self).__init__()
08.       #线性变换,输入层->隐藏层
09.       self.linear1 = nn.Linear(input_dim,hidden_dim)
10.       #使用 ReLU 激活函数
11.       self.activate = F.relu
12.       #线性变换,隐藏层->输出层
13.       self.linear2 = nn.Linear(hidden_dim, num_class)
14.
15.   def forward(self,inputs):
16.       hidden = self.linear1(inputs)
17.       activation = self.activate(hidden)
18.       outputs = self.linear2(activation)
19.       #输出层获得每个输入属于各个类别的概率
20.       probs = F.Softmax(outputs)
21.       return probs
22.
23. mlp = MLP(input_dim = 4,hidden_dim = 5,num_class = 2)
24. #创建一个形状为(3,4)的随机张量,3 为批次大小,4 表示每个输入的维度
25. inputs = paddle.randn((3,4), dtype = "float32")
26. probs = mlp(inputs) #自动调用 forward 函数
27. print(probs)#输出 2 个输入对应输出的概率

Tensor(shape = [3, 2], dtype = float32, place = CUDAPlace(0), stop_gradient = False,
     [[0.08213507, 0.91786492],
     [0.59723574, 0.40276432],
     [0.03856515, 0.96143490]])
```

2.4 损失函数

为了评估函数一组参数的好坏,需要有一个准则。在机器学习中,评估准则又被称为评价函数。简单地说,损失函数用来衡量在训练数据集上模型的输出与真实输出之间的差异。因此,损失函数的值越小,模型输出与真实输出越相似,可以认为此时模型表现越好。不过如果损失函数的值过小,那么模型就会与训练集数据过拟合(Overfit),反倒不适合新的数据。所以,在训练深度学习模型时,要避免产生过拟合的现象,有多种技术可以达到此目的,如正则化(Regularization)、丢弃正则化(Dropout)和早停法(Early Stopping)等。本书仅对正则化进行简单介绍,如果了解更多内容,可以参考其他神经网络或深度学习相关书籍。在此介绍两种深度学习常用的损失函数均方差损失(Mean Square Error,MSE)和交叉熵(Cross Entropy,CE)。

2.4.1　均方差损失

均方误差损失又称为二次损失、L2 损失，常用于回归预测任务中。均方误差函数通过计算预测值和实际值之间距离(即误差)的平方来衡量模型优劣，即预测值和真实值越接近，两者的均方差就越小。

假设有 n 个训练数据 x_i，每个训练数据 x_i 的真实输出为 y_i，模型对 x_i 的预测值为 $\hat{y}_i$。该模型在 n 个训练数据下所产生的均方误差损失可定义如下：

$$\mathrm{MSE}=\frac{1}{n}\sum_{i=1}^{n}(y_i-\hat{y}_i)^2 \tag{2-6}$$

假设真实目标值为 100，预测值在 -10000 到 10000，绘制 MSE 函数曲线如图 2-11 所示。可以看到，当预测值越接近 100 时，MSE 损失值越小。MSE 损失的范围为 0 到∞。

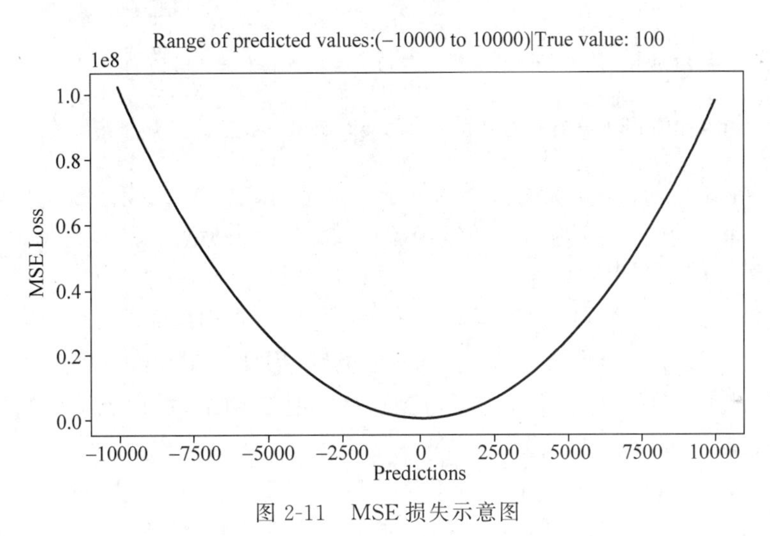

图 2-11　MSE 损失示意图

2.4.2　交叉熵

在物理学中，“熵”被用来表示热力学系统所呈现的无序程度。香农将这一概念引入信息论领域，提出了“信息熵”概念，即通过对数函数来测量信息的不确定性。交叉熵(Cross Entropy)是信息论中的重要概念，主要用来度量两个概率分布间的差异。假定 p 和 q 是数据 x 的两个概率分布，通过 q 来表示 p 的交叉熵可如下计算：

$$H(p,q)=-\sum_{x}p(x)\log q(x) \tag{2-7}$$

其中，log 表示以 e 为底数的自然对数，后续出现均按此处理。

交叉熵刻画了两个概率分布之间的距离，旨在描绘通过概率分布 q 来表达概率分布 p 的困难程度。根据公式不难理解，交叉熵越小，两个概率分布 p 和 q 越接近。

这里仍然以图 2-10 的三类分类问题为例，假设数据 x 属于类别 1。记数据 x 的类别分布概率为 y，显然 $y=(1,0,0)$代表数据 x 的实际类别分布概率。记$\hat{y}$ 代表模型预测所得类别分布概率。

那么对于数据 x 而言,其实际类别分布概率 y 和模型预测类别分布概率$\hat{y}$ 的交叉熵损失函数定义为:

$$\text{cross entropy} = -y \times \log(\hat{y}) \tag{2-8}$$

很显然,一个良好的神经网络要尽量保证对于每一个输入数据,神经网络所预测类别分布概率与实际类别分布概率之间的差距越小越好,即交叉熵越小越好。于是,可将交叉熵作为损失函数来训练神经网络。

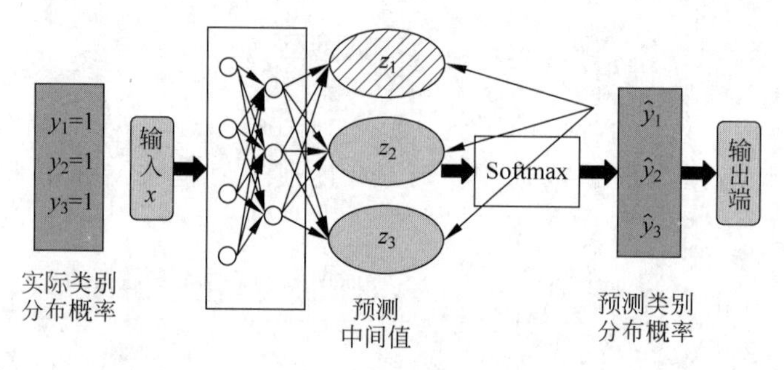

图 2-12 三类分类问题中输入 x 的交叉熵损失示意图(x 属于第一类)

图 2-12 给出了一个三个类别分类的例子。由于输入数据 x 属于类别 1,因此其实际类别概率分布值为 $y=(y_1,y_2,y_3)=(1,0,0)$。经过神经网络的变换,得到了输入数据 x 相对于三个类别的预测中间值(z_1,z_2,z_3)。然后,经过 Softmax 函数映射,得到神经网络所预测的输入数据 x 的类别分布概率$\hat{y}=(\hat{y}_1,\hat{y}_2,\hat{y}_3)$。根据前面的介绍,$\hat{y}_1$、$\hat{y}_2$ 和 $\hat{y}_3$ 为(0,1)的一个概率值。由于样本 x 属于第一个类别,因此希望神经网络所预测得到的$\hat{y}_1$ 取值要远远大于$\hat{y}_2$ 和$\hat{y}_3$ 的取值。为了得到这样的神经网络,在训练中可利用如下交叉熵损失函数来对模型参数进行优化:

$$\text{cross entropy} = -(y_1 \times \log(\hat{y}_1) + y_2 \times \log(\hat{y}_2) + y_3 \times \log(\hat{y}_3)) \tag{2-9}$$

式(2-9)中,y_2 和 y_3 均为 0,y_1 为 1,因此交叉熵损失函数简化为:

$$-y_1 \times \log(\hat{y}_1) = -\log(\hat{y}_1) \tag{2-10}$$

在神经网络训练中,要将输入数据实际的类别概率分布与模型预测的类别概率分布之间的误差(即损失)从输出端向输入端传递,以便来优化模型参数。下面简单介绍根据交叉熵计算得到的误差从$\hat{y}_1$ 传递给 z_1 和 z_2(z_3 的推导与 z_2 相同)的情况。

$$\begin{aligned}\frac{\partial \hat{y}_1}{\partial z_1} &= \frac{\partial\left(\frac{e^{z_1}}{\sum_k e^{z_k}}\right)}{\partial z_1} = \frac{(e^{z_1})' \times \sum_k e^{z_k} - e^{z_1} \times e^{z_1}}{\left(\sum_k e^{z_k}\right)^2} \\ &= \frac{e^{z_1}}{\sum_k e^{z_k}} - \frac{e^{z_1}}{\sum_k e^{z_k}} \times \frac{e^{z_1}}{\sum_k e^{z_k}} = \hat{y}_1(1-\hat{y}_1)\end{aligned} \tag{2-11}$$

由于交叉熵损失函数$-\log(\hat{y}_1)$对$\hat{y}_1$ 求导的结果为$-\frac{1}{\hat{y}_1}$,$\hat{y}_1(1-\hat{y}_1)$与$-\frac{1}{\hat{y}_1}$相乘为

$\hat{y}_1-1$。这说明一旦得到模型预测输出$\hat{y}_1$,将该输出减去 1 就是交叉损失函数相对于 z_1 的偏导结果。

$$\frac{\partial \hat{y}_1}{\partial z_2}=\frac{\partial\left(\frac{e^{z_1}}{\sum_k e^{z_k}}\right)}{\partial z_2}=\frac{0\times\sum_k e^{z_k}-e^{z_1}\times e^{z_2}}{\left(\sum_k e^{z_k}\right)^2}=-\frac{e^{z_1}}{\sum_k e^{z_k}}\times\frac{e^{z_2}}{\sum_k e^{z_k}}=-\hat{y}_1\hat{y}_2 \tag{2-12}$$

同理,交叉熵损失函数导数为$-\frac{1}{\hat{y}_1}$,$-\hat{y}_1\hat{y}_2$ 与$-\frac{1}{\hat{y}_1}$相乘结果为$\hat{y}_2$。这意味对除第一个输出节点以外的节点进行偏导,在得到模型预测输出后,只要将其保存,就是交叉损失函数相对于其他节点的偏导结果。在 z_1、z_2 和 z_3 得到偏导结果后,再通过链式法则(后续介绍)将损失误差继续往输入端传递即可。

在上面的例子中,假设所预测中间值(z_1,z_2,z_3)经过 Softmax 映射后所得结果为(0.34,0.46,0.20)。由于已知输入数据 x 属于第一类,显然这个输出不理想而需要对模型参数进行优化。如果选择交叉熵损失函数来优化模型,则(z_1,z_2,z_3)这一层的偏导值为(0.34−1,0.46,0.20)=(−0.66,0.46,0.20)。

可以看出,Softmax 和交叉熵损失函数相互结合,为偏导计算带来了极大便利。偏导计算使得损失误差从输出端向输入端传递,来对模型参数进行优化。在这里,交叉熵与 Softmax 函数结合在一起,因此也叫 Softmax 损失(Softmax with Cross-Entropy Loss)。

2.4.3 损失函数的实现

无论是回归任务还是分类任务,仅改动三行代码,就可以实现设置损失函数:

- 在读取数据部分,将标签的类型设置成 int,体现它是一个标签而不是实数值(飞桨框架默认将标签处理成 int64)。
- 在网络定义部分,将输出层改成类似"输出十个标签的概率"的模式。
- 在训练过程部分,将损失函数从均方误差换成交叉熵。

具体实现方法如下:

(1) 在数据处理部分,需要设置标签变量 label 的格式。

- 均方差损失标签变量设置成浮点型:label=np.reshape(labels[i], [1]).astype('float32')。
- 交叉熵损失标签变量设置成整数:label=np.reshape(labels[i], [1]).astype('int64')。

(2) 在网络定义部分,需要设置输出层结构。

- 均方差损失输出是一个数:self.fc=Linear(in_features=980, out_features=1)。
- 交叉熵损失输出类似"输出十个标签的概率":self.fc=Linear(in_features=980, out_features=10)。

(3) 在训练配置阶段,设置计算损失的函数。

- 均方差损失:loss=paddle.nn.functional.square_error_cost(predict, label)。
- 交叉熵损失:loss=paddle.nn.functional.cross_entropy(predict, label)。

2.4.4 正则化

理想的模型训练结果在训练集和验证集上均有较高的准确率,如果训练集的准确率低于验证集,说明网络训练程度不够;如果训练集的准确率高于验证集,可能是发生了过拟合现象。在优化目标中加入正则化项,可以解决过拟合的问题。

1. 过拟合现象

对于样本量有限、但需要使用强大模型的复杂任务,模型很容易出现过拟合的现象,即在训练集上的损失小,在验证集或测试集上的损失较大,如图 2-13 所示。

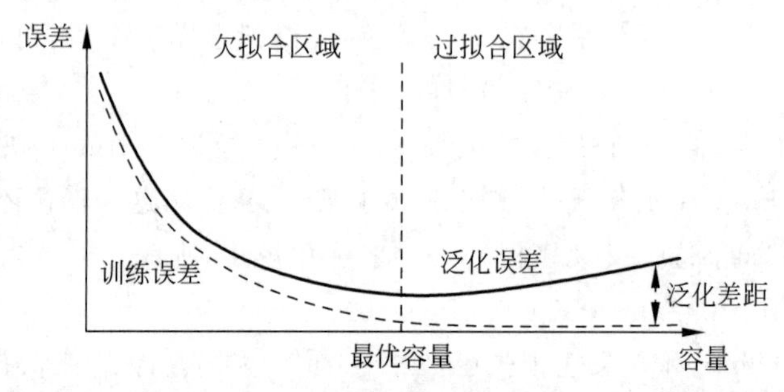

图 2-13 过拟合现象,训练误差不断降低,但测试误差先降后增

反之,如果模型在训练集和测试集上均损失较大,则称为欠拟合。过拟合表示模型过于敏感,学习到了训练数据中的一些误差,而这些误差并不是真实的泛化规律(可推广到测试集上的规律)。欠拟合表示模型还不够强大,还没有很好地拟合已知的训练样本,更别提测试样本了。因为欠拟合情况容易观察和解决,只要训练 loss 不够好,就不断使用更强大的模型。因此实际中我们更需要处理好过拟合的问题。

2. 导致过拟合原因

造成过拟合的原因是模型过于敏感,而训练数据量太少或其中的噪声太多。如图 2-14 所示,理想的回归模型是一条坡度较缓的抛物线,欠拟合的模型只拟合出一条直线,显然没有捕捉到真实的规律,但过拟合的模型拟合出存在很多拐点的抛物线,显然是过于敏感,也没有正确表达真实规律。

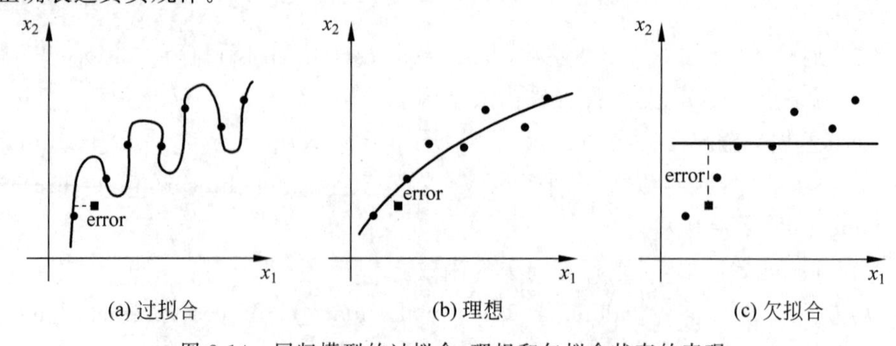

图 2-14 回归模型的过拟合、理想和欠拟合状态的表现

如图 2-15 所示，理想的分类模型是一条半圆形的曲线，欠拟合用直线作为分类边界，显然没有捕捉到真实的边界，但过拟合的模型拟合出很扭曲的分类边界，虽然对所有的训练数据正确分类，但对一些较为个例的样本所做出的妥协，大概率不是真实的规律。

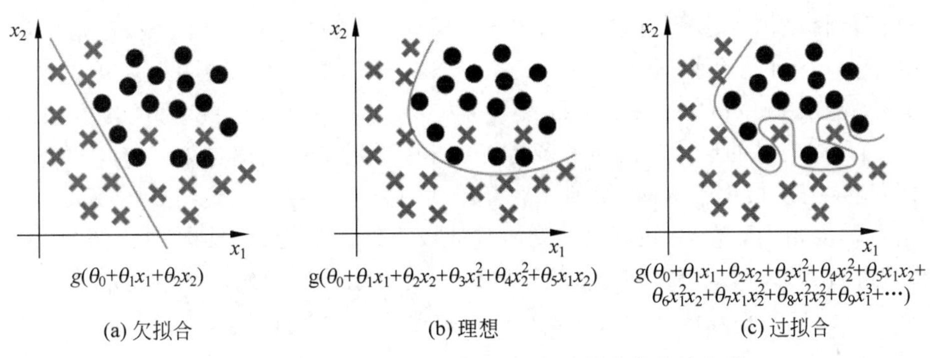

(a) 欠拟合　(b) 理想　(c) 过拟合

图 2-15　分类模型的欠拟合、理想和过拟合状态的表现

3. 过拟合的成因与防控

归结到深度学习中，假设模型也会犯错，通过分析发现可能的原因：①训练数据存在噪声，导致模型学到了噪声，而不是真实规律；②使用强大模型（表示空间大）的同时，训练数据太少，导致在训练数据上表现良好的候选假设太多，锁定了一个“虚假正确”的假设。对于①可以使用数据清洗和修正来解决；对于②需要限制模型表示能力，或者收集更多的训练数据。

而清洗训练数据中的错误，或收集更多的训练数据往往是一句“正确的废话”，在任何时候我们都想获得更多更高质量的数据。在实际项目中，更快、更低成本来控制过拟合的方法，只有限制模型的表示能力。

为了防止模型过拟合，在没有扩充样本量的可能下，只能降低模型的复杂度，可以通过限制参数的数量或可能取值（参数值尽量小）实现。具体来说，在模型的优化目标（损失）中人为加入对参数规模的惩罚项。当参数越多或取值越大时，该惩罚项就越大。通过调整惩罚项的权重系数，可以使模型在“尽量减少训练损失”和“保持模型的泛化能力”之间取得平衡。泛化能力表示模型在没有见过的样本上依然有效。正则化项的存在，增加了模型在训练集上的损失。

PaddlePaddle 支持为所有参数加上统一的正则化项，也支持为特定的参数添加正则化项。前者的实现如下代码所示，仅在优化器中设置 weight_decay 参数即可实现。使用参数 coeff 调节正则化项的权重，权重越大时，对模型复杂度的惩罚越高。

```
01. ＃各种优化算法均可加正则化项，参数 regularization_coeff 调节正则化项的权重
02. opt = paddle.optimizer.Adam(learning_rate = 0.01, weight_decay = paddle.regularizer.
    L2Decay(coeff = 1e - 5), parameters = model.parameters())
```

2.5 参数学习

2.3节介绍了深度学习中的多层感知机(前馈神经网络)模型,模型中包含大量参数,如何恰当地设置这些参数是决定模型准确率的关键,而寻找一组优化参数的过程叫作神经网络模型训练或学习。训练过程是深度学习模型的关键要素之一,其目标是让定义的损失函数loss尽可能地小,也就是说找到一个参数解 w 和 b,使得损失函数取得极小值。

梯度下降(Gradient Descent,GD)是一种非常基础和常用的参数优化方法。梯度(Gradient)是以向量的形式写出的对多元函数各个参数求得的偏导数。梯度的物理意义指函数值增加速度最快的方向,或者说沿着梯度的方向更容易找到函数的极大值;反过来说,沿着梯度相反的方向,更容易找到函数的极小值。正是利用梯度这一性质,对深度学习模型进行训练时,就可以通过梯度下降法一步步地迭代优化一个事先定义好的损失函数,并通过反向传播算法获得对应模型的参数值。梯度下降法如图2-16所示。

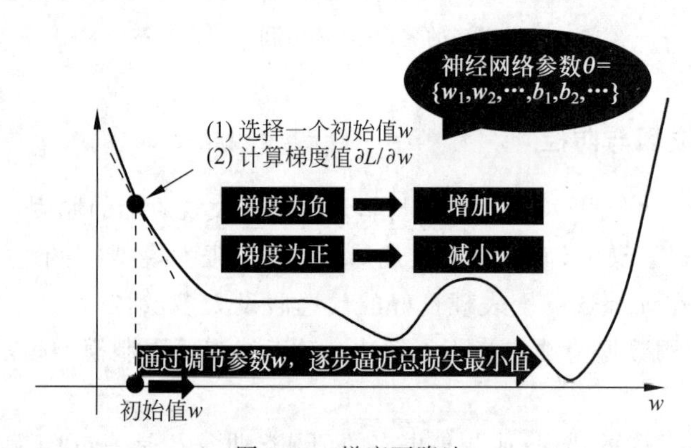

图2-16 梯度下降法

依据计算目标函数梯度使用的数据量的不同,有三种梯度下降的变体,即批量梯度下降、随机梯度下降、小批量梯度下降。

2.5.1 梯度下降法

1. 批量梯度下降

标准的梯度下降,即批量梯度下降(Batch Gradient Descent, BGD)。在训练集上计算损失函数关于参数 θ 的梯度:

$$\theta=\theta-\eta\nabla_{\theta}J(\theta) \tag{2-13}$$

其中,θ 是模型的参数,η 是学习率,$\nabla_{\theta}J(\theta)$ 是损失函数对参数 θ 的导数。为了一次参数更新,需要在整个训练集上计算梯度,导致BGD可能会非常慢。

2. 随机梯度下降

随机梯度下降(Stochastic Gradient Descent, SGD)则是每次使用一个训练样本 x^i 和

标签 y^i 进行一次参数更新：

$$\theta=\theta-\eta\cdot\nabla_\theta J(\theta;x^i;y^i) \tag{2-14}$$

其中，θ 是模型的参数，η 是学习率，$\nabla_\theta J(\theta)$ 为损失函数对参数 θ 的导数。BGD 对于大数据集来说执行了很多冗余的计算，因为在每一次参数更新前都要计算很多相似样本的梯度。SGD 通过一次执行一次更新解决了这种冗余。因此通常 SGD 的速度会非常快，而且可以被用于在线学习。

3. 小批量梯度下降

小批量梯度下降(Mini-Batch Gradient Descent，MBGD)则是在上面两种方法中采取了一个折中的办法：每次从训练集中取出 batchsize 个样本作为一个 Mini-Batch，以此来进行一次参数更新：

$$\theta=\theta-\eta\cdot\nabla_\theta J(\theta;x^{(i:i+n)};y^{(i:i+n)}) \tag{2-15}$$

其中，θ 是模型的参数，η 是学习率，$\nabla_\theta J(\theta;x^{(i:i+n)};y^{(i:i+n)})$ 为损失函数对参数 θ 的导数，n 为 Mini-Bach 的大小(Batch Size)。当 $n=1$ 时，小批量梯度下降退化为随机梯度下降。

2.5.2 梯度下降法实现

接下来，以 2.3 节介绍的多层感知机模型为例，介绍如何使用梯度下降法获得优化的参数，解决经典的异或问题，代码如下所示。

```
01. import paddle
02. from paddle import nn
03. from paddle.nn import functional as F
04.
05. class MLP(nn.Layer):
06.   def __init__(self, input_dim, hidden_dim, num_class):
07.       super(MLP,self).__init__()
08.       self.linear1 = nn.Linear(input_dim,hidden_dim)
09.       self.activate = F.relu
10.       self.linear2 = nn.Linear(hidden_dim, num_class)
11.
12.   def forward(self,inputs):
13.       hidden = self.linear1(inputs)
14.       activation = self.activate(hidden)
15.       outputs = self.linear2(activation)
16.       #输出层获得每个输入属于各个类别的概率,然后取对数
17.       #取对数的目的是避免计算 Softmax 函数时可能产生的数值溢出问题
18.       probs = F.log_Softmax(outputs)
19.       return probs
20.
21. #创建多层感知机模型,输入层大小 2,隐藏层大小为 5,输出层大小为 2(两个类别)
22. model = MLP(input_dim=2,hidden_dim=5,num_class=2)
23. #异或问题的 4 个输入
```

```
24. x_train = paddle.to_tensor([[0.0,0.0],[0.0,1.0],[1.0,0.0],[1.0,1.0]])
25. y_train = paddle.to_tensor([0,1,1,0])
26. criterion = nn.NLLLoss()
27.
28. optimizer = paddle.optimizer.SGD(
29.   parameters = model.parameters(), learning_rate = 0.05)
30.
31. for epoch in range(500):
32.   y_pred = model(x_train) # 调用模型,预测输出结果
33.   loss = criterion(y_pred,y_train) # 计算损失
34.   # 在调用反向传播算法之前,将优化器的梯度值清零,否则每次循环的梯度将累加
35.   optimizer.clear_grad()
36.   loss.backward() # 通过反向传播计算参数的梯度
37.   # 在优化器中更新参数,不同的优化器更新的方法不同,但是调用方法相同
38.   optimizer.step()
39.
40. print("线性映射层的权重和偏置项的值为: ")
41. for name, param in model.named_parameters():
42.    print(name,param)
43.
44. y_pred = model(x_train)
45. print("预测结果: \n",y_pred.argmax(axis = 1))
```

运行结果如下所示。

```
线性映射层的权重和偏置项的值为:
linear1.weight Parameter containing:
Tensor(shape = [2, 5], dtype = float32, place = CPUPlace, stop_gradient = False,
     [[ - 1.27128339, 0.37045777, 0.28617510, - 0.05764449, 0.89740348],
     [ 1.27707767, 0.68776441, 0.63295925, - 0.75536990, 0.92521822]])
linear1.bias Parameter containing:
Tensor(shape = [5], dtype = float32, place = CPUPlace, stop_gradient = False,
     [ - 0.00293504, - 0.37124628, - 0.03545794, 0.        , - 0.91992104])
linear2.weight Parameter containing:
Tensor(shape = [5, 2], dtype = float32, place = CPUPlace, stop_gradient = False,
     [[ - 1.56576383, 1.02593124],
     [ 0.19528840, - 0.75522274],
     [ - 0.60573310, - 0.42696849],
     [ 0.01939082, 0.27820015],
     [ 0.69356889, - 1.41635418]])
linear2.bias Parameter containing:
Tensor(shape = [2], dtype = float32, place = CPUPlace, stop_gradient = False,
     [ 0.03179531, - 0.03179519])
预测结果:
Tensor(shape = [4], dtype = int64, place = CPUPlace, stop_gradient = False,
     [0, 1, 0, 0])
```

2.6 飞桨框架高层 API 深入解析

本节是对飞桨高层 API 的详细说明，介绍如何使用高层 API 快速完成深度学习任务。

2.6.1 简介

飞桨框架 2.0 全新推出的高层 API，是对飞桨 API 的进一步封装与升级，提供了更加简洁易用的 API，进一步提升了飞桨的易学易用性，并增强飞桨的功能。飞桨高层 API 面向从深度学习小白到资深开发者的所有人群，对于 AI 初学者来说，使用高层 API 可以简单快速地构建深度学习项目；对于资深开发者来说，可以快速完成算法迭代。飞桨高层 API 具有以下特点：

- 易学易用：高层 API 是对普通动态图 API 的进一步封装和优化，同时保持与普通 API 的兼容性，高层 API 使用更加易学易用，同样的实现使用高层 API 可以节省大量的代码。
- 低代码开发：使用飞桨高层 API 的一个明显特点是编程代码量大大缩减。
- 动静转换：高层 API 支持动静转换，只需要改一行代码即可实现将动态图代码在静态图模式下的训练，既方便使用动态图调试模型，又提升了模型训练效率。

针对多种通用应用场景，深度学习研发业务在数据管理、模型开发、模型训练、模型评估四个方面存在 API 重复调用和冗余代码编写，而飞桨高层 API 可以有效地解决这一难题，如图 2-17 所示是不同阶段需完成的实现需求。

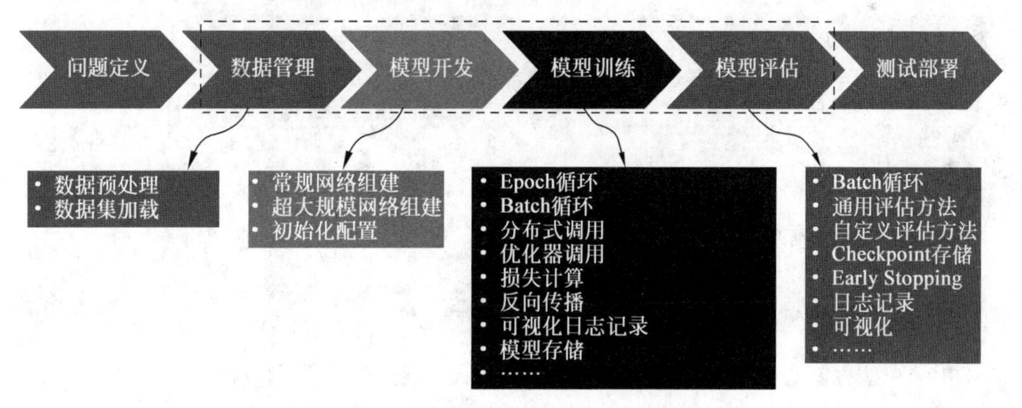

图 2-17 多种通用场景存在 API 重复调用

在功能增强与使用方式上，高层 API 有以下升级：

- 模型训练方式升级：高层 API 中封装了 Model 类，继承了 Model 类的神经网络可以仅用几行代码完成模型的训练。
- 新增图像处理模块 transform：飞桨新增了图像预处理模块，其中包含数十种数据处理函数，基本涵盖了常用的数据处理、数据增强方法。
- 提供常用的神经网络模型可供调用：高层 API 中集成了计算机视觉领域和自然

语言处理领域常用模型,包括但不限于 mobilenet、resnet、yolov3、cyclegan、BERT、transformer、seq2seq 等。同时发布了对应模型的预训练模型,可以直接使用这些模型或者在此基础上完成二次开发。

高层 API 可以帮助初学者解决深度学习的难点问题,并提高学习效率:学习所需要的相关概念减少 50%,让新用户更快上手;开发效率提升 50%,让老用户降低开发成本。如图 2-18 所示仅用 3 行代码实现了模型训练,而 2.7.4 节的训练部分代码需要 69 行,这方便了需要快速得到结果的用户。

```
01. import paddle
02. train_dataset = paddle.vision.datasets.MNIST(mode='train')
03. eval_dataset = paddle.vision.datasets.MNIST(mode='test')
04. network = paddle.nn.Sequential(
05.     paddle.nn.Flatten(),              # 拉平, 将 (28, 28) => (784)
06.     paddle.nn.Linear(784, 512),       # 隐藏层: 线性变换层
07.     paddle.nn.ReLU(),                 # 激活函数
08.     paddle.nn.Linear(512, 10)         # 输出层
09.
10. model = paddle.Model(network)
11. model.prepare(
12.       paddle.optimizer.Adam(learning_rate=0.001,
13.       parameters=network.parameters()),
14.       paddle.nn.CrossEntropyLoss(),
15.       paddle.metric.Accuracy())
16. model.fit(train_dataset,eval_dataset,epochs=5,batch_size=64)
```

图 2-18　3 行代码实现模型训练

2.6.2　方案设计

飞桨高层 API 无须独立安装,只需要安装好 PaddlePaddle 即可。安装完成后输入 import paddle 命令即可使用相关高层 API,如:paddle.Model、视觉领域的 paddle.vision、NLP 领域的 paddle.text。代码如下所示。

```
01. import paddle
02. import paddle.vision as vision
03. import paddle.text as text
04.
05. paddle.__version__
```

飞桨版本显示结果如下所示。

```
'2.2.2'
```

图 2-19 是方案设计及每个阶段需要的高层 API 函数,其内容包括:

- 使用高层 API 提供的自带数据集进行相关深度学习任务训练。
- 使用自定义数据进行数据集的定义、数据预处理和训练。
- 如何在数据集定义和加载中应用数据增强相关接口。
- 如何进行模型的组网。
- 高层 API 进行模型训练的相关 API 使用。
- 如何在 fit 接口满足需求的时候进行自定义,使用基础 API 来完成训练。
- 如何使用多卡来加速训练。

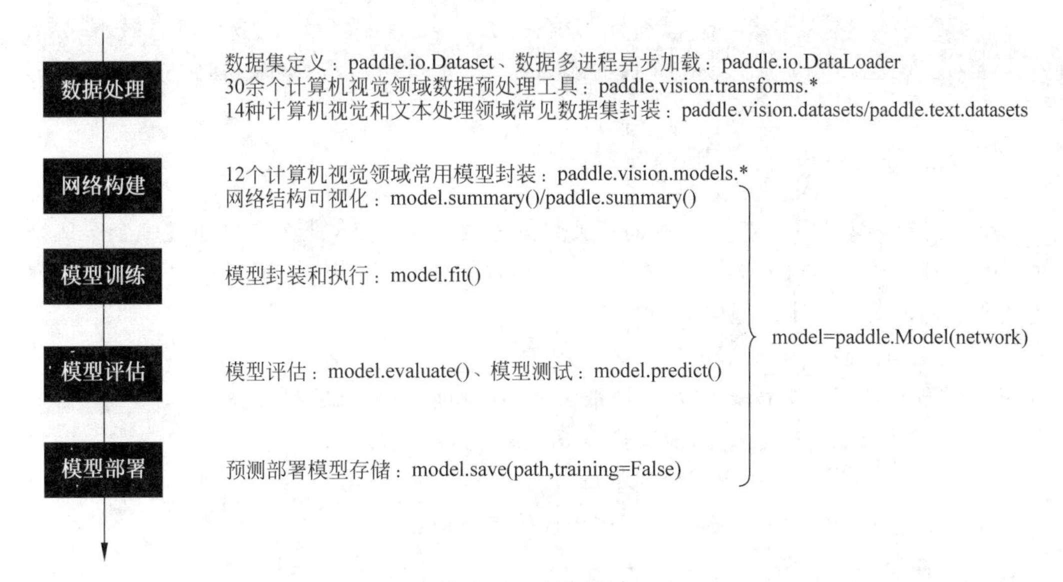

图 2-19 方案设计

2.6.3 数据集定义、加载和数据预处理

对于深度学习任务，均是框架针对各种类型数字的计算，是无法直接使用原始图片和文本等文件来完成。那么就是涉及了一项动作，就是将原始的各种数据文件进行处理加工，转换成深度学习任务可以使用的数据。

1. 框架自带数据集使用

高层 API 将一些常用到的数据集作为领域 API，对应 API 所在目录为 paddle. vision. datasets，那么先看下提供了哪些数据集。

```
01. print('视觉相关数据集:', paddle.vision.datasets.__all__)
02. print('自然语言相关数据集:', paddle.text.__all__)
```

运行结果如下所示。

```
视觉相关数据集: ['DatasetFolder', 'ImageFolder', 'MNIST', 'FashionMNIST', 'Flowers', 'Cifar10', 'Cifar100', 'VOC2012']
自然语言相关数据集: ['Conll05st', 'Imdb', 'Imikolov', 'Movielens', 'UCIHousing', 'WMT14', 'WMT16']
```

这里加载一个手写数字识别的数据集，用 mode 来标识是训练数据还是测试数据集。数据集接口会自动从远端下载数据集到本机缓存目录～/. cache/paddle/dataset。

```
01. from paddle.vision.transforms import ToTensor
02. # 训练数据集
03. train_dataset = vision.datasets.MNIST(mode = 'train', transform = ToTensor())
```

```
04. # 验证数据集
05. val_dataset = vision.datasets.MNIST(mode = 'test', transform = ToTensor())
```

2. 自定义数据集

更多的时候需要用户使用已有的相关数据来定义数据集,那么这里通过一个案例来了解如何进行数据集的定义,飞桨提供了 paddle.io.Dataset 基类,通过类的集成来快速实现数据集定义。具体过程如下:

- 定义类,继承 paddle.io.Dataset。
- 实现构造函数 init,定义数据读取方式,划分训练和测试数据集。
- 实现 getitem 成员函数,定义指定 index 时如何获取数据。
- 实现 len 成员函数,返回数据集总数。

自定义数据集类 MyDataset 及其调用代码如下所示。

```
01. from paddle.io import Dataset
02.
03. class MyDataset(Dataset):
04.     """
05.     步骤一:继承 paddle.io.Dataset 类
06.     """
07.     def __init__(self, mode = 'train'):
08.         """
09.         步骤二:实现构造函数,定义数据读取方式,划分训练和测试数据集
10.         """
11.         super(MyDataset, self).__init__()
12.
13.         if mode == 'train':
14.             self.data = [
15.                 ['traindata1', 'label1'],
16.                 ['traindata2', 'label2'],
17.                 ['traindata3', 'label3'],
18.                 ['traindata4', 'label4'],
19.             ]
20.         else:
21.             self.data = [
22.                 ['testdata1', 'label1'],
23.                 ['testdata2', 'label2'],
24.                 ['testdata3', 'label3'],
25.                 ['testdata4', 'label4'],
26.             ]
27.
28.     def __getitem__(self, index):
29.         """
```

```
30.            步骤三:实现__getitem__方法,定义指定 index 时如何获取数据,并返回单条数据
    (训练数据,对应的标签)
31.            """
32.            data = self.data[index][0]
33.            label = self.data[index][1]
34.
35.            return data, label
36.
37.        def __len__(self):
38.            """
39.            步骤四:实现__len__方法,返回数据集总数目
40.            """
41.            return len(self.data)
42.
43. # 测试定义的数据集
44. train_dataset_2 = MyDataset(mode = 'train')
45. val_dataset_2 = MyDataset(mode = 'test')
46.
47. print('============= train dataset ============= ')
48. for data, label in train_dataset_2:
49.     print(data, label)
50.
51. print('============= evaluation dataset ============= ')
52. for data, label in val_dataset_2:
53.     print(data, label)
```

3. 数据增强

训练过程中有时会遇到过拟合的问题,其中一个解决方法就是对训练数据做增强,对数据进行处理得到不同的图像,从而泛化数据集。数据增强 API 是定义在领域目录的 transforms 下,这里介绍两种使用方式,一种是基于框架自带数据集,另一种是基于自己定义的数据集。

1) 框架自带数据集

```
01. from paddle.vision.transforms import Compose, Resize, ColorJitter
02.
03. # 定义想要使用那些数据增强方式,这里用到了随机调整亮度、对比度和饱和度,改变图片
    大小
04. transform = Compose([ColorJitter(), Resize(size = 100)])
05. # 通过 transform 参数传递定义好的数据增项方法即可完成对自带数据集的应用
06. train_dataset_3 = vision.datasets.MNIST(mode = 'train', transform = transform)
```

2) 自定义数据集

针对自定义数据集使用数据增强有两种方式,一种是在数据集的构造函数中进行数据增强方法的定义,之后对 getitem 中返回的数据进行应用。另外一种方式也可以给自定义的数据集类提供一个构造参数,在实例化类的时候将数据增强方法传递进去。

```
01. from paddle.io import Dataset
02.
03.
04. class MyDataset(Dataset):
05.     def __init__(self, mode='train'):
06.         super(MyDataset, self).__init__()
07.
08.         if mode == 'train':
09.             self.data = [
10.                 ['traindata1', 'label1'],
11.                 ['traindata2', 'label2'],
12.                 ['traindata3', 'label3'],
13.                 ['traindata4', 'label4'],
14.             ]
15.         else:
16.             self.data = [
17.                 ['testdata1', 'label1'],
18.                 ['testdata2', 'label2'],
19.                 ['testdata3', 'label3'],
20.                 ['testdata4', 'label4'],
21.             ]
22.
23.         # 定义要使用的数据预处理方法,针对图片的操作
24.         self.transform = Compose([ColorJitter(), Resize(size=100)])
25.
26.     def __getitem__(self, index):
27.         data = self.data[index][0]
28.
29.         # 在这里对训练数据进行应用
30.         # 这里只是一个示例,测试时需要将数据集更换为图片数据进行测试
31.         data = self.transform(data)
32.
33.         label = self.data[index][1]
34.
35.         return data, label
36.
37.     def __len__(self):
38.         return len(self.data)
```

2.6.4 模型组网

针对高层 API 在模型组网上和基础 API 是统一的一套,不需要投入额外的学习使用成本。在飞桨框架中,针对用户不同场景有三种方式可供选择使用,如图 2-20 所示。

1. Sequential 组网

针对顺序的线性网络结构可以直接使用 Sequential 来快速完成组网,这样在编写时可以减少类的定义等代码。

```
# Sequential形式组网
mnist = paddle.nn.Sequential(
        paddle.nn.Flatten(),
        paddle.nn.Linear(784, 512),
        paddle.nn.ReLU(),
        paddle.nn.Linear(512, 10)
)
```

(a) Sequential组网

```
# SubClass形式组网
class Mnist(paddle.nn.Layer):
        def __init__(self):
                super(Mnist, self).__init__()

                self.flatten = paddle.nn.Flatten()
                self.linear_1 = paddle.nn.Linear(784,
                512)
                self.linear_2 = paddle.nn.Linear(512, 10)
                self.relu = paddle.nn.ReLU()

        def forward(self, inputs):
                y = self.flatten(inputs)
                y = self.linear_1(y)
                y = self.relu(y)
                y = self.linear_2(y)

                return y
```

(a) SubClass组网

```
# 框架内置模型
lenet = paddle.vision.models.LeNet()
```

(c) 模型封装

图 2-20　三种组网方法

2. SubClass 组网

针对一些比较复杂的网络结构，就可以使用 Layer 子类定义的方式来进行模型代码编写，在__init__构造函数中进行组网 Layer 的声明，在 forward 中使用声明的 Layer 变量进行前向计算。子类组网方式也可以实现 sublayer 的复用，针对相同的 Layer 可以在构造函数中一次性定义，在 forward 中多次调用。

3. 模型封装

定义好网络结构之后来使用 paddle. Model 完成模型的封装，将网络结构组合成一个可快速使用高层 API 进行训练、评估和预测的类。

4. 模型可视化

在组建好网络结构后，一般会想去对网络结构进行一下可视化，逐层地去对齐一下网络结构参数，看看是否符合预期。这里可以通过 model. summary 接口进行可视化展示。如图 2-21 是执行 model＝paddle. Model(network)和 model. summary((1,28,28))的运行结果。

```
---------------------------------------------------------------------------
 Layer (type)       Input Shape          Output Shape         Param #
===========================================================================
   Flatten-1       [[1, 28, 28]]           [1, 784]              0
   Linear-1          [[1, 784]]            [1, 512]           401,920
    ReLU-1           [[1, 512]]            [1, 512]              0
   Linear-2          [[1, 512]]            [1, 10]             5,130
===========================================================================
Total params: 407,050
Trainable params: 407,050
Non-trainable params: 0
---------------------------------------------------------------------------
Input size (MB): 0.00
Forward/backward pass size (MB): 0.01
Params size (MB): 1.55
Estimated Total Size (MB): 1.57
---------------------------------------------------------------------------

{'total_params': 407050, 'trainable_params': 407050}
```

图 2-21　运行结果

另外，summary 接口有两种使用方式，除了 model. summary 这种配套 paddle. Model 封装使用的接口外，还有一套配合没有经过 paddle. Model 封装的方式来使用。可以直接将实例化好的 Layer 子类放到 paddle. summary 接口中进行可视化呈现，即 paddle. summary(mnist,(1,28,28))。

需要注意，有些读者可能会疑惑为什么要传递(1,28,28)这个 input_size 参数，因为在动态图中，网络定义阶段是还没有得到输入数据的形状信息，想要做网络结构的呈现就无从下手，那么通过告知接口网络结构的输入数据形状，网络可以通过逐层地计算推导得到完整的网络结构信息进行呈现。如果是动态图运行模式，那么就不需要给 summary 接口传递输入数据形状这个值了，因为在 Model 封装的时候已经定义好了 InputSpec，其中包含了输入数据的形状格式。

2.6.5 模型训练

网络结构通过 paddle. Model 接口封装成模型类后进行执行操作，这样非常简洁方便，可以直接调用 model. fit 就可以完成训练过程。

使用 model. fit 接口启动训练前，先通过 model. prepare 接口来对训练进行提前的配置准备工作，包括设置模型优化器、Loss 计算方法、精度计算方法等。

做好模型训练的前期准备工作后，正式调用 fit()接口来启动训练过程，需要指定至少 3 个关键参数：训练数据集、训练轮次和单次训练数据批次大。代码如下所示。

```
01. # 构建模型训练用的 Model,告知需要训练哪个模型
02. model = paddle.Model(mnist)
03. # 配置优化器、损失函数、评估指标
04. model.prepare(paddle.optimizer.Adam(learning_rate = 0.001, parameters = network.
    parameters()),
05.                 paddle.nn.CrossEntropyLoss(),
06.                 paddle.metric.Accuracy())
07.
08. # 启动模型全流程训练
09. model.fit(train_dataset,  # 训练数据集
10.           eval_dataset,   # 评估数据集
11.           epochs = 5,     # 训练的总轮次
12.           batch_size = 64, # 训练使用的批大小
13.           verbose = 1)    # 日志展示形式
```

运行结果如图 2-22 所示。

注：fit()的第一个参数不仅可以传递数据集 paddle. io. Dataset，还可以传递 DataLoader。如果想要实现某个自定义的数据集抽样等逻辑，可以在 fit 外自定义 DataLoader，然后传递给 fit 函数。

```
01. train_dataloader = paddle.io.DataLoader(train_dataset)
02. ...
03. model.fit(train_dataloader, ...)
```

```
The loss value printed in the log is the current step, and the metric is the average value of previ
Epoch 1/5
step  30/938 [..............................] - loss: 0.5638 - acc: 0.6656 - ETA: 9s - 11ms/st
/opt/conda/envs/python35-paddle120-env/lib/python3.7/site-packages/paddle/fluid/layers/utils.py:77:
m 'collections.abc' is deprecated, and in 3.8 it will stop working
  return (isinstance(seq, collections.Sequence) and
step 938/938 [==============================] - loss: 0.2249 - acc: 0.9145 - 10ms/step
Eval begin...
step 157/157 [==============================] - loss: 0.0524 - acc: 0.9564 - 8ms/step
Eval samples: 10000
Epoch 2/5
step 938/938 [==============================] - loss: 0.0554 - acc: 0.9596 - 11ms/step
Eval begin...
step 157/157 [==============================] - loss: 0.0128 - acc: 0.9594 - 7ms/step
Eval samples: 10000
Epoch 3/5
step 938/938 [==============================] - loss: 0.0346 - acc: 0.9685 - 11ms/step
Eval begin...
step 157/157 [==============================] - loss: 0.0062 - acc: 0.9680 - 8ms/step
Eval samples: 10000
Epoch 4/5
step 938/938 [==============================] - loss: 0.0079 - acc: 0.9751 - 10ms/step
Eval begin...
step 157/157 [==============================] - loss: 0.0059 - acc: 0.9628 - 8ms/step
Eval samples: 10000
Epoch 5/5
step 938/938 [==============================] - loss: 0.0813 - acc: 0.9770 - 10ms/step
Eval begin...
step 157/157 [==============================] - loss: 0.0127 - acc: 0.9678 - 8ms/step
Eval samples: 10000
```

图 2-22 模型训练过程

1. 自定义 Loss

有时会遇到特定任务的 Loss 计算方式在框架既有的 Loss 接口中不存在，或算法不符合自己的需求，那么期望能够自己来进行 Loss 的自定义，这里就会讲解如何进行 Loss 的自定义操作，首先来看下面的代码。

```
01. class SelfDefineLoss(paddle.nn.Layer):
02.     """
03.     1. 继承 paddle.nn.Layer
04.     """
05.     def __init__(self):
06.         """
07.         2. 构造函数根据自己的实际算法需求和使用需求进行参数定义即可
08.         """
09.         super(SelfDefineLoss, self).__init__()
10.
11.     def forward(self, input, label):
12.         """
13.         3. 实现 forward 函数,forward 在调用时会传递两个参数:input 和 label
14.             - input:单个或批次训练数据经过模型前向计算输出结果
15.             - label:单个或批次训练数据对应的标签数据
16.
17.             接口返回值是一个 Tensor,根据自定义的逻辑加和或计算均值后的损失
```

```
18.         """
19.         # 使用 PaddlePaddle 中相关 API 自定义的计算逻辑
20.         # output = xxxxx
21.         # return output
```

那么了解完代码层面如果编写自定义代码后看一个实际的例子，下面是在图像分割示例代码中写的一个自定义 Loss，当时主要是想使用自定义的 Softmax 计算维度。

```
01. class SoftmaxWithCrossEntropy(paddle.nn.Layer):
02.     def __init__(self):
03.         super(SoftmaxWithCrossEntropy, self).__init__()
04.
05.     def forward(self, input, label):
06.         loss = F.softmax_with_cross_entropy(input,
07.                                             label,
08.                                             return_softmax = False,
09.                                             axis = 1)
10.         return paddle.mean(loss)
```

2. 自定义 Metric

和 Loss 一样，如果遇到一些想要做个性化实现的操作时，也可以来通过框架完成自定义的评估计算方法，具体的实现方式如下。

```
01. class SelfDefineMetric(paddle.metric.Metric):
02.     """
03.     1. 继承 paddle.metric.Metric
04.     """
05.     def __init__(self):
06.         """
07.         2. 构造函数实现,自定义参数即可
08.         """
09.         super(SelfDefineMetric, self).__init__()
10.
11.     def name(self):
12.         """
13.         3. 实现 name 方法,返回定义的评估指标名字
14.         """
15.         return?'自定义评价指标的名字'
16.
17.     def compute(self, ...)
18.         """
19.         4. 本步骤可以省略,实现 compute 方法,这个方法主要用于`update`的加速,可以在这
    个方法中调用一些 PaddlePaddle 实现好的 Tensor 计算 API,编译到模型网络中一起使用低层
    C++OP 计算
20.         """
```

```
21.
22.         return 自己想要返回的数据,会作为 update 的参数传入
23.
24.     def update(self, ...):
25.         """
26.         5. 实现 update 方法,用于单个 Batch 训练时进行评估指标计算
27.         - 当`compute`类函数未实现时,会将模型的计算输出和标签数据的展平作为 update
    的参数传入
28.         - 当`compute`类函数做了实现时,会将 compute 的返回结果作为 update 的参数传入
29.         """
30.         return acc value
31.
32.     def accumulate(self):
33.         """
34.         6. 实现 accumulate 方法,返回历史 Batch 训练积累后计算得到的评价指标值
35.         每次`update`调用时进行数据积累,`accumulate`计算时对积累的所有数据进行计算并
    返回
36.         结算结果会在`fit`接口的训练日志中呈现
37.         """
38.         # 利用 update 中积累的成员变量数据进行计算后返回
39.         return accumulated acc value
40.
41.     def reset(self):
42.         """
43.         7. 实现 reset 方法,每个 Epoch 结束后进行评估指标的重置,这样下个 Epoch 可以重
    新进行计算
44.         """
45.         # do reset action
```

看一个框架中的具体例子,这个是框架中已提供的一个评估指标计算接口,这里就是按照上述说明中的实现方法进行了相关类继承和成员函数实现。代码如下所示。

```
01. from paddle.metric import Metric
02.
03.
04. class Precision(Metric):
05.     """
06.     Precision (also called positive predictive value) is the fraction of
07.     relevant instances among the retrieved instances. Refer to
08.     https://en.wikipedia.org/wiki/Evaluation_of_binary_classifiers
09.
10.     Noted that this class manages the precision score only for binary
11.     classification task.
12.
13.     ......
14.
15.     """
```

```
16.
17.     def __init__(self, name='precision', *args, **kwargs):
18.         super(Precision, self).__init__(*args, **kwargs)
19.         self.tp = 0  # true positive
20.         self.fp = 0  # false positive
21.         self._name = name
22.
23.     def update(self, preds, labels):
24.         """
25.         Update the states based on the current mini-batch prediction results.
26.
27.         Args:
28.             preds (numpy.ndarray): The prediction result, usually the output
29.                 of two-class sigmoid function. It should be a vector (column
30.                 vector or row vector) with data type: 'float64' or 'float32'.
31.             labels (numpy.ndarray): The ground truth (labels),
32.                 the shape should keep the same as preds.
33.                 The data type is 'int32' or 'int64'.
34.         """
35.         if isinstance(preds, paddle.Tensor):
36.             preds = preds.numpy()
37.         elif not _is_numpy_(preds):
38.             raise ValueError("The 'preds' must be a numpy ndarray or Tensor.")
39.
40.         if isinstance(labels, paddle.Tensor):
41.             labels = labels.numpy()
42.         elif not _is_numpy_(labels):
43.             raise ValueError("The 'labels' must be a numpy ndarray or Tensor.")
44.
45.         sample_num = labels.shape[0]
46.         preds = np.floor(preds + 0.5).astype("int32")
47.
48.         for i in range(sample_num):
49.             pred = preds[i]
50.             label = labels[i]
51.             if pred == 1:
52.                 if pred == label:
53.                     self.tp += 1
54.                 else:
55.                     self.fp += 1
56.
57.     def reset(self):
58.         """
59.         Resets all of the metric state.
60.         """
61.         self.tp = 0
62.         self.fp = 0
63.
```

```
64.     def accumulate(self):
65.         """
66.         Calculate the final precision.
67.
68.         Returns:
69.             A scaler float: results of the calculated precision.
70.         """
71.         ap = self.tp + self.fp
72.         return float(self.tp) / ap if ap != 0 else .0
73.
74.     def name(self):
75.         """
76.         Returns metric name
77.         """
78.         return self._name
```

3. 自定义 Callback

fit 接口的 Callback 参数支持传一个 Callback 类实例，用来在每轮训练和每个 Batch 训练前后进行调用，可以通过 Callback 收集到训练过程中的一些数据和参数，或者实现一些自定义操作。代码如下所示。

```
01. class SelfDefineCallback(paddle.callbacks.Callback):
02.     """
03.     1. 继承 paddle.callbacks.Callback
04.     2. 按照自己的需求实现以下类成员方法:
05.         def on_train_begin(self, logs = None)
06.         def on_train_end(self, logs = None)
07.         def on_eval_begin(self, logs = None)
08.         def on_eval_end(self, logs = None)
09.         def on_test_begin(self, logs = None)
10.         def on_test_end(self, logs = None)
11.         def on_epoch_begin(self, epoch, logs = None)
12.         def on_epoch_end(self, epoch, logs = None)
13.         def on_train_batch_begin(self, step, logs = None)
14.         def on_train_batch_end(self, step, logs = None)
15.         def on_eval_batch_begin(self, step, logs = None)
16.         def on_eval_batch_end(self, step, logs = None)
17.         def on_test_batch_begin(self, step, logs = None)
18.         def on_test_batch_end(self, step, logs = None)
19.     """
20.     def __init__(self):
21.         super(SelfDefineCallback, self).__init__()
22.     # 按照需求定义自己的类成员方法
```

看一个框架中的实际例子，这是一个框架自带的 ModelCheckpoint 回调函数，方便在 fit 训练模型时自动存储每轮训练得到的模型。代码如下所示。

```
01. class ModelCheckpoint(Callback):
02.     def __init__(self, save_freq = 1, save_dir = None):
03.         self.save_freq = save_freq
04.         self.save_dir = save_dir
05.
06.     def on_epoch_begin(self, epoch = None, logs = None):
07.         self.epoch = epoch
08.
09.     def _is_save(self):
10.         return self.model and self.save_dir and ParallelEnv().local_rank == 0
11.
12.     def on_epoch_end(self, epoch, logs = None):
13.         if self._is_save() and self.epoch % self.save_freq == 0:
14.             path = '{}/{}'.format(self.save_dir, epoch)
15.             print('save checkpoint at {}'.format(os.path.abspath(path)))
16.             self.model.save(path)
17.
18.     def on_train_end(self, logs = None):
19.         if self._is_save():
20.             path = '{}/final'.format(self.save_dir)
21.             print('save checkpoint at {}'.format(os.path.abspath(path)))
22.             self.model.save(path)
```

2.6.6 模型评估和模型预测

对于训练好的模型进行评估操作可以使用 evaluate 接口来实现，事先定义好用于评估使用的数据集后，可以简单地调用 evaluate 接口即可完成模型评估操作，结束后根据 prepare 中 loss 和 metric 的定义来进行相关评估结果计算返回。代码 result＝model.evaluate(val_dataset, verbose＝1)的返回格式是一个字典。

- 只包含 loss，{'loss':xxx}。
- 包含 loss 和一个评估指标，{'loss':xxx,'metric name':xxx}。
- 包含 loss 和多个评估指标，{'loss':xxx,'metric name':xxx,'metric name':xxx}。

高层 API 中提供了 predict 接口来方便对训练好的模型进行预测验证，只需要基于训练好的模型将需要进行预测测试的数据放到接口中进行计算即可，接口会将经过模型计算得到的预测结果进行返回。代码 pred_result＝model.predict(val_dataset)的返回格式是一个 list，元素数目对应模型的输出数目。

- 模型是单一输出：[(numpy_ndarray_1, numpy_ndarray_2,…, numpy_ndarray_n)]。
- 模型是多输出：[(numpy_ndarray_1, numpy_ndarray_2, …, numpy_ndarray_n), (numpy_ndarray_1, numpy_ndarray_2, …, numpy_ndarray_n), …]。

numpy_ndarray_n 是对应原始数据经过模型计算后得到的预测数据，数目对应预测数据集的数目。

使用多卡进行预测。有时需要进行预测验证的数据较多,单卡无法满足时间诉求,那么 predict 接口也支持了使用多卡模式。使用起来也很简单,无须修改代码程序,只需要使用 launch 来启动对应的预测脚本：$ python3-m paddle. distributed. launch infer. py,其中 infer. py 包含 model. predict。

2.6.7 模型部署

1. 模型存储

模型训练和验证达到预期后,可以使用 save 接口来将模型保存下来,用于后续模型的 Fine-tuning(接口参数 training=True)或推理部署(接口参数 training=False)。

需要注意的是,在动态图模式训练时保存推理模型的参数文件和模型文件,需要在 forward 成员函数上添加@paddle. jit. to_static 装饰器,参考下面的例子。

```
01. class Mnist(paddle.nn.Layer):
02.     def __init__(self):
03.         super(Mnist, self).__init__()
04.
05.         self.flatten = paddle.nn.Flatten()
06.         self.linear_1 = paddle.nn.Linear(784, 512)
07.         self.linear_2 = paddle.nn.Linear(512, 10)
08.         self.relu = paddle.nn.ReLU()
09.         self.dropout = paddle.nn.Dropout(0.2)
10.
11.     @paddle.jit.to_static
12.     def forward(self, inputs):
13.         y = self.flatten(inputs)
14.         y = self.linear_1(y)
15.         y = self.relu(y)
16.         y = self.dropout(y)
17.         y = self.linear_2(y)
18.
19.         return y
20.
21. model.save('~/model/mnist')
```

2. 预测部署

有了用于推理部署的模型,就可以使用推理部署框架来完成预测服务部署,包括服务端部署、移动端部署和模型压缩,即

- PaddleSlim：飞桨模型压缩工具,提供剪裁、量化、蒸馏、超参搜索和模型结构搜索等多种工业级模型压缩算法,并提供简单易扩展的 API 接口。
- Paddle Serving：飞桨服务化部署框架,帮助开发者轻松部署预测服务,可实现模型一键部署。
- Paddle Lite：飞桨轻量化推理引擎,为手机、IoT 端提供高效推理能力,且广泛整

合跨平台硬件,满足端侧部署及应用落地的需求。

- Paddle.js：飞桨前端推理引擎,以 JavaScript 实现 Web 端推理能力,并提供配套工具帮助开发者轻松地在浏览器、小程序等环境快速部署 AI 模型。

如图 2-23 给出了从模型准备到模型预测部署的整个端到端的全流程方案,其中模型转变也可以是 TensorFlow 等其他深度学习框架,仅需要 X2Paddle 就可以转化为飞桨模型,然后经过模型压缩、蒸馏和量化等优化后部署到不同服务平台上。

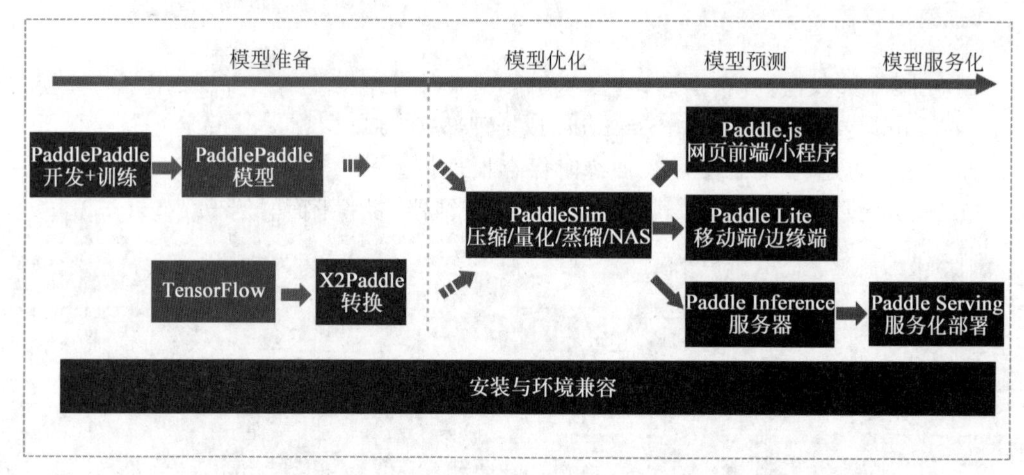

图 2-23　端到端的全流程部署方案

视频讲解

2.7　案例：基于全连接神经网络的手写数字识别

数字识别是计算机从纸质文档、照片或其他来源接收、理解并识别可读的数字的过程,目前比较受关注的是手写数字识别。手写数字识别是一个典型的图像分类问题,已经被广泛应用于汇款单号识别、手写邮政编码识别等领域,大大缩短了业务处理时间,提升了工作效率和质量。

在处理手写邮政编码的简单图像分类任务时,可以使用基于 MNIST 数据集的手写数字识别模型。MNIST 是深度学习领域标准、易用的成熟数据集,包含 50000 条训练样本和 10000 条测试样本。

MNIST 数据集的发布,吸引了大量科学家训练模型。1998 年,LeCun 分别用单层线性分类器、多层感知器(Multilayer Perceptron, MLP)和多层卷积神经网络 LeNet 进行实验,使得测试集的误差不断下降(从 12%下降到 0.7%)。在研究过程中,LeCun 提出的卷积神经网络(Convolutional Neural Network, CNN)大幅度地提高了手写字符的识别能力,LeCun 因此成为了深度学习领域的奠基人之一。如今在深度学习领域,卷积神经网络占据了至关重要的地位,从最早 LeCun 提出的简单 LeNet,到如今 ImageNet 大赛上的优胜模型 VGGNet、GoogLeNet、ResNet 等,人们在图像分类领域,利用卷积神经网络得到了一系列惊人的结果。

手写数字识别的模型是深度学习中相对简单的模型，非常适用初学者。正如学习编程时，我们输入的第一个程序是打印"Hello World!"一样。在本书的第一个深度学习模型中，我们选取了手写数字识别模型作为启蒙模型，以便更好地帮助读者快速掌握飞桨平台的使用。

手写数字识别任务要求：

- 输入：一系列手写数字图片，其中每张图片都是 28×28 的像素矩阵；
- 输出：经过了大小归一化和居中处理，输出对应的 0～9 的数字标签。

2.7.1 方案设计

本节利用全连接神经网络结构来实现手写数字识别任务。如图 2-24 所示，模型的输入是待识别的手写数字图片，模型的输出就是该图片对应数字标签。在建模过程中，对于输入的待识别数字图片，首先需要进行数据处理生成 256 像素数据，然后，将像素数据传入多层感知机神经网络获得图像特征向量。最后，将这个图像特征向量传给 Softmax 函数获得对应概率值，进而预测出输入对应的生活数字标签。

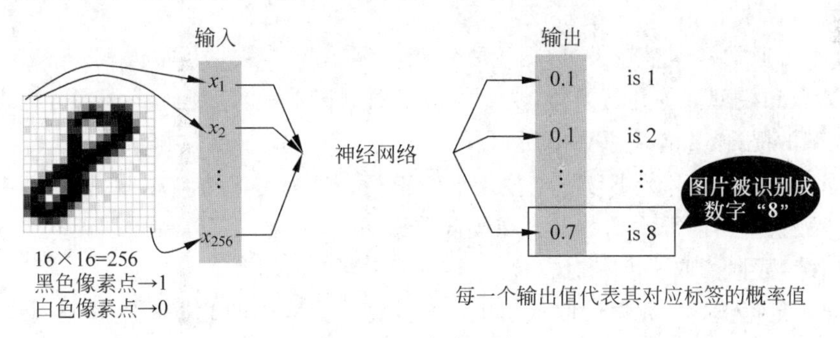

图 2-24 方案设计

2.7.2 数据处理

1. 数据集和数据处理概述

1) MNIST 数据集

MNIST 数据集是深度学习领域的"Hello World"，来自美国国家标准与技术研究所(National Institute of Standards and Technology，NIST)。该数据集由 250 位不同标注员手写 0～9 的数字构成，且训练集和测试集的标注员完全不同，其中 50%是高中学生，50%来自人口普查局的工作人员。

MNIST 部分图片展示如图 2-25 所示。

飞桨提供了多个封装好的数据集 API，涵盖计算机视觉、自然语言处理、推荐系统等多个领域，帮助读者快速完成深度学习任务。如在手写数字识别任务中，通过 paddle.vision.datasets.MNIST 可以直接获取处理好的 MNIST 训练集、测试集。其代码为 train_dataset=paddle.vision.datasets.MNIST(mode='train')。另外，其数据集对应的文件由四部分构成：

图 2-25　MNIST 数据集示意图

- train-images-idx3-ubyte. gz：Training set images (9. 9MB，包含 60000 个样本)。
- train-labels-idx1-ubyte. gz：Training set labels (29KB，包含 60000 个标签)。
- t10k-images-idx3-ubyte. gz：Test set images (1. 6MB，包含 10000 个样本)。
- t10k-labels-idx1-ubyte. gz：Test set labels (5KB，包含 10000 个标签)。

2）数据处理介绍

深度学习通常样本量较大、数据读取较慢，应采用异步数据读取方式。异步读取数据时，数据读取和模型训练并行执行，从而加快了数据读取速度，牺牲一小部分内存换取数据读取效率的提升，二者关系如下所示。

- 同步数据读取：数据读取与模型训练串行。当模型需要数据时，才运行数据读取函数获得当前批次的数据。在读取数据期间，模型一直等待数据读取结束才进行训练，数据读取速度相对较慢。
- 异步数据读取：数据读取和模型训练并行。读取到的数据不断的放入缓存区，不需要等待模型训练就可以启动下一轮数据读取。当模型训练完一个批次后，不用等待数据读取过程，直接从缓存区获得下一批次数据进行训练，从而加快了数据读取速度。

PaddlePaddle 数据集加载方案统一使用 Dataset 数据集定义＋DataLoader 多进程数据集异步读取，即使用 PaddlePaddle 实现异步数据读取只需要两个步骤：

- 构建一个继承 paddle. io. Dataset 类的数据读取器。
- 通过 paddle. io. DataLoader 创建异步数据读取的迭代器。

2. 导入必要的包

```
01. import paddle
02. from paddle.nn import Linear
03. import paddle.nn.functional as F
04. import os
05. import gzip
06. import json
07. import random
08. import numpy as np
```

```
09. import time
10. import matplotlib.pyplot as plt
11. from PIL import Image
```

数据处理部分之前的代码，导入必要数据处理和深度学习的库：

- os 模块：主要用于处理文件和目录，比如：获取当前目录下文件，删除指定文件，改变目录，查看文件大小等。
- JSON 模块：用于解析 JSON 格式的文件。
- gzip 模块：用于解压以 gz 结尾的文件。
- NumPy 模块：是常用的科学计算库。
- random 模块：是 Python 自身的随机化模块，这里主要用于对数据集进行乱序操作。
- time 模块：主要用于处理时间系列的数据，在该实验主要用于返回当前时间戳，计算脚本每个 Epoch 运行所需要的时间。
- paddle 模块：是百度推出的深度学习开源框架。
- PIL 模块：Python 第三方图像处理库。
- Matplotlib 模块：Python 的绘图库 pyplot：matplotlib 的绘图框架。

3. JSON 数据集文件

本案例不通过 paddle. vision. datasets. MNIST 直接获取处理好的数据集，而是通过本地 JSON 文件获取数据集。在实际应用中，保存到本地的数据存储格式多种多样，如本案例数据集以 JSON 格式存储在本地，其数据存储结构如图 2-26 所示。

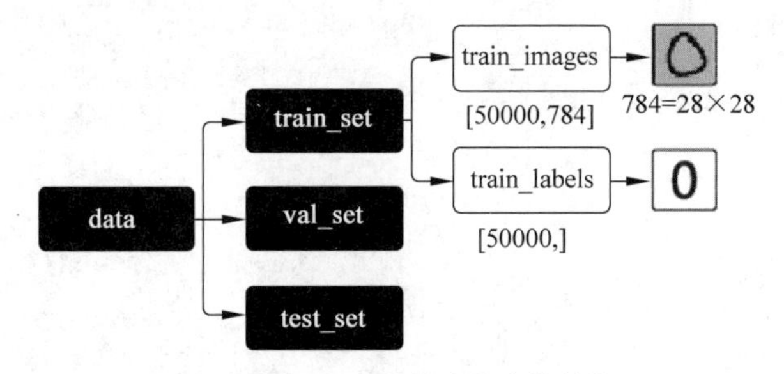

图 2-26 JSON 文件内的存储结构

data 包含三个元素的列表：train_set、val_set、test_set，包括 50000 条训练样本、10000 条验证样本、10000 条测试样本。每个样本包含手写数字图片和对应的标签。

- train_set(训练集)：用于确定模型参数。
- val_set(验证集)：用于调节模型超参数(如多个网络结构、正则化权重的最优选择)。
- test_set(测试集)：用于估计应用效果(没有在模型中应用过的数据，更贴近模型在真实场景应用的效果)。

train_set 包含两个元素的列表：train_images、train_labels。

- train_images：[50000，784]的二维列表，包含50000张图片。每张图片用一个长度为784的向量表示，内容是28×28的像素灰度值(黑白图片)。
- train_labels：[50000，]的列表，表示这些图片对应的分类标签，即0～9的一个数字。

在本地./work/目录下读取文件名称为mnist.json.gz的MNIST数据，并拆分成训练集、验证集和测试集。

4. 构建数据读取器

首先，创建定义一个继承paddle.io.Dataset的类MnistDataset，该类有三种模式："train""valid""eval"，分为对应返回的数据是训练集、验证集、测试集，具体代码如下所示。

```
01. # 创建一个类 MnistDataset,继承 paddle.io.Dataset 这个类
02. # MnistDataset 的作用和上面 load_data()函数的作用相同,均是构建一个迭代器
03. class MnistDataset(paddle.io.Dataset):
04.   def __init__(self, mode):
05.       datafile = './work/mnist.json.gz'
06.       data = json.load(gzip.open(datafile))
07.       # 读取到的数据区分训练集,验证集,测试集
08.       train_set, val_set, test_set = data
09.       if mode == 'train':
10.           # 获得训练数据集"
11.           imgs, labels = train_set[0], train_set[1]
12.       elif mode == 'val':
13.           # 获得验证数据集
14.            imgs, labels = val_set[0], val_set[1]
15.       elif mode == 'test':
16.           # 获得测试数据集
17.           imgs, labels = test_set[0], test_set[1]
18.       else:
19.           raise Exception("mode can only be one of ['train', 'valid', 'eval']")
20.       # 校验数据
21.       assert len(imgs) == len(labels), \
22.           "length of train_imgs({}) should be the same as train_labels({})".format(len
    (imgs), len(labels))
23.       self.imgs = imgs
24.       self.labels = labels
25.
26.   def __getitem__(self, idx):
27.       img = np.array(self.imgs[idx]).astype('float32')
28.       label = np.array(self.labels[idx]).astype('int64')
29.       return img, label
30.
31.   def __len__(self):
32.       return len(self.imgs)
```

在实际应用中，原始数据可能存在标注不准确、数据杂乱或格式不统一等情况。因此在完成数据处理流程后，还需要进行数据校验，一般有两种方式：①机器校验：加入一些校验和清理数据的操作；②人工校验：先打印数据输出结果，观察是否是设置的格式。再从训练的结果验证数据处理和读取的有效性。如果数据集中的图片数量和标签数量不等，说明数据逻辑存在问题，可使用第 21 行代码 assert 语句校验图像数量和标签数据是否一致。

5. 创建异步数据读取的迭代器

在定义完 paddle.io.Dataset 后，使用 paddle.io.DataLoader API 即可实现异步数据读取，数据会由 Python 线程预先读取，并异步送入一个队列中。该函数如下：

```
class paddle.io.DataLoader(dataset, batch_size = 100, shuffle = True, num_workers = 2)
```

DataLoader 支持单进程和多进程的数据加载方式。当 num_workers＝0 时，使用单进程方式异步加载数据；当 num_workers＝n(n＞0)时，主进程将会开启 n 个子进程异步加载数据。使用 paddle.io.DataLoader API 以 Batch 的方式进行迭代数据，代码如下所示。

```
01. # 声明数据加载函数,使用训练模式,MnistDataset 构建的迭代器每次迭代只返回 batch = 1
    的数据
02. train_dataset = MnistDataset(mode = 'train')
03. # 使用 paddle.io.DataLoader 定义 DataLoader 对象用于加载 Python 生成器产生的数据,
04. # DataLoader 返回的是一个批次数据迭代器,并且是异步的;
05. train_loader = paddle.io.DataLoader(train_dataset, batch_size = 100, shuffle = True)
06. # 迭代的读取数据并打印数据的形状
07. for i, data in enumerate(data_loader()):
08.   images, labels = data
09.   print(i, images.shape, labels.shape)
10.   if i >= 2:
11.       break
```

执行结果如下。

```
0 [100, 784] [100]
1 [100, 784] [100]
2 [100, 784] [100]
```

2.7.3 模型构建

经典的全连接神经网络来包含四层网络：输入层、两个隐藏层和输出层，将手写数字识别任务通过全连接神经网络表示，如图 2-27 所示。

- 输入层：将数据输入给神经网络。在该任务中，输入层的尺度为 28×28 的像素值。

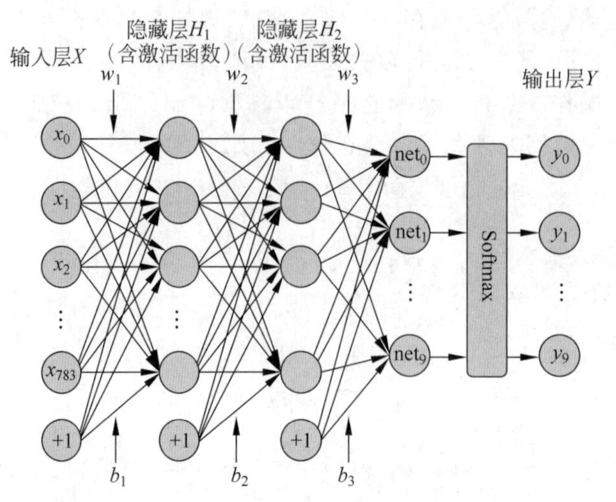

图 2-27　手写数字识别任务的全连接神经网络结构

- 隐藏层：增加网络深度和复杂度，隐藏层的节点数是可以调整的，节点数越多，神经网络表示能力越强，参数量也会增加。全连接隐藏层有两个，节点数（out_features）分别为 256 和 128。通常隐藏层会比输入层的尺寸小，以便对关键信息做抽象。激活函数使用常见的 Sigmoid 函数。
- 输出层：输出网络计算结果，输出层的节点数是固定的。如果是回归问题，节点数量为需要回归的数字数量。如果是分类问题，则是分类标签的数量。

下面代码为经典全连接神经网络的实现。完成网络结构定义后，即可训练神经网络。

```
01. # 定义多层全连接神经网络
02. class MNIST(paddle.nn.Layer):
03.     def __init__(self):
04.         super(MNIST, self).__init__()
05.         # 定义全连接隐藏层,设定隐藏节点数为 256 和 128,可根据任务调整
06.         self.fc1 = Linear(in_features = 784, out_features = 256)
07.         self.fc2 = Linear(in_features = 256, out_features = 128)
08.         # 定义一层全连接输出层,输出维度是 10
09.         self.fc3 = Linear(in_features = 128, out_features = 10)
10.
11.    # 定义网络的前向计算,隐藏层激活函数为 Sigmoid,输出层不使用激活函数
12.    def forward(self, inputs):
13.        # inputs = paddle.reshape(inputs, [inputs.shape[0], 784]) 如果是输入的[1,28,
    28]格式,需要去掉注释,把数据弄平成 784 维
14.        outputs1 = self.fc1(inputs)
15.        outputs1 = F.sigmoid(outputs1)
16.        outputs2 = self.fc2(outputs1)
17.        outputs2 = F.sigmoid(outputs2)
18.        outputs_final = self.fc3(outputs2) #此处不需要增加激活函数
19.        return outputs_final
```

2.7.4 模型配置和模型训练

模型配置主要包括以下三个方面。

(1) 分类任务损失函数不同的深度学习任务需要有各自适宜的损失函数。回归任务的输出是大于 0 的任意浮点数,采用损失函数为均方误差;手写数字分类任务的输出只可能是 0~9 的 10 个整数,相当于一种标签,采用损失函数为交叉熵,即代码中的 F.cross_entropy()函数。

(2) 设置学习率在深度学习神经网络模型中,通常使用标准的随机梯度下降算法更新参数,学习率代表参数更新幅度的大小(即步长)。当学习率最优时,模型的有效容量最大,最终能达到的效果最好。学习率和深度学习任务类型有关,合适的学习率往往需要大量的实验和调参经验。以下代码实现四种优化算法的设置方案,读者可以逐一尝试效果。同样,也可以在上述优化算法中设置 weight_decay 参数添加正则化项,避免模型过拟合,其原理详见 2.4.4 节。

(3) 计算模型的分类准确率是一个直观衡量分类模型效果的指标,由于这个指标是离散的,因此不适合作为损失来优化。通常情况下,交叉熵损失越小的模型,分类的准确率也越高。使用飞桨提供的计算分类准确率 API,可以直接计算准确率 paddle.metric.Accuracy。该 API 的输入参数 input 为预测的分类结果 predict,输入参数 label 为数据真实的 label。

模型训练采用两层循环嵌套方式,训练完成后需要保存模型参数,以便后续使用。

- 内层循环:负责整个数据集的一次遍历,遍历数据集采用分批次(Batch)方式。
- 外层循环:定义遍历数据集的次数,本次训练中外层循环 10 次,通过参数 EPOCH_NUM 设置。

具体代码实现如下。

```
01. def val_epoch(model, datasets):
02.     model.eval() # 将模型设置为评估状态
03.     accs = list()
04.     for batch_id, data in enumerate(datasets()):
05.         images, labels = data
06.         images = paddle.to_tensor(images)
07.         labels = paddle.to_tensor(labels)
08.         pred = model(images)  # 获取预测值
09.
10.         #非常关键调整形状,保持和预测输出一致,-1 代表任意批次
11.         labels = paddle.reshape(labels,[-1,1])
12.         #pred = F.softmax(pred)
13.         acc = paddle.metric.accuracy(pred, labels)
14.         accs.append(acc.numpy()[0])
15.     return np.mean(accs)
16.
17.
18. def train(model):
```

```
19.     model.train()
20.
21.     #四种优化算法的设置方案,可以逐一尝试效果
22.     opt = paddle.optimizer.SGD(learning_rate = 0.01, parameters = model.parameters())
23.     # opt = paddle.optimizer.Momentum(learning_rate = 0.01, momentum = 0.9, parameters =
    model.parameters())
24.     # opt = paddle.optimizer.Adagrad(learning_rate = 0.01, parameters = model.parameters())
25.     # opt = paddle.optimizer.Adam(learning_rate = 0.01, parameters = model.
    parameters())
26.
27.     EPOCH_NUM = 10
28.     iter = 0
29.     iters = []
30.     losses = []
31.     for epoch_id in range(EPOCH_NUM):
32.         for batch_id, data in enumerate(train_loader()):
33.             #准备数据,变得更加简洁
34.             images, labels = data
35.             images = paddle.to_tensor(images)
36.             labels = paddle.to_tensor(labels)
37.
38.             #前向计算的过程
39.             predicts = model(images)
40.             #计算损失,取一个批次样本损失的平均值
41.             loss = F.cross_entropy(predicts, labels)
42.             avg_loss = paddle.mean(loss)
43.
44.             #每训练了 100 批次的数据,打印下当前 Loss 的情况
45.             if batch_id % 100 == 0:
46.                 print("epoch: {}, batch: {}, loss is: {}".format(epoch_id, batch_id,
    avg_loss.numpy()))
47.                 iters.append(iter)
48.                 losses.append(avg_loss.numpy())
49.                 iter = iter + 100
50.
51.             #后向传播,更新参数的过程
52.             avg_loss.backward()
53.             opt.step()
54.             opt.clear_grad()
55.         #每轮评估 1 次
56.         avg_acc = val_epoch(model, eval_loader)
57.         print("epoch: {}, acc is: {}".format(epoch_id,avg_acc))
58.
59.     #保存模型参数
60.     paddle.save(model.state_dict(), 'mnist.pdparams')
61.
62.     return iters, losses
```

```
63.
64. #加载验证数据集
65. valdataset = MnistDataset(mode = 'val')
66. eval_loader = paddle.io.DataLoader(valdataset, batch_size = 256, shuffle = False)
67.
68. model = MNIST()
69. iters, losses = train(model)
70.
71. #画出训练过程中 Loss 的变化曲线
72. plt.figure()
73. plt.title("train loss", fontsize = 24)
74. plt.xlabel("iter", fontsize = 14)
75. plt.ylabel("loss", fontsize = 14)
76. plt.plot(iters, losses,color = 'red',label = 'train loss')
77. plt.grid()
78. plt.show()
```

训练模型时，经常需要观察模型的评价指标，分析模型的优化过程，以确保训练是有效的。可选用这两种工具：Matplotlib 库和 VisualDL。

- Matplotlib 库：Matplotlib 库是 Python 中使用的最多的 2D 图形绘图库，它有一套完全仿照 MATLAB 的函数形式的绘图接口，使用轻量级的 PLT 库(Matplotlib)作图是非常简单的。
- VisualDL：如果期望使用更加专业的作图工具，可以尝试 VisualDL 飞桨可视化分析工具。VisualDL 能够有效地展示飞桨在运行过程中的计算图、各种指标变化趋势和数据信息。

100 轮次的 loss 值变化如图 2-28 所示，具体实现为上述代码 72～78 行。

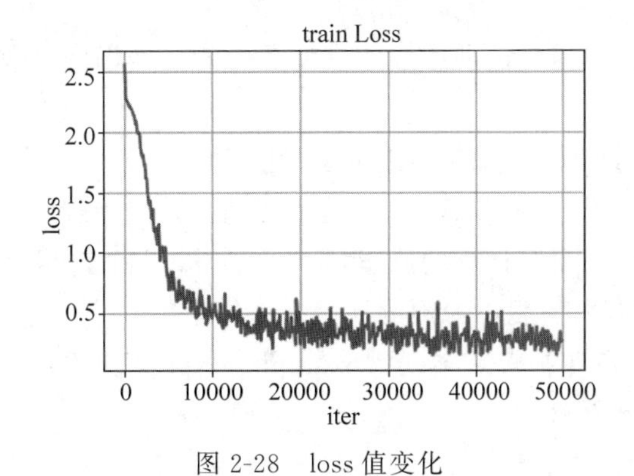

图 2-28　loss 值变化

2.7.5　模型验证

使用验证集来评估训练过程保存的最后一个模型，首先加载模型参数，之后遍历验证集进行预测并输出平均准确率，模型在验证集上的准确率为 83.38%。本节的模型验证部分和 2.6.4 节的函数 val_epoch()代码类似，不同在于本节模型是通过文件加载。具体代码如下所示。

```
01. # 模型评估
02. # 加载训练过程保存的最后一个模型
03. params_file_path = 'mnist.pdparams'
04. model_state_dict = paddle.load(params_file_path)
05. model_eval = MNIST()
06. model_eval.set_state_dict(model_state_dict)
07. model_eval.eval()
08. batch_size = 8
09. #加载验证数据集
10. valdataset = MnistDataset(mode = 'val')
11. eval_loader = paddle.io.DataLoader(valdataset, batch_size = batch_size, shuffle =
    False)
12. accs = []
13. # 开始评估
14. for _, data in enumerate(eval_loader()):
15.
16.     images = data[0]
17.     labels = data[1]
18.     #非常关键调整形状,保持和预测输出一致
19.     labels = paddle.reshape(labels,[-1,1])
20.     predicts = model_eval(images)
21.     acc = paddle.metric.accuracy(predicts, labels)
22.     accs.append(acc.numpy()[0])
23. print('模型在验证集上的准确率为:',np.mean(accs))
```

2.7.6 模型推理

模型推理的主要目的是验证训练好的模型是否能正确识别出数字,包括如下四步:

(1) 声明实例。

(2) 加载模型:加载训练过程中保存的模型参数。

(3) 灌入数据:将测试样本传入模型,模型的状态设置为校验状态(Eval)。显式告诉框架我们接下来只会使用前向计算的流程,不会计算梯度和梯度反向传播。

(4) 获取预测结果,取整后作为预测标签输出。

在模型测试之前,需要先从“./work/example_0.png”文件中读取样例图片,并进行归一化处理。代码如下所示。

```
01. # 读取一张本地的样例图像,转变成模型输入的格式
02. def load_image(img_path):
03.     # 从 img_path 中读取图像,并转为灰度图
04.     im = Image.open(img_path).convert('L')
05.     im = im.resize((28, 28), Image.ANTIALIAS)
06.     #注意这里一定改成 28×28 = 784 维
07.     im = np.array(im).reshape(1, 1, 28 * 28).astype(np.float32)
```

```
08.     # 图像归一化
09.     im = 1.0 - im / 255.
10.     return im
11.
12. # 定义预测过程
13. model = MNIST()
14. params_file_path = 'mnist.pdparams'
15. img_path = 'work/example_6.jpg'
16. # 加载模型参数
17. param_dict = paddle.load(params_file_path)
18. model.load_dict(param_dict)
19. # 灌入数据
20. model.eval()
21. tensor_img = load_image(img_path)
22. #模型反馈 10 个分类标签的对应概率
23. results = model(paddle.to_tensor(tensor_img))
24. #取概率最大的标签作为预测输出
25. lab = np.argsort(results.numpy())
26. print("本次预测的数字是：", lab[0][-1][-1])
```

2.8 本章小结

本章从宏观的角度介绍了深度学习的核心原理，旨在帮助读者理解深度学习模型结构，为后续各种场景下更为复杂的神经网络结构的理解打下良好的基础。深度学习模型基于神经网络的结构，可总结为三个要点：模型构建、损失函数和参数学习。模型构建核心目标是通过多层非线性神经网络实现前向传播算出预测值。参数学习通过损失函数反向传播迭代地更新每个网络参数(w,b)的偏导数。深度学习中有两种参数：网络参数和超参数。超参数是个固定值，其设置是有一定技巧性，也是模型调优的重要手段。PaddlePaddle 数据集加载方案统一使用 Dataset 数据集定义＋DataLoader 多进程数据集异步读取，后续章节案例数据预处理部分会多次用到这一组合，请读者予以重视。

第二部分　深度学习基本模型

第 3 章

卷积神经网络

计算机视觉是深度学习技术应用和发展的重要领域，而卷积神经网络（Convolutional Neural Network，CNN）作为典型的深度神经网络在图像和视频处理、自然语言处理等领域发挥着重要的作用。本章将介绍卷积神经网络的基本概念、组成及经典的卷积神经网络架构。此外，本章还将 VGG 神经网络应用到任务——中草药识别，结合真实案例情景和代码，剖析如何使用 PaddlePaddle 搭建卷积神经网络。学习本章，希望读者能够：

- 掌握卷积神经网络的基本组成和相关概念；
- 了解经典的卷积神经网络架构；
- 使用 PaddlePaddle 搭建卷积神经网络。

3.1 图像分类问题描述

图像分类是计算机视觉基本任务之一。顾名思义，图像分类即给定一幅图像，计算机利用算法找出其所属的类别标签。相较于目标检测、实例分割、行为识别、轨迹跟踪等难度较大的计算机视觉任务，图像分类只需要让计算机看出图片里的物体类别，更为基础但极为重要。图像分类在许多领域都有着广泛的应用，例如，安防领域的智能视频分析和人脸识别、医学领域的中草药识别、互联网领域基于内容的图像检索和相册自动归类、农业领域的害虫识别等。

图像分类的过程主要包括图像的预处理、图像的特征提取以及使用分类器对图像进行分类，其中图像的特征提取是至关重要的一步。传统的图像分类算法提取图像的色彩、纹理和空间等特征，其在简单的图像分类任务中表现较好，但在复杂图像分类任务中表现不尽人意。在 CNN 提出之前，人们通过人工设计的图像描述符对图像特征进行提取，效果卓有成效，例如，尺度不变特征变换(Scale-Invariant Feature Transform，SIFT)、方向梯度直方图(Histogram of Oriented Gradient，HOG)和词袋模型(Bag-of-Words，BoW)等，但是人工设计特征通常需要花费很大精力，并且不具有普适性。

随着智能信息时代的来临，深度学习应运而生。深度学习作为机器学习的一个分支，旨在模拟人类的神经网络系统构建深度人工神经网络，对输入的数据进行分析和解释，将数据的底层特征组合成抽象的高层特征，深度学习在计算机视觉、自然语言处理等人工智能领域发挥了不可替代的作用。作为深度学习的典型代表，卷积神经网络在计算机视觉任务中大放异彩，与人工提取特征的传统图像分类算法相比，卷积神经网络使用卷积操作对输入图像进行特征提取，有效地从大量样本中学习特征表达，模型泛化能力更强。这种基于"输入-输出"的端到端的学习方法通常可以获得非常理想的效果，受到了学术界和工业界的广泛关注。本章将对卷积神经网及其应用加以详细论述。

3.2 卷积神经网络

在第 2 章已经介绍，深度学习的模型框架包括三个部分：建立模型、损失函数和参数学习。在此，本章损失函数和参数学习与第 2 章类似，不再另设章节特意说明，在本章建立的模型即是卷积神经网络。本节从卷积神经网络结构上的三大特点出发，详细介绍卷积神经网络的概念和结构。

卷积神经网络三大特点：

(1) 局部连接：相比全连接神经网络，卷积神经网络在进行图像识别的时候，不需要对整个图像进行处理，只需要关注图像中某些特殊的区域，如图 3-1 所示。

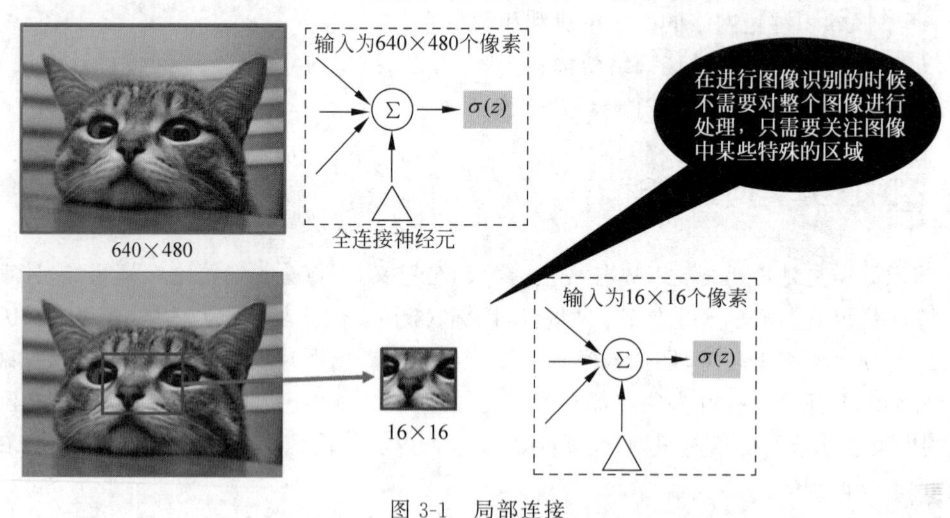

图 3-1 局部连接

(2) 权重共享：卷积神经网络的神经元权重相同，如图 3-2 所示。

(3) 下采样：对图像像素进行下采样，并不会对物体进行改变。虽然下采样之后的图像尺寸变小了，但是并不影响对图像中物体的识别，如图 3-3 所示。

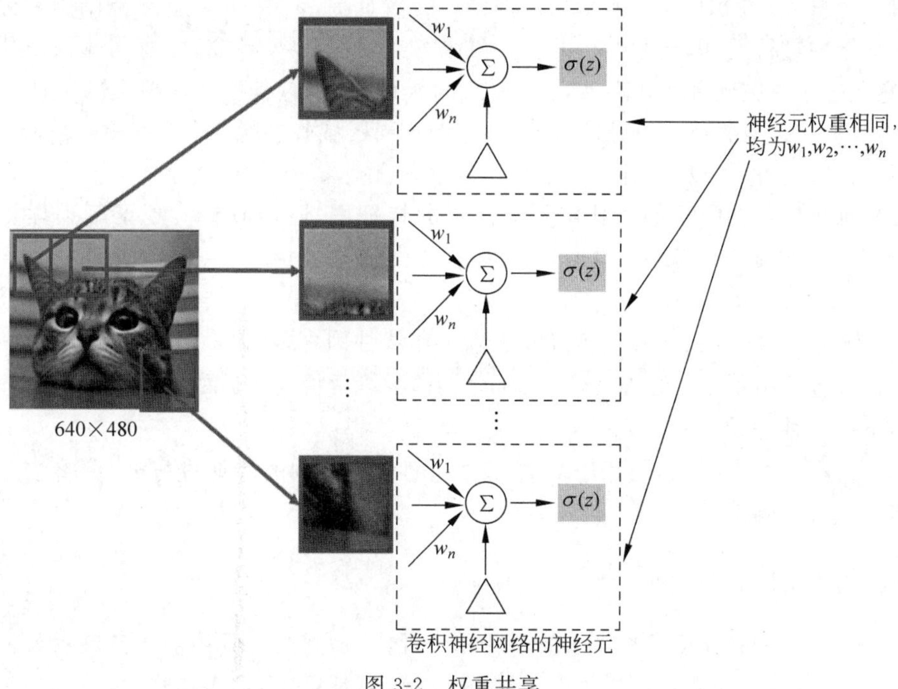

图 3-2 权重共享

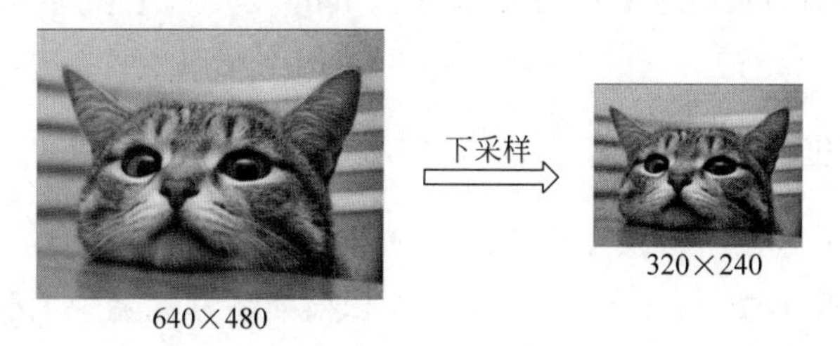

图 3-3 下采样

卷积神经网络利用其三大特点，实现减少网络参数，从而加快训练速度。下面介绍卷积神经网络的模型结构，并说明模型中的各层是如何实现了三大特点的。图 3-4 是一个典型的卷积神经网络结构，多层卷积和池化层组合作用在输入图片上，在网络的最后通常会加入一系列全连接层，ReLU 激活函数一般加在卷积或者全连接层的输出上，网络中通常还会加入 Dropout 来防止过拟合。

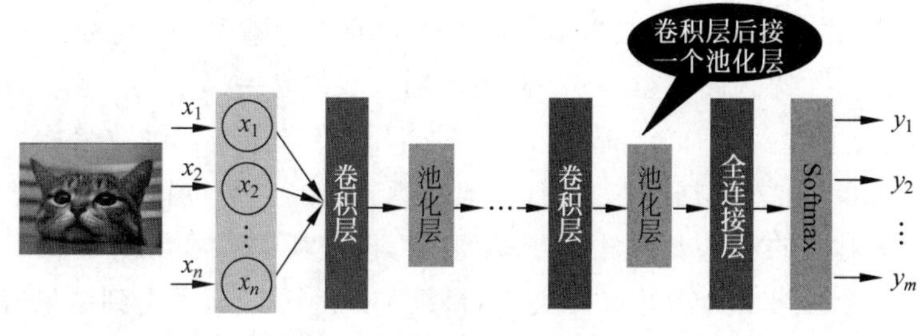

图 3-4 卷积神经网络结构

(1) 卷积层：卷积层用于对输入的图像进行特征提取。卷积的计算范围是在像素点的空间邻域内进行的,因此可以利用输入图像的空间信息。卷积核本身与输入图片大小无关,它代表了对空间邻域内某种特征模式的提取。比如,有些卷积核提取物体边缘特征,有些卷积核提取物体拐角处的特征,图像上不同区域共享同一个卷积核。当输入图片大小不一样时,仍然可以使用同一个卷积核进行操作。

(2) 池化层：池化层通过对卷积层输出的特征图进行约减,实现了下采样。同时对感受域内的特征进行筛选,提取区域内最具代表性的特征,保留特征图中最主要的信息。

(3) 激活函数：激活函数给神经元引入了非线性因素,对输入信息进行非线性变换,从而使得神经网络可以任意逼近任何非线性函数,然后将变换后的输出信息作为输入信息传给下一层神经元。

(4) 全连接层：全连接层用于对卷积神经网络提取到的特征进行汇总,将多维的特征映射为二维的输出。

3.2.1 卷积层

这一节将为读者介绍卷积算法的原理和实现方案,并通过具体的案例展示如何使用卷积对图片进行操作,主要包括卷积核、卷积计算、特征图、多输入通道、多输出通道。填充(Padding)、步幅(Stride)、感受野(Receptive Field)等概念在此不作介绍,读者可参考其他深度学习书籍。

1. 卷积核/特征图/卷积计算

卷积核(Kernel)也被叫作滤波器(Filter)。假设卷积核的高和宽分别为 k_h 和 k_w,则将称为 $k_h \times k_w$ 卷积,比如 3×5 卷积,就是指卷积核的高为 3、宽为 5。卷积核中数值为对图像中与卷积核同样大小的子块像素点进行卷积计算时所采用的权重。卷积计算(Convolution)：图像中像素点具有很强的空间依赖性,卷积就是针对像素点的空间依赖性来对图像进行处理的一种技术。卷积滤波结果在卷积神经网络中被称为特征图(Feature Map)。

应用示例如下。

在卷积神经网络中,卷积层的实现方式实际上是数学中定义的互相关(Cross-correlation)运算,具体的计算过程如图 3-5 所示,每张图的左图表示输入数据是一个维度为 6×6 的二维数组,中间的图表示卷积核是一个维度为 3×3 的二维数组。

如图 3-5 所示,左边的图大小是 6×6,表示输入数据是一个维度为 6×6 的二维数组;中间的图大小是 3×3,表示一个维度为 3×3 的二维数组,这个二维数组称为卷积核。先将卷积核的左上角与输入数据的左上角(即输入数据的(0, 0)位置)对齐,把卷积核的每个元素跟其位置对应的输入数据中的元素相乘,再把所有乘积相加,如图 3-5(a)得到卷积输出的第一个结果 F[0,0],以此类推,最终如图 3-5(b)所示得到结果特征图和结果 F[3,3]。

(a) F[0,0]=10×1+10×2+10×1+10×0+10×0+10×0+10×(−1)+10×(−2)+10×(−1)=0

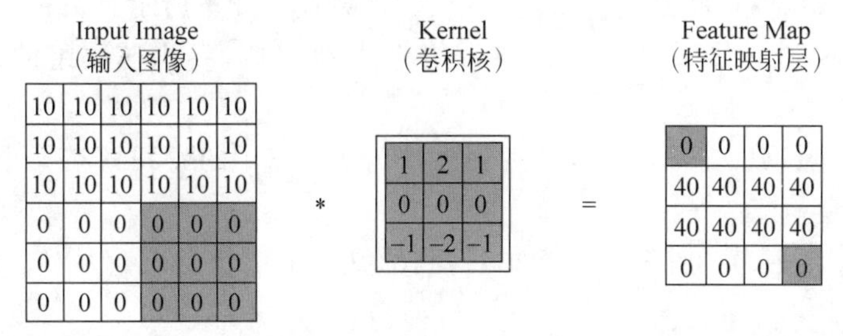

(b) F[3,3]=0×1+0×2+0×1+0×0+0×0+0×0+0×(−1)+0×(−2)+0×(−1)=0

图 3-5 卷积计算过程

F[0,0]=10×1+10×2+10×1+10×0+10×0+10×0+10×(−1)+10×(−2)+10×(−1)=0

F[0,1]=10×1+10×2+10×1+10×0+10×0+10×0+10×(−1)+10×(−2)+10×(−1)=0

F[0,2]=10×1+10×2+10×1+10×0+10×0+10×0+10×(−1)+10×(−2)+10×(−1)=0

F[0,3]=10×1+10×2+10×1+10×0+10×0+10×0+10×(−1)+10×(−2)+10×(−1)=0

F[1,0]=10×1+10×2+10×1+10×0+10×0+10×0+0×(−1)+0×(−2)+0×(−1)=40

……

F[3,3]=0×1+0×2+0×1+0×0+0×0+0×0+0×(−1)+0×(−2)+0×(−1)=0

卷积核的计算过程可以用式(3-1)表示，其中 a 代表输入图片，b 代表输出特征图，w 是卷积核参数，它们都是二维数组，$\sum_{u,v}$ 表示对卷积核参数进行遍历并求和。

$$b[i,j]=\sum_{u,v}a[i+u,j+v]\cdot w[u,v] \tag{3-1}$$

举例说明，假如上图中卷积核大小是 2×2，则 u 可以取 0 和 1，v 也可以取 0 和 1，也就是说：

$$b[i,j]=a[i+0,j+0]\cdot w[0,0]+a[i+0,j+1]\cdot w[0,1]+a[i+1,j+0]\cdot w[1,0]+a[i+1,j+1]\cdot w[1,1]$$

读者可以自行验证，当 $[i,j]$ 取不同值时，根据式(3-1)计算的结果与上图中的例子是否一致。

2. 多输入通道场景

前面介绍的卷积计算过程比较简单,实际应用时,处理的问题要复杂得多。例如,对于彩色图片有 RGB 三个通道,需要处理多输入通道的场景,相应的输出特征图往往也会具有多个通道,而且在神经网络的计算中常常把一个批次的样本放在一起计算,所以卷积算子需要具有批量处理多输入和多输出通道数据的功能。

当输入含有多个通道时,对应的卷积核也应该有相同的通道数。假设输入图片的通道数为 C_{in},输入数据的形状是 $C_{\text{in}} \times H_{\text{in}} \times W_{\text{in}}$。计算过程如下所示。

(1) 对每个通道分别设计一个二维数组作为卷积核,卷积核数组的形状是 $C_{\text{in}} \times k_h \times k_w$。

(2) 对任一通道 $C_{\text{in}} \in [0, C_{\text{in}})$,分别用大小为 $k_h \times k_w$ 的卷积核在大小为 $H_{\text{in}} \times W_{\text{in}}$ 的二维数组上做卷积。

(3) 将这 C_{in} 个通道的计算结果相加,得到的是一个形状为 $H_{\text{out}} \times W_{\text{out}}$ 的二维数组。

应用示例如下。

上面的例子中,卷积层的数据是一个二维数组,但实际上一张图片往往含有 RGB 三个通道,要计算卷积的输出结果,卷积核的形式也会发生变化。假设输入图片的通道数为 3,输入数据的形状是 $3 \times H_{\text{in}} \times W_{\text{in}}$,计算过程如图 3-6 所示。

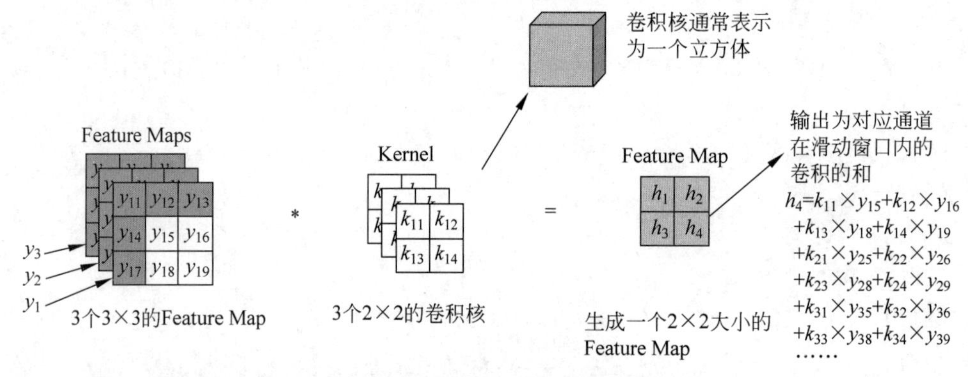

图 3-6　多输入通道计算过程

(1) 对每个通道分别设计一个二维数组作为卷积核,卷积核数组的形状是 $3 \times k_h \times k_w$。

(2) 对任一通道 $C_{\text{in}} \in [0, 3)$,分别用大小为 $k_h \times k_w$ 的卷积核在大小为 $H_{\text{in}} \times W_{\text{in}}$ 的二维数组上做卷积。

(3) 将这 3 个通道的计算结果相加,得到的是一个形状为 $H_{\text{out}} \times W_{\text{out}}$ 的二维数组。

3. 多输出通道场景

如果希望检测多种类型的特征,这需要采用多个卷积核进行计算。所以一般来说,卷积操作的输出特征图也会具有多个通道 C_{out},这时需要设计 C_{out} 个维度为 $C_{\text{in}} \times k_h \times k_w$ 的卷积核数组,其维度是 $C_{\text{out}} \times C_{\text{in}} \times k_h \times k_w$。

(1) 对任一输出通道 $C_{out}\in[0,C_{out})$，分别使用上面描述的形状为 $C_{in}\times k_h\times k_w$ 的卷积核对输入图片做卷积。

(2) 将这 C_{out} 个形状为 $H_{out}\times W_{out}$ 的二维数组拼接在一起，形成维度为 $C_{out}\times H_{out}\times W_{out}$ 的三维数组。

应用示例如下。

假设输入图片的通道数为 3 个，希望检测 n 个种类型的特征，这时需要设计 n 个维度为 $3\times k_h\times k_w$ 的卷积核，如图 3-7 所示。

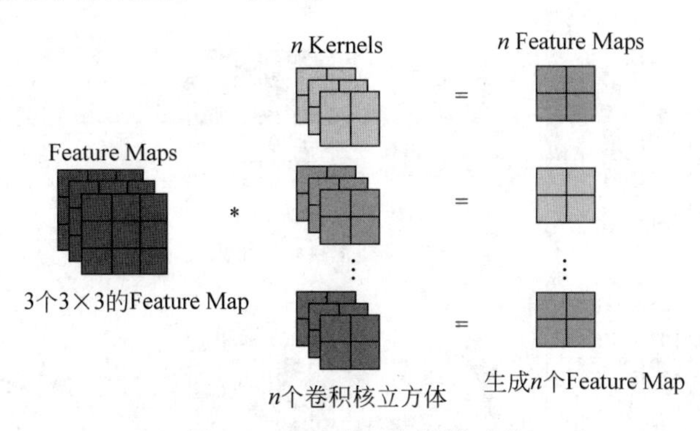

图 3-7　多输出通道计算过程

3.2.2　池化层

在图像处理中，由于图像中存在较多冗余信息，可用某一区域子块的统计信息（如最大值或均值等）来刻画该区域中所有像素点呈现的空间分布模式，以替代区域子块中所有像素点取值，这就是卷积神经网络中池化操作。池化操作对卷积结果特征图进行约减，实现了下采样，同时保留了特征图中主要信息。例如，当识别一张图像是否是人脸时，我们需要知道人脸左边有一只眼睛，右边也有一只眼睛，而不需要知道眼睛的精确位置，这时通过池化某一片区域的像素点来得到总体统计特征会显得很有用。池化常见方法有平均池化、最大池化。

(1) 平均池化：计算区域子块所包含所有像素点的均值，将均值作为平均池化结果。

(2) 最大池化：从输入特征图的某个区域子块中选择值最大的像素点作为最大池化结果。

如图 3-8 所示，对池化窗口覆盖区域内的像素取最大值，得到输出特征图的像素值。当池化窗口在图片上滑动时，会得到整张输出特征图。

应用示例如下。

与卷积核类似，池化窗口在图片上滑动时，每次移动的步长称为步幅，当宽和高的移动大小不一样时，分别用 s_w 和 s_h 表示。也可以对需要进行池化的图片进行填充，填充方式与卷积类似，假设在第一行之前填充 p_{h1} 行，在最后一行后面填充 p_{h2} 行。在第一列之前填充 p_{w1} 列，在最后一列之后填充 p_{w2} 列，则池化层的输出特征图大小为：

$$H_{out}=\frac{H+p_{h1}+p_{h2}-k_h}{s_h}+1$$

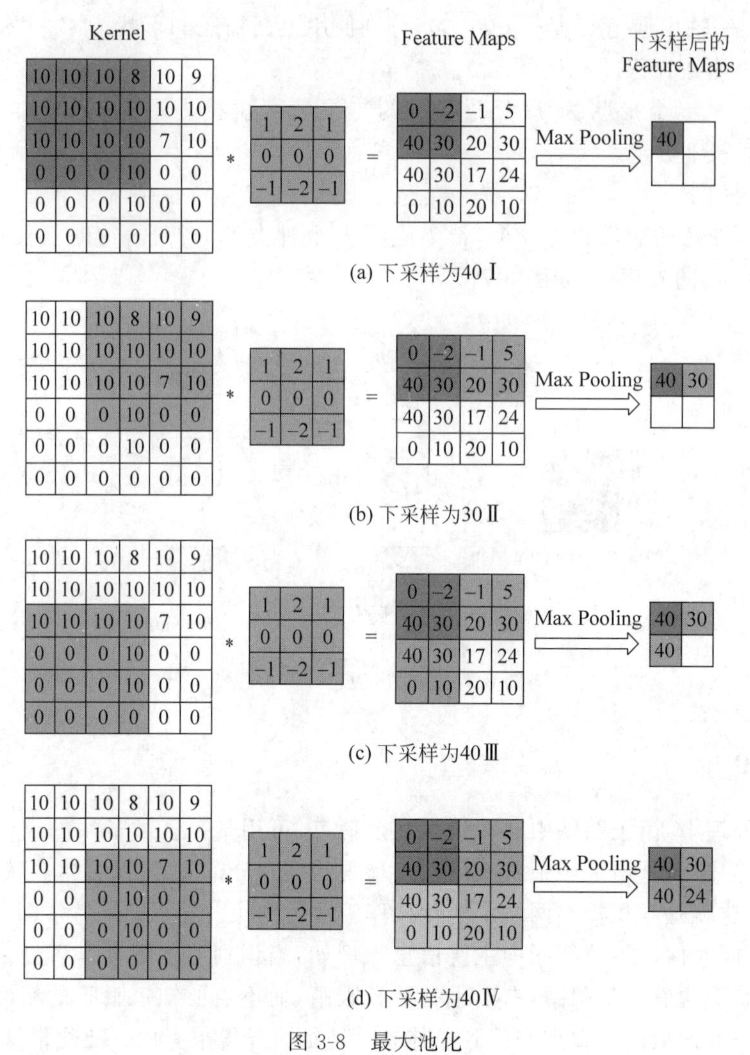

(a) 下采样为40 Ⅰ

(b) 下采样为30 Ⅱ

(c) 下采样为40 Ⅲ

(d) 下采样为40 Ⅳ

图 3-8 最大池化

$$W_{\text{out}}=\frac{W+p_{w1}+p_{w2}-k_w}{s_w}+1$$

在卷积神经网络中,通常使用 2×2 大小的池化窗口,步幅也使用 2,填充为 0,则输出特征图的尺寸为:

$$H_{\text{out}}=\frac{H}{2}$$

$$W_{\text{out}}=\frac{W}{2}$$

通过这种方式的池化,输出特征图的高和宽都减半,但通道数不会改变。

这里以图 3-8 中的两个池化运算为例,此时,输入大小是 4×4,使用大小为 2×2 的池化窗口进行运算,步幅为 2。此时,输出尺寸的计算方式为:

$$H_{\text{out}}=\frac{H+p_{h1}+p_{h2}-k_h}{s_h}+1=\frac{4+0+0-2}{2}+1=\frac{4}{2}=2$$

$$W_{\text{out}}=\frac{W+p_{w1}+p_{w2}-k_w}{s_w}+1=\frac{4+0+0-2}{2}+1=\frac{4}{2}=2$$

如图 3-8(a)所示，使用最大池化进行运算，则输出中的每一个像素均为池化窗口对应的 2×2 区域求最大值得到。其计算步骤如下。

(1) 池化窗口的初始位置为左上角，对应红色区域，此时输出为 40=max{0,−2,40,30}；

(2) 由于步幅为 2，所以池化窗口向右移动两个像素，对应绿色区域，此时输出为 30=max{−1,5,20,30}；

(3) 遍历完第一行后，再从第三行开始遍历，对应黄色区域，此时输出为 40=max{40,30,0,10}；

(4) 池化窗口向右移动两个像素，对应蓝色区域，此时输出为 40=max{17,24,20,10}。

3.2.3 卷积优势

卷积操作具有四大优势：保留空间信息、局部连接、权重共享、对不同层级卷积提取不同特征。具体如下。

1) 保留空间信息

在卷积运算中，计算范围是在像素点的空间邻域内进行的，它代表了对空间邻域内某种特征模式的提取。对比全连接层将输入展开成一维的计算方式，卷积运算可以有效地学习到输入数据的空间信息。

2) 局部连接

在卷积操作中，每个神经元只与局部的一块区域进行连接。对于二维图像，局部像素关联性较强，这种局部连接保证了训练后的滤波器能够对局部特征有最强的响应，使神经网络可以提取数据的局部特征。全连接与局部连接的对比如图 3-9 所示。

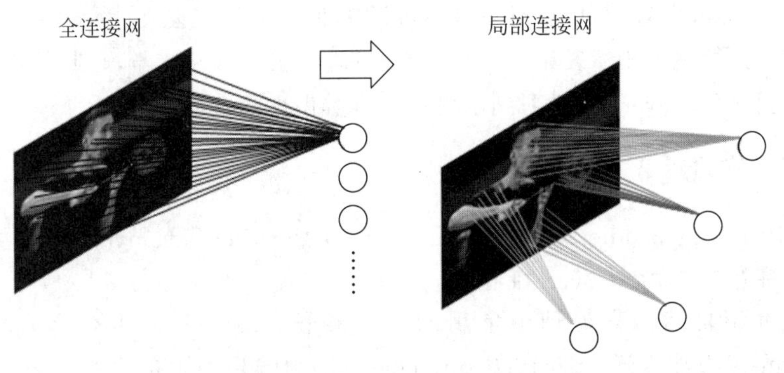

图 3-9　全连接与局部连接

同时，由于使用了局部连接，隐藏层的每个神经元仅与部分图像相连。例如，对于一幅 1000×1000 的输入图像而言，下一个隐藏层的神经元数目同样为 10^6 个，假设每个神经元只与大小为 10×10 的局部区域相连，那么此时的权重参数量仅为 $10\times10\times10^6=10^8$，相交密集链接的全连接层少了 4 个数量级。

3）权重共享

卷积计算实际上是使用一组卷积核在图片上进行滑动，实现计算乘加和。因此，对于同一个卷积核的计算过程而言，在与图像计算的过程中，它的权重是共享的。这大大降低了网络的训练难度，图 3-10 为权重共享的示意图。这里还使用上边的例子，对于一幅 1000×1000 的输入图像，下一个隐藏层的神经元数目为 10^6 个，隐藏层中的每个神经元与大小为 10×10 的局部区域相连，因此有 10×10 个权重参数。将这 10×10 个权重参数共享给其他位置对应的神经元，也就是 10^6 个神经元的权重参数保持一致，那么最终需要训练的参数就只有这 10×10 个权重参数。

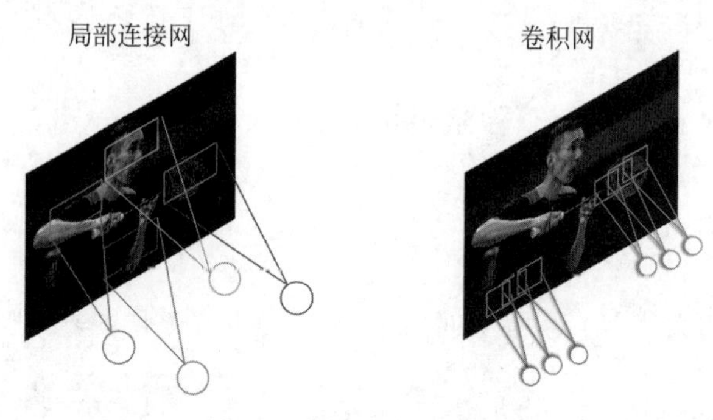

图 3-10　权重共享示意图

4）对不同层级卷积提取不同特征

在 CNN 网络中，通常使用多层卷积进行堆叠，从而实现提取不同类型特征的作用。例如，浅层卷积提取的是图像中的边缘等信息；中层卷积提取的是图像中的局部信息；深层卷积提取的则是图像中的全局信息。这样，通过加深网络层数，CNN 就可以有效地学习到图像从细节到全局的所有特征了。对一个简单的 5 层 CNN 进行特征图可视化后的结果如图 3-11 所示。

通过图 3-11 可以看到，Layer1 和 Layer2 中，网络学到的基本上是边缘、颜色等底层特征；Layer3 开始变得稍微复杂，学习到的是纹理特征；Layer4 学习到了更高维的特征，比如狗头、鸡脚等；Layer5 则学习到了更加具有辨识性的全局特征。

3.2.4　模型实现

PaddlePaddle 的 paddle.nn 包中使用 Conv1D、Conv2D 和 Conv3D 实现卷积层，它们分别表示一维卷积、二维卷积、三维卷积。

此处仅介绍自然语言处理中常用的一维卷积(Conv1D)，其构造函数有三个参数：in_channels 为输入通道的个数，out_channels 为输出通道的个数，kernel_size 为卷积核宽度。当调用该 Conv1D 对象时，输入数据形状为(batch，in_channels，seq_len)，输出数据形状为(batch，out_channels，seq_len)，其中在输入数据和输出数据中，seq_len 表示输入的序列长度又表示输出的序列长度。卷积神经网络中卷积层代码如下所示。

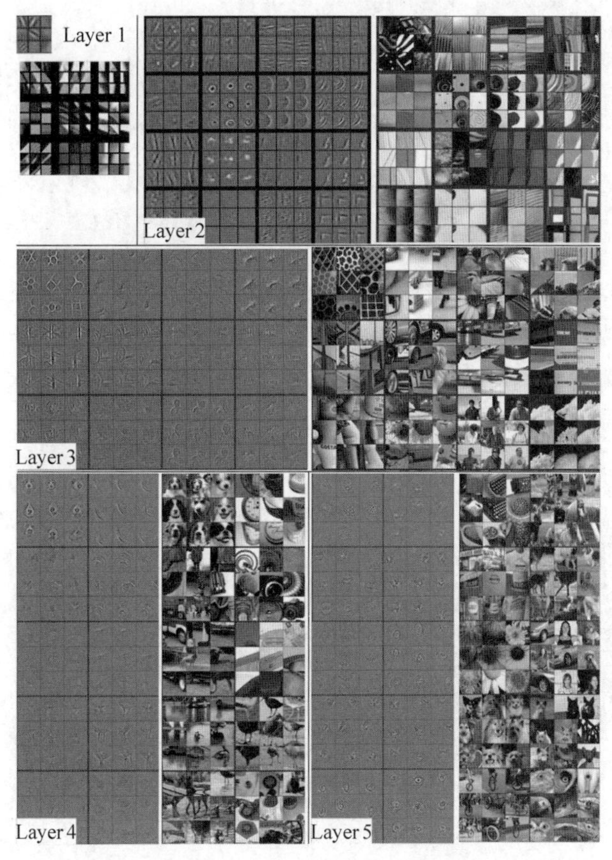

图 3-11　特征图可视化示意图

```
01. #1.定义卷积层
02. import paddle
03. from paddle.nn import Conv1D
04. #定义一个一维卷积,输入通道大小为 5,输出通道大小为 2,卷积核宽度为 4
05. conv1 = Conv1D(in_channels = 5, out_channels = 2, kernel_size = 4)
06. #定义一个一维卷积,输入通道大小为 5,输出通道大小为 2,卷积核宽度为 3
07. conv2 = Conv1D(in_channels = 5, out_channels = 2, kernel_size = 3)
08. #输入数据批次大小为 2,即输入两个序列,每个序列长为 6,每个输入的维度为 5
09. inputs = paddle.rand([2,5,6])
10. output1 = conv1(inputs)
11. print("output1:",output1)
12. output2 = conv2(inputs)
13. print("output2:",output2)
```

运行结果如下。

```
output1: Tensor(shape = [2, 2, 3], dtype = float32, place = CUDAPlace(0),
stop_gradient = False,      [[[ - 0.22635436, - 0.56034124, - 0.49246365],
        [ 0.50104654, 0.06747232, 0.71192616]],
```

```
    [[ - 0.41800800, - 0.27245334, - 1.22654486],
    [ 0.81338280, 0.46928132, 1.25316608]]])
output2: Tensor(shape = [2, 2, 4], dtype = float32, place = CUDAPlace(0),
stop_gradient = False,     [[[ 0.55459601, - 0.11513655, 0.83680284, 0.11368199],
      [ 0.07029381, - 0.14357673, 0.16201110, - 0.27607250]],
    [[ 0.19907981, 0.59146804, - 0.00985690, 0.49959880],
      [ - 0.28189474, 0.04756935, 0.50971091, 0.43118754]]])
```

接下来需要调用 paddle.nn 包中定义的池化层类，主要有最大池化、平均池化等。与卷积层类似，各种池化方法也分为一维、二维和三维三种。例如，MaxPool1D 是一维最大池化，其构造函数至少需要提供一个参数 kerne_size，即池化层核的大小，也就是对多大范围内的输入进行聚合。如果对整个输入序列进行池化，则其大小应为卷积层输出的序列长度。池化层代码如下所示。

```
01. #2.池化层
02. from paddle.nn import MaxPool1D
03. pool1 = MaxPool1D(3) #第一个池化层核的大小是 3
04. pool2 = MaxPool1D(4) #第一个池化层核的大小是 4
05. output_pool1 = pool1(output1) #执行一维最大化池化操作,即取每行输入的最大值
06. output_pool2 = pool1(output2)
07. print("output_pool1:",output_pool1)
08. print("output_pool2:",output_pool2)
```

运行结果如下。

```
output_pool1: Tensor(shape = [2, 2, 1], dtype = float32, place = CUDAPlace(0),
top_gradient = False,[[[ - 0.22635436],[ 0.71192616]], [[ - 0.27245334],
    [ 1.25316608]]])
output_pool2: Tensor(shape = [2, 2, 1], dtype = float32, place = CUDAPlace(0), stop_gradient
 = False,    [[[0.83680284],
    [0.16201110]],
   [[0.59146804],
    [0.50971091]]])
```

由于 output_pool1 和 output_pool2 是两个独立的张量，为了进行下一步操作，还需要调用 paddle.concat 函数将它们拼接起来。在此之前，还需要调用 squeeze 函数将最后一个为 1 的维度删除，即将 2 行 1 列的矩阵变为 1 个向量。代码如下所示。

```
01. output_pool_squeeze1 = paddle.squeeze(output_pool1,axis = 2)
02. print("output_pool_squeeze1 :",output_pool_squeeze1)
03. output_pool_squeeze2 = paddle.squeeze(output_pool2,axis = 2)
04. print("output_pool_squeeze2 :",output_pool_squeeze2)
05. outputs_pool = paddle.concat(x = [output_pool_squeeze1,output_pool_squeeze2],axis =
    1)
06. print("outputs_pool :",outputs_pool)
```

运行结果如下。

```
output_pool_squeeze1 : Tensor(shape = [2, 2], dtype = float32,
lace = CUDAPlace(0), stop_gradient = False,
    [[ - 0.22635436, 0.71192616],     [ - 0.27245334, 1.25316608]])
output_pool_squeeze2 : Tensor(shape = [2, 2], dtype = float32, place = CUDAPlace(0), stop_
gradient = False,     [[0.83680284, 0.16201110],     [0.59146804, 0.50971091]])
outputs_pool : Tensor(shape = [2, 4], dtype = float32, place = CUDAPlace(0), stop_gradient =
False,     [[ - 0.22635436, 0.71192616, 0.83680284, 0.16201110],
    [ - 0.27245334, 1.25316608, 0.59146804, 0.50971091]])
```

池化后,再连接一个全连接层,实现其分类功能。全连接层实现代码如下。

```
01. from paddle.nn import Linear
02. #3.全连接层,输入维度为 4,即池化层输出的维度
03. linear = Linear(4,2)
04. outputs_linear = linear(outputs_pool)
05. print("outputs_linear:",outputs_linear)
```

运行结果如下。

```
outputs_linear: Tensor(shape = [2, 2], dtype = float32, place = CUDAPlace(0),
top_gradient = False,
     [[ - 1.26811194, - 0.16523767],
     [ - 1.84709907, 0.34843248]])
```

3.3 经典的卷积神经网络

前面介绍了卷积神经网络的基本组成和常见概念。本节将按如图 3-12 所示的方式介绍几种典型的卷积神经网络架构。读者在了解卷积神经网络历史发展的同时,也可以加深对卷积神经网络组成的认识。

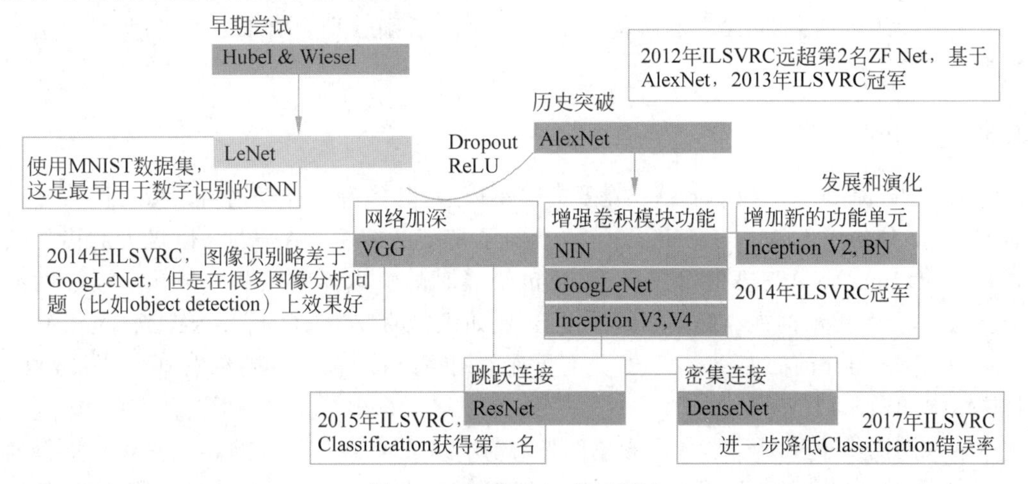

图 3-12 经典 CNN 发展概述

3.3.1 LeNet

LeNet 是最早的卷积神经网络之一，其被提出用于识别手写数字和机器印刷字符。1998 年，Yann LeCun 第一次将 LeNet 卷积神经网络应用到图像分类上，在手写数字识别任务中取得了巨大成功。算法阐述了图像中像素特征之间的相关性，神经网络能够由参数共享的卷积操作所提取，同时也使用卷积、下采样(池化)和非线性映射这样的组合结构，是当前流行的大多数图像识别网络的基础。

LeNet 通过连续使用卷积和池化层的组合提取图像特征，其架构如图 3-13 所示，这里展示的是 MNIST 手写体数字识别任务中的 LeNet-5 模型。

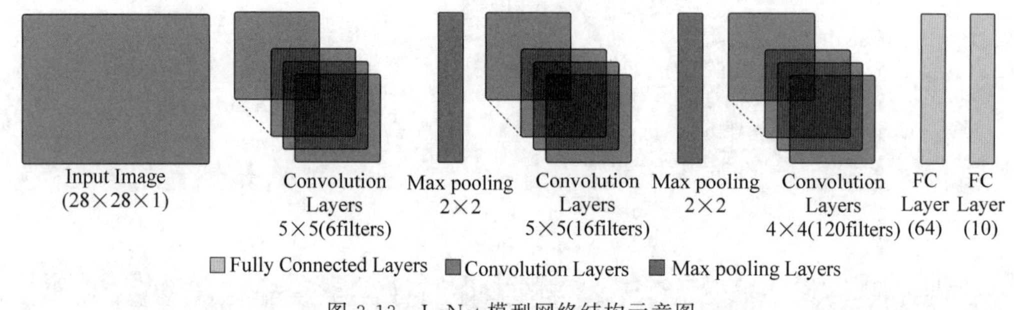

图 3-13　LeNet 模型网络结构示意图

第一模块：包含 5×5 的 6 通道卷积和 2×2 的池化。卷积提取图像中包含的特征模式(激活函数使用 Sigmoid)，图像尺寸从 28 减小到 24。经过池化层可以降低输出特征图对空间位置的敏感性，图像尺寸减到 12。

第二模块：和第一模块尺寸相同，通道数由 6 增加为 16。卷积操作使图像尺寸减小到 8，经过池化后变成 4。

模块：包含 4×4 的 120 通道卷积。卷积之后的图像尺寸减小到 1，但是通道数增加为 120。将经过第 3 次卷积提取到的特征图输入到全连接层。第一个全连接层的输出神经元的个数是 64，第二、第三个全连接层的输出神经元个数是分类标签的类别数，对于手写数字识别的类别数是 10。然后使用 Softmax 激活函数即可计算出每个类别的预测概率。

3.3.2 AlexNet

AlexNet 是 2012 年 ImageNet 竞赛的冠军模型，其作者是神经网络领域三巨头之一的 Hinton，他的学生 Alex Krizhevsky 也参与了模型的编写。AlexNet 以极大的优势领先 2012 年 ImageNet 竞赛的第二名，因此也给当时的学术界和工业界带来了很大的冲击。此后，更多更深的神经网络相继被提出，比如优秀的 VGG、GoogLeNet、ResNet 等。

AlexNet 与此前的 LeNet 相比，具有更深的网络结构，包含 5 层卷积和 3 层全连接，具体结构如图 3-14 所示。

第一模块：对于 224×224 的彩色图像，先用 96 个 11×11×3 的卷积核对其进行卷积，提取图像中包含的特征模式(步长为 4，填充为 2，得到 96 个 54×54 的卷积结果(特征

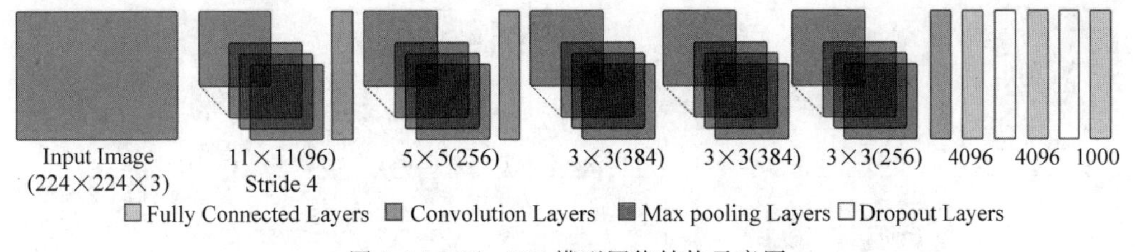

图 3-14　AlexNet 模型网络结构示意图

图))；然后以 2×2 大小进行池化，得到了 96 个 27×27 大小的特征图；

第二模块：包含 256 个 5×5 的卷积和 2×2 池化，卷积操作后图像尺寸不变，经过池化后，图像尺寸变成 13×13；

第三模块：包含 384 个 3×3 的卷积，卷积操作后图像尺寸不变；

第四模块：包含 384 个 3×3 的卷积，卷积操作后图像尺寸不变；

第五模块：包含 256 个 3×3 的卷积和 2×2 的池化，卷积操作后图像尺寸不变，经过池化后变成 256 个 6×6 大小的特征图。

将经过第 5 次卷积提取到的特征图输入到全连接层，得到原始图像的向量表达。前两个全连接层的输出神经元的个数是 4096，第三个全连接层的输出神经元个数是分类标签的类别数(ImageNet 比赛的分类类别数是 1000)，然后使用 Softmax 激活函数即可计算出每个类别的预测概率。

3.3.3　VGG

随着 AlexNet 在 2012 年的 ImageNet 大赛上大放异彩后，卷积神经网络进入了飞速发展的阶段。2014 年，由 Simonyan 和 Zisserman 提出的 VGG 网络在 ImageNet 上取得了亚军的成绩。VGG 的命名来源于论文作者所在的实验室 Visual Geometry Group。VGG 对卷积神经网络进行了改良，探索了网络深度与性能的关系，用更小的卷积核和更深的网络结构，取得了较好的效果，成为了 CNN 发展史上较为重要的一个网络。VGG 中使用了一系列大小为 3×3 的小尺寸卷积核和池化层构造深度卷积神经网络，因为其结构简单、应用性极强而广受研究者欢迎，尤其是它的网络结构设计方法，为构建深度神经网络提供了方向。

图 3-15 是 VGG-16 的网络结构示意图，有 13 层卷积和 3 层全连接层。VGG 网络的设计严格使用 3×3 的卷积层和池化层来提取特征，并在网络的最后面使用三层全连接层，将最后一层全连接层的输出作为分类的预测。VGG 中还有一个显著特点：每次经过池化层(Max pooling)后特征图的尺寸减小一半，而通道数增加一倍(最后一个池化层除外)。在 VGG 中每层卷积将使用 ReLU 作为激活函数，在全连接层之后添加 Dropout 来抑制过拟合。使用小的卷积核能够有效地减少参数的个数，使得训练和测试变得更加有效。比如使用两层 3×3 卷积层，可以得到感受野为 5 的特征图，而比使用 5×5 的卷积层需要更少的参数。由于卷积核比较小，可以堆叠更多的卷积层，加深网络的深度，这对于图像分类任务来说是有利的。VGG 模型的成功证明了增加网络的深度，可以更好地学习图像中的特征模式。

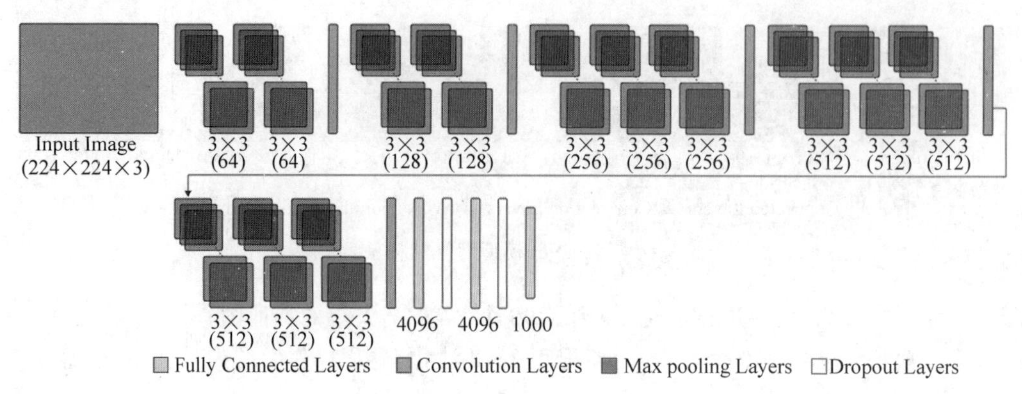

图 3-15 VGG 模型网络结构示意图

3.3.4 GoogLeNet

GoogLeNet 是 2014 年 ImageNet 比赛的冠军，它的主要特点是网络不仅有深度，还在横向上具有“宽度”。从名字 GoogLeNet 可以知道这是谷歌工程师设计的网络结构，而名字 GoogLeNet 更是致敬了 LeNet。GoogLeNet 中最核心的部分是其内部子网络结构 Inception，该结构灵感来源于 NIN(Network In Network)。

由于图像信息在空间尺寸上的巨大差异，如何选择合适的卷积核来提取特征就显得比较困难了。空间分布范围更广的图像信息适合用较大的卷积核来提取其特征；而空间分布范围较小的图像信息则适合用较小的卷积核来提取其特征。为了解决这个问题，GoogLeNet 提出了一种被称为 Inception 模块的方案，如图 3-16 所示。

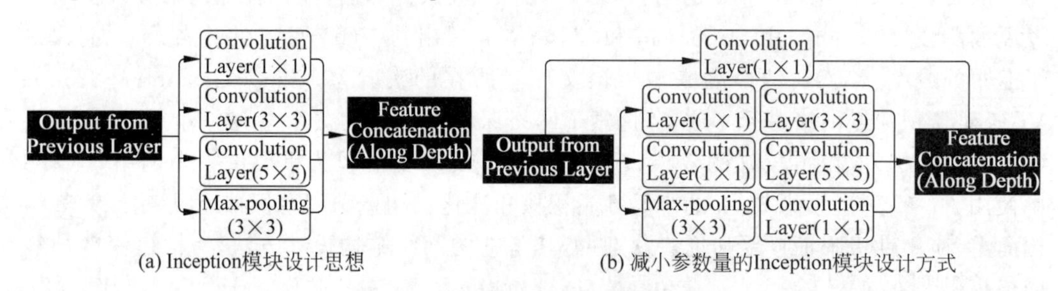

图 3-16 Inception 模块结构示意图

图 3-16(a)是 Inception 模块的设计思想，使用 3 个不同大小的卷积核对输入图片进行卷积操作，并附加最大池化，将这 4 个操作的输出沿着通道这一维度进行拼接，构成的输出特征图将会包含经过不同大小的卷积核提取出来的特征，从而达到捕捉不同尺度信息的效果。Inception 模块采用多通路(Multi-path)的设计形式，每个支路使用不同大小的卷积核，最终输出特征图的通道数是每个支路输出通道数的总和，这将会导致输出通道数变得很大，尤其是使用多个 Inception 模块串联操作的时候，模型参数量会变得非常大。

为了减小参数量，Inception 模块使用了图 3-16(b)中的设计方式，在每个 3×3 和 5×5 的卷积层之前，增加 1×1 的卷积层来控制输出通道数；在最大池化层后面增加 1×1 卷积层减小输出通道数。基于这一设计思想，形成了图 3-16(b)中所示的结构。

3.3.5 ResNet

相较于 VGG 的 19 层和 GoogLeNet 的 22 层，ResNet 可以提供 18、34、50、101、152 甚至更多层的网络，同时获得更好的精度。但是为什么要使用更深层次的网络呢？同时，如果只是网络层数的堆叠，那么为什么前人没有获得 ResNet 一样的成功呢？ResNet 是 2015 年 ImageNet 比赛的冠军，将识别错误率降低到了 3.6%，这个结果甚至超出了正常人眼识别。通过前面几个经典模型学习，我们可以发现随着深度学习的不断发展，模型的层数越来越多，网络结构也越来越复杂。那么是否加深网络结构，就一定会得到更好的效果呢？从理论上来说，假设新增加的层都是恒等映射，只要原有的层学出跟原模型一样的参数，那么深模型结构就能达到原模型结构的效果。换句话说，原模型的解只是新模型的解的子空间，在新模型的解的空间里应该能找到比原模型的解对应的子空间更好的结果。但是实践表明，增加网络的层数之后，训练误差往往不降反升。

He Kaiming 等提出了残差网络 ResNet 来解决上述问题，其基本思想如图 3-17 所示。如图 3-17(a)表示增加网络的时候，将 x 映射成 $y=F(x)$输出。如图 3-17(b)对图 3-17(a)作了改进，输出 $y=F(x)+x$。这时不是直接学习输出特征 y 的表示，而是学习 $y-x$。如果想学习出原模型的表示，只需要将 $F(x)$的参数全部设置为 0，则 $y=x$ 是恒等映射。

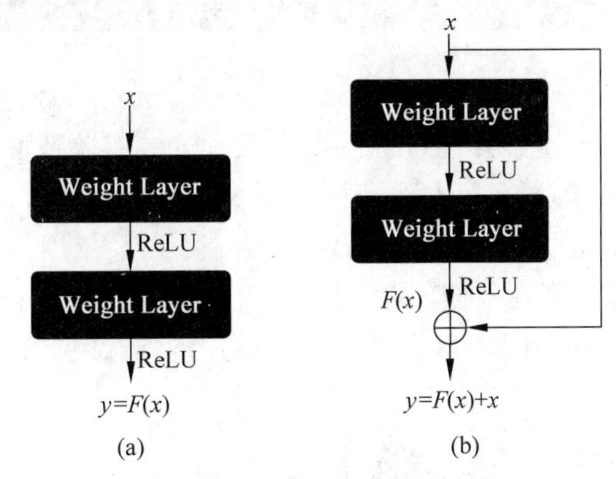

图 3-17 残差块设计思想

图 3-18 表示出了 ResNet-50 的结构，一共包含 49 层卷积和 1 层全连接，所以被称为 ResNet-50。

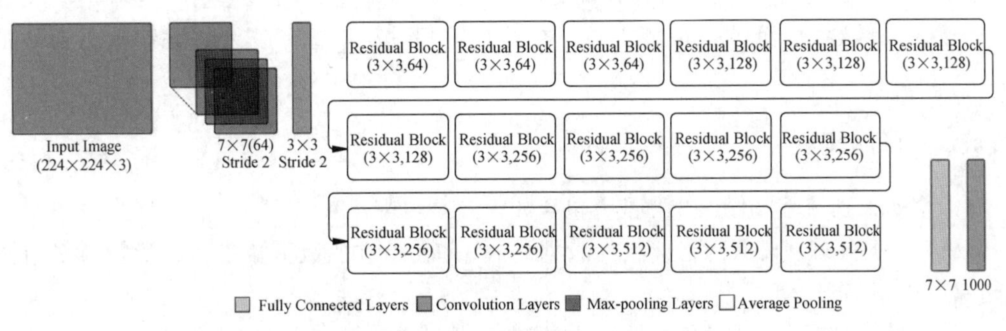

图 3-18 ResNet-50 模型网络结构示意图

视频讲解

3.4 案例：图像分类网络VGG在中草药识别任务中的应用

本节利用PaddlePaddle框架搭建VGG网络，实现中草药识别，如图3-19所示。本案例旨在通过中草药识别来让读者对图像分类问题初步了解，同时理解和掌握如何使用PaddlePaddle搭建一个经典的卷积神经网络。本案例支持在实训平台或本地环境操作，建议使用AI Studio实训平台。

图3-19 中草药

- 实训平台：如果选择在实训平台上操作，无须安装实验环境。实训平台集成了实验必需的相关环境，代码可在线运行，同时还提供了免费算力，可以做到即使实践复杂模型也无算力之忧。
- 本地环境：如果选择在本地环境上操作，需要安装Python3.7、PaddlePaddle开源框架等实验必需的环境，具体要求及实现代码请参见百度PaddlePaddle官方网站。

3.4.1 方案设计

本案例的实现方案如图3-20所示，对于一幅输入的中草药图像，首先使用卷积神经网络VGG提取特征，获取特征表示；然后使用分类器(3层全连接+Softmax)获取属于每个中草药类别的概率值。在训练阶段，通过模型输出的概率值与样本的真实标签构建损失函数，从而进行模型训练；在推理阶段，选出概率最大的类别作为最终的输出。

3.4.2 整体流程

中草药识别流程如图3-21所示，包含如下7个步骤。

(1) 数据处理：根据网络接收的数据格式，完成相应的数据集准备及数据预处理操作，保证模型正常读取。

(2) 模型构建：设计卷积网络结构(模型的假设空间)。

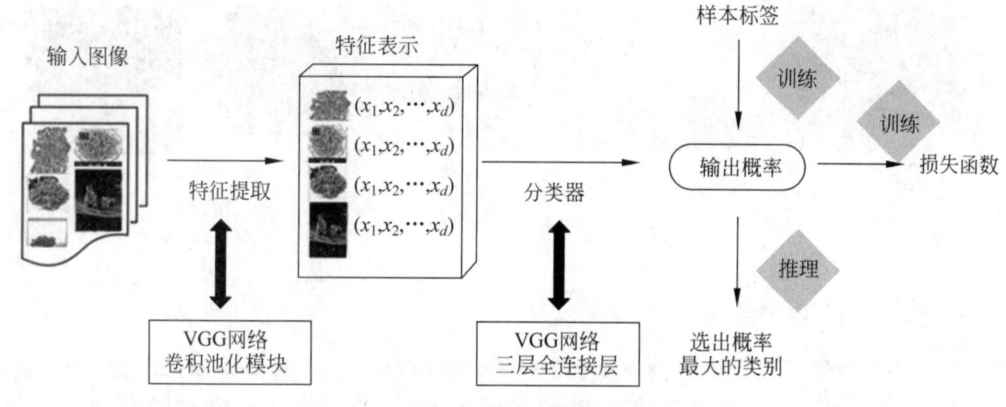

图 3-20 方案设计

(3) 训练配置：声明模型实例，加载模型参数，指定模型采用的寻解算法（定义优化器）并加载数据。

(4) 模型训练：执行多轮训练不断调整参数，以达到较好的效果。

(5) 模型保存：将模型参数保存到指定位置，便于后续推理或继续训练使用。

(6) 模型评估：对训练好的模型进行评估测试，观察准确率和 loss。

(7) 模型推理及可视化：使用一张中草药图片来验证模型识别的效果，并可视化推理结果。

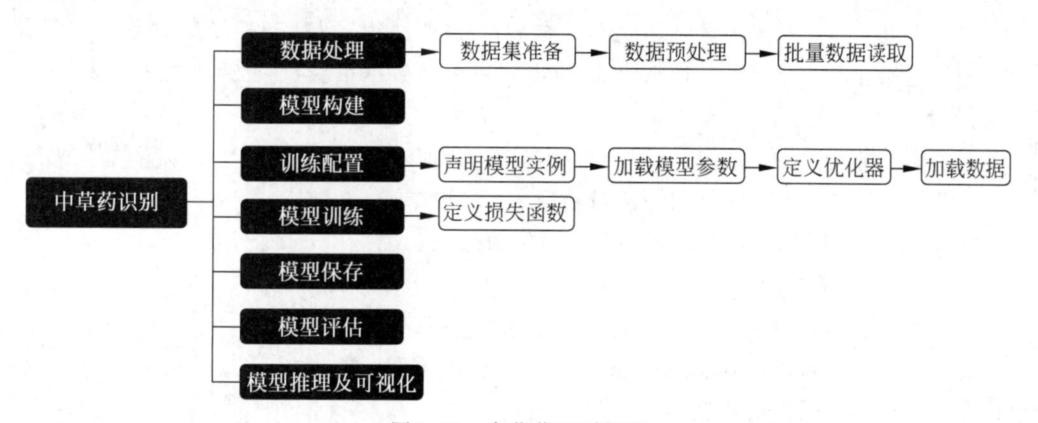

图 3-21 中草药识别流程

3.4.3 数据处理

1. 数据集介绍

本案例数据集 data/data105575/Chinese Medicine. zip 来源于互联网，分为五个类别，共 902 张图片，其中，百合 180 张图片，枸杞 185 张图片，金银花 180 张图片，槐花 167 张图片，党参 190 张图片，部分图片如图 3-22 所示。

图 3-22　五类中草药

2. 数据预处理

图像分类网络对输入图片的格式、大小有一定的要求。数据预处理指将数据是输入到模型前,需要对数据进行预处理操作,使图片满足网络训练以及预测的需要。本案例主要应用了如下方法:

(1) 图像解码:将图像转为 NumPy 格式。

(2) 调整图片大小:将原图片中短边尺寸统一缩放到 256。

(3) 图像裁剪:将图像的长宽统一裁剪为 224×224,确保模型读入的图片数据大小统一。

(4) 归一化(Normalization):通过规范化手段,把输入图像的分布改变成均值为 0,方差为 1 的标准正态分布,使得最优解的寻优过程明显会变得平缓,训练过程更容易收敛。

(5) 通道变换:图像的数据格式为[H,W,C](即高度、宽度和通道数),而神经网络使用的训练数据的格式为[C,H,W],因此需要对图像数据重新排列,例如[224,224,3]变为[3,224,224]。

对于图像分类问题,除了以上对图片数据进行处理外,还需要对数据作以下的处理:解压原始数据集;按照比例划分训练集与验证集,乱序生成数据列表;定义数据读取器和转换图片;加载数据集。

1) 解压原始数据集

首先使用 zipfile 模块来解压原始数据集,将 src_path 路径下的 zip 包解压至 target_path 目录下,解压后可以在 AI Studio 观察到数据集文件目录结构如图 3-23 所示。代码如下所示。

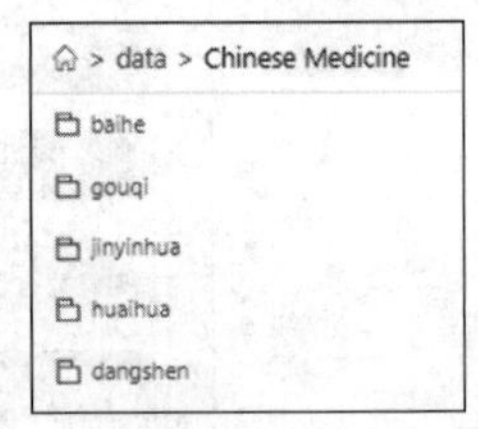

图 3-23　数据集文件目录结构

```
01. # 引入需要的模块
02. import os
03. import zipfile
04. import random
05. import json
06. import paddle
07. import sys
08. import numpy as np
09. from PIL import Image
```

```
10. import matplotlib.pyplot as plt
11. from paddle.io import Dataset
12. random.seed(200)
13.
14. def unzip_data(src_path,target_path):
15.     if(not os.path.isdir(target_path + "Chinese Medicine")):
16.         z = zipfile.ZipFile(src_path, 'r')
17.         z.extractall(path = target_path)
18.         z.close()
```

2）按照比例划分训练集与验证集

本案例定义 get_data_list()遍历文件目录和图片，按照 7：1 的比例划分训练集与验证集，之后打乱数据集的顺序并生成数据列表，生成的训练集数据的格式如图 3-24 所示。代码如下所示。

```
1   /home/aistudio/data/Chinese Medicine/dangshen/dangshen_185.jpg  1
2   /home/aistudio/data/Chinese Medicine/gouqi/u=4169302532,3747596770&fm=26&gp=0.jpg   4
3   /home/aistudio/data/Chinese Medicine/gouqi/cgcjyfyj (98).jpg   4
4   /home/aistudio/data/Chinese Medicine/huaihua/huaihua_146.jpg   3
5   /home/aistudio/data/Chinese Medicine/huaihua/huaihua_50.jpg 3
6   /home/aistudio/data/Chinese Medicine/dangshen/dangshen_47.jpg   1
7   /home/aistudio/data/Chinese Medicine/huaihua/huaihua_160.jpg   3
8   /home/aistudio/data/Chinese Medicine/dangshen/dangshen_117.jpg  1
9   /home/aistudio/data/Chinese Medicine/dangshen/dangshen_97.jpg   1
10  /home/aistudio/data/Chinese Medicine/gouqi/u=228093977,1203529990&fm=26&gp=0.jpg    4
```

图 3-24 训练集数据

```
01. def get_data_list(target_path,train_list_path,eval_list_path):
02.   '''
03.   生成数据列表
04.   '''
05.    #存放所有类别的信息
06.    class_detail = []
07.    #获取所有类别保存的文件夹名称
08.    data_list_path = target_path + "Chinese Medicine/"
09.    class_dirs = os.listdir(data_list_path)
10.    #总的图像数量
11.    all_class_images = 0
12.    #存放类别标签
13.    class_label = 0
14.    #存放类别数目
15.    class_dim = 0
16.    #存储要写进 eval.txt 和 train.txt 中的内容
17.    trainer_list = []
18.    eval_list = []
19.    #读取每个类别,['baihe', 'gouqi','jinyinhua','huaihua','dangshen']
20.    for class_dir in class_dirs:
21.        if class_dir != ".DS_Store":
```

```
22.          class_dim += 1
23.          #每个类别的信息
24.          class_detail_list = {}
25.          eval_sum = 0
26.          trainer_sum = 0
27.          #统计每个类别有多少张图片
28.          class_sum = 0
29.          #获取类别路径
30.          path = data_list_path + class_dir
31.          # 获取所有图片
32.          img_paths = os.listdir(path)
33.          for img_path in img_paths:              # 遍历文件夹下的每张图片
34.              name_path = path + '/' + img_path         # 每张图片的路径
35.              if class_sum % 8 == 0:           # 每8张图片取一个作验证数据
36.                 eval_sum += 1     # test_sum为测试数据的数目
37.                 eval_list.append(name_path + "\t%d" % class_label + "\n")
38.              else:
39.                 trainer_sum += 1
40.                 trainer_list.append(name_path + "\t%d" % class_label + "\n")
#trainer_sum测试数据的数目
41.              class_sum += 1            #每类图片的数目
42.              all_class_images += 1  #所有类图片的数目
43.
44.         # 说明的JSON文件的class_detail数据
45.         class_detail_list['class_name'] = class_dir      #类别名称
46.         class_detail_list['class_label'] = class_label    #类别标签
47.         class_detail_list['class_eval_images'] = eval_sum #该类数据的测试集数目
48.         class_detail_list['class_trainer_images'] = trainer_sum
#该类数据的训练集数目
49.         class_detail.append(class_detail_list)
50.         #初始化标签列表
51.         train_parameters['label_dict'][str(class_label)] = class_dir
52.         class_label += 1
53.
54.   #初始化分类数
55.   train_parameters['class_dim'] = class_dim
56.
57.   #乱序
58.   random.shuffle(eval_list)
59.   with open(eval_list_path, 'a') as f:
60.       for eval_image in eval_list:
61.          f.write(eval_image)
62.
63.   random.shuffle(trainer_list)
64.   with open(train_list_path, 'a') as f2:
65.       for train_image in trainer_list:
66.          f2.write(train_image)
67.
```

```
68.    # 说明的 JSON 文件信息
69.    readjson = {}
70.    readjson['all_class_name'] = data_list_path        #文件父目录
71.    readjson['all_class_images'] = all_class_images
72.    readjson['class_detail'] = class_detail
73.    jsons = json.dumps(readjson, sort_keys = True, indent = 4, separators = (',', ': '))
74.    with open(train_parameters['readme_path'],'w') as f:
75.        f.write(jsons)
76.    print ('生成数据列表完成!')
77.
78. train_parameters = {
79.    "src_path":"/home/aistudio/data/data124873/Chinese Medicine.zip", #原始数据集路径
80.    "target_path":"/home/aistudio/data/",                          #要解压的路径
81.    "train_list_path": "/home/aistudio/data/train.txt",            #train.txt 路径
82.    "eval_list_path": "/home/aistudio/data/eval.txt",              #eval.txt 路径
83.    "label_dict":{},                                               #标签字典
84.    "readme_path": "/home/aistudio/data/readme.json",              #readme.json 路径
85.    "class_dim": -1,                                               #分类数
86. }
87. src_path = train_parameters['src_path']
88. target_path = train_parameters['target_path']
89. train_list_path = train_parameters['train_list_path']
90. eval_list_path = train_parameters['eval_list_path']
91.
92. # 调用解压函数解压数据集
93. unzip_data(src_path,target_path)
94.
95. # 划分训练集与验证集,乱序,生成数据列表
96. #每次生成数据列表前,首先清空 train.txt 和 eval.txt
97. with open(train_list_path, 'w') as f:
98.     f.seek(0)
99.     f.truncate()
100. with open(eval_list_path, 'w') as f:
101.     f.seek(0)
102.     f.truncate()
103. #生成数据列表
104. get_data_list(target_path,train_list_path,eval_list_path)
```

3）定义数据读取器

接下来，定义数据读取器类 dataset，用来加载训练和验证时要使用的数据，也包括图片格式的修改：图片转为 RGB 格式、数据维度由(H, W, C)转为(C, H, W)、图片大小 resize 为 224×224，其过程与 2.6 节定义方式相同。代码如下所示。

```
01. # 定义数据读取器
02. class dataset(Dataset):
03.     def __init__(self, data_path, mode = 'train'):
04.         """
```

```
05.         数据读取器
06.         :param data_path: 数据集所在路径
07.         :param mode: train or eval
08.         """
09.         super().__init__()
10.         self.data_path = data_path
11.         self.img_paths = []
12.         self.labels = []
13.
14.         if mode == 'train':
15.             with open(os.path.join(self.data_path, "train.txt"), "r", encoding = "utf-8") as f:
16.                 self.info = f.readlines()
17.             for img_info in self.info:
18.                 img_path, label = img_info.strip().split('\t')
19.                 self.img_paths.append(img_path)
20.                 self.labels.append(int(label))
21.
22.         else:
23.             with open(os.path.join(self.data_path, "eval.txt"), "r", encoding = "utf-
    8") as f:
24.                 self.info = f.readlines()
25.             for img_info in self.info:
26.                 img_path, label = img_info.strip().split('\t')
27.                 self.img_paths.append(img_path)
28.                 self.labels.append(int(label))
29.
30.     def __getitem__(self, index):
31.         """
32.         获取一组数据
33.         :param index: 文件索引号
34.         :return:
35.         """
36.         # 第一步打开图像文件并获取 label 值
37.         img_path = self.img_paths[index]
38.         img = Image.open(img_path)
39.         if img.mode != 'RGB':
40.             img = img.convert('RGB')
41.         img = img.resize((224, 224), Image.BILINEAR)
42.         #img = rand_flip_image(img)
43.         img = np.array(img).astype('float32')
44.         img = img.transpose((2, 0, 1)) / 255
45.         label = self.labels[index]
46.         label = np.array([label], dtype = "int64")
47.         return img, label
48.
49.     def print_sample(self, index: int = 0):
50.         print("文件名", self.img_paths[index], "\t 标签值", self.labels[index])
51.
```

```
52.    def __len__(self):
53.        return len(self.img_paths)
```

4）加载数据集

最后，使用 paddle.io.DataLoader 模块实现数据加载，并且指定训练用参数：训练集批次大 batch_size 为 32，乱序读入；验证集批次大小为 8，不打乱顺序。通过大量实验发现，模型对最后出现的数据印象更加深刻。训练数据导入后，越接近模型训练结束，最后几个批次数据对模型参数的影响越大。为了避免模型记忆影响训练效果，需要进行样本乱序操作。如果数据预处理耗时较长，推荐使用 paddle.io.DataLoader API 中的 num_workers 参数，设置进程数量，实现多进程读取数据。代码如下所示。

```
01. #训练数据加载
02. train_dataset = dataset('/home/aistudio/data',mode = 'train')
03. train_loader = paddle.io.DataLoader(train_dataset, batch_size = 32, shuffle = True)
04. #评估数据加载
05. eval_dataset = dataset('/home/aistudio/data',mode = 'eval')
06. eval_loader = paddle.io.DataLoader(eval_dataset, batch_size = 8, shuffle = False)
```

至此，完成了数据读取、提取数据标签信息、批量读取和加速等过程，接下来将处理好的数据输入到神经网络。

3.4.4 模型构建

本案例使用 VGG 网络进行中草药识别。VGG 是当前最流行的 CNN 模型之一，于 2014 年由 Simonyan 和 Zisserman 在 ICLR 2015 会议上的论文 *Very Deep Convolutional Networks for Large-scale Image Recognition* 提出。VGG 命名于论文作者所在的实验室 Visual Geometry Group。VGG 设计了一种大小为 3×3 的小尺寸卷积核和池化层组成的基础模块，通过堆叠上述基础模块构造出深度卷积神经网络，该网络在图像分类领域取得了不错的效果，在大型分类数据集 ILSVRC 上，VGG 模型仅有 6.8% 的 top-5 test error。VGG 模型一经推出就很受研究者们的欢迎，因为其网络结构的设计合理，总体结构简明，且可以适用于多个领域。VGG 的设计为后续研究者设计模型结构提供了思路。

如图 3-25VGG 网络所示，VGG 网络所有的 3×3 卷积都是等长卷积，包括步长和填充为 1，因此特征图的尺寸在每个模块内大小不变。特征图每经过一次池化，其高度和宽度减少一半（1/2 Pool），作为弥补通道数增加一倍，最后通过三层全连接层和 Softmax 层输出结果。

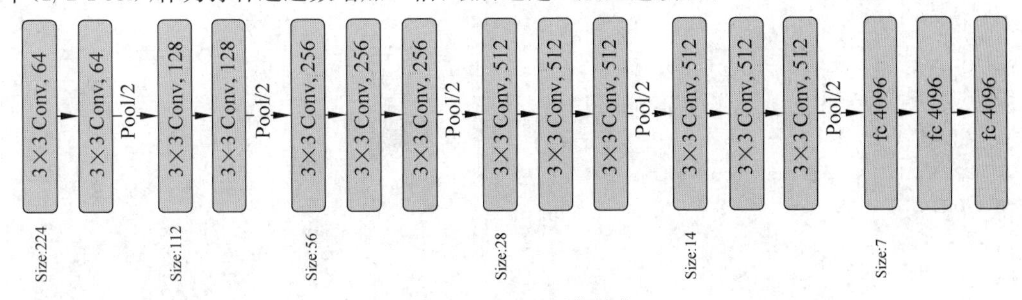

图 3-25　VGG 网络结构

VGG 网络引入"模块化"的设计思想,将不同的层进行简单的组合构成网络模块,再用模块来组装成完整网络,而不是以"层"为单位组装网络。定义类 ConvPool 实现"模块化",通过类函数 add_sublayer 创建网络层列表,其中包括卷积、ReLU、池化,并在前向计算函数 forward 中通过 named_children()实现模块内网络层的先后顺序,代码如下所示。

```
01. # 定义卷积池化网络
02. class ConvPool(paddle.nn.Layer):
03.     '''卷积 + 池化'''
04.     def __init__(self,
05.                  num_channels,
06.                  num_filters,
07.                  filter_size,
08.                  pool_size,
09.                  pool_stride,
10.                  groups,
11.                  conv_stride = 1,
12.                  conv_padding = 1,
13.                  ):
14.         super(ConvPool, self).__init__()
15.
16.         # groups 代表卷积层的数量
17.         for i in range(groups):
18.             self.add_sublayer(   #添加子层实例
19.                 'bb_%d' % i,
20.                 paddle.nn.Conv2D(            # layer
21.                 in_channels = num_channels,  #通道数
22.                 out_channels = num_filters,  #卷积核个数
23.                 kernel_size = filter_size,   #卷积核大小
24.                 stride = conv_stride,        #步长
25.                 padding = conv_padding,      #padding
26.             )
27.         )
28.           self.add_sublayer(
29.                 'relu%d' % i,
30.                 paddle.nn.ReLU()
31.         )
32.           num_channels = num_filters
33.
34.
35.         self.add_sublayer(
36.             'Maxpool',
37.             paddle.nn.MaxPool2D(
38.             kernel_size = pool_size,          #池化核大小
39.             stride = pool_stride              #池化步长
40.             )
41.         )
42.
```

```
43.   def forward(self, inputs):
44.       x = inputs
45.       for prefix, sub_layer in self.named_children():
46.           # print(prefix,sub_layer)
47.           x = sub_layer(x)
48.       return x
```

接下来，根据上述模块 ConvPool 定义网络 VGGNet，在构造函数 init()中多次调用 ConvPool 模块，生成 VGGNet 的每一个模块实例，再通过前向计算函数 forward 完成计算图，代码如下所示。注意：输出由三个全连接层组成，全连接层之间使用 Dropout 层防止过拟合。

```
01. # VGG 网络
02. class VGGNet(paddle.nn.Layer):
03.   def __init__(self):
04.       super(VGGNet, self).__init__()
05.       # 5 个卷积池化操作
06.       self.convpool01 = ConvPool(
07.           3, 64, 3, 2, 2, 2) #3:通道数,64: 卷积核个数,3:卷积核大小,2:池化核大小,2:
    池化步长,2:连续卷积个数
08.       self.convpool02 = ConvPool(
09.           64, 128, 3, 2, 2, 2)
10.       self.convpool03 = ConvPool(
11.           128, 256, 3, 2, 2, 3)
12.       self.convpool04 = ConvPool(
13.           256, 512, 3, 2, 2, 3)
14.       self.convpool05 = ConvPool(
15.           512, 512, 3, 2, 2, 3)
16.       self.pool_5_shape = 512 * 7 * 7
17.       # 三个全连接层
18.       self.fc01 = paddle.nn.Linear(self.pool_5_shape, 4096)
19.       self.drop1 = paddle.nn.Dropout(p = 0.5)
20.       self.fc02 = paddle.nn.Linear(4096, 4096)
21.       self.drop2 = paddle.nn.Dropout(p = 0.5)
22.       self.fc03 = paddle.nn.Linear(4096, train_parameters['class_dim'])
23.
24.   def forward(self, inputs, label = None):
25.       # print('input_shape:', inputs.shape) #[8, 3, 224, 224]
26.       """前向计算"""
27.       out = self.convpool01(inputs)
28.       # print('convpool01_shape:', out.shape)          #[8, 64, 112, 112]
29.       out = self.convpool02(out)
30.       # print('convpool02_shape:', out.shape)          #[8, 128, 56, 56]
31.       out = self.convpool03(out)
32.       # print('convpool03_shape:', out.shape)          #[8, 256, 28, 28]
33.       out = self.convpool04(out)
34.       # print('convpool04_shape:', out.shape)          #[8, 512, 14, 14]
```

```
35.         out = self.convpool05(out)
36.         # print('convpool05_shape:', out.shape)        #[8, 512, 7, 7]
37.
38.         out = paddle.reshape(out, shape=[-1, 512*7*7])
39.         out = self.fc01(out)
40.         out = self.drop1(out)
41.         out = self.fc02(out)
42.         out = self.drop2(out)
43.         out = self.fc03(out)
44.
45.         if label is not None:
46.             acc = paddle.metric.accuracy(input=out, label=label)
47.             return out, acc
48.         else:
49.             return out
```

3.4.5 训练配置

本案例使用 Adam 优化器。2014 年 12 月，Kingma 和 Lei Ba 提出了 Adam 优化器。该优化器对梯度的均值(即一阶矩估计，First Moment Estimation)和梯度的未中心化的方差(即二阶矩估计，Second Moment Estimation)进行综合计算，获得更新步长。Adam 优化器实现起来较为简单，且计算效率高，需要的内存更少，梯度的伸缩变换不会影响更新梯度的过程，超参数的可解释性强，且通常超参数无须调整或仅需微调。如下代码通过 train_parameters.update 更新参数字典，即：

- 输入图片的 shape。
- 训练轮数。
- 训练时输出日志的迭代间隔。
- 训练时保存模型参数的迭代间隔。
- 优化函数的学习率。
- 保存的路径。

```
01. # 参数配置,要保留之前数据集准备阶段配置的参数,所以使用 update 更新字典
02. train_parameters.update({
03.     "input_size": [3, 224, 224],
04.     "num_epochs": 35,
05.     "skip_steps": 10,
06.     "save_steps": 100,
07.     "learning_strategy": {
08.         "lr": 0.0001
09.     },
10.     "checkpoints": "/home/aistudio/work/checkpoints"
11. })
```

为了更直观地看到训练过程中的 loss 和 acc 变化趋势，需要实现画出折线图的函数，代码如下所示。

```
01. # 折线图,用于观察训练过程中 loss 和 acc 的走势
02. def draw_process(title,color,iters,data,label):
03.     plt.title(title, fontsize=24)
04.     plt.xlabel("iter", fontsize=20)
05.     plt.ylabel(label, fontsize=20)
06.     plt.plot(iters, data,color=color,label=label)
07.     plt.legend()
08.     plt.grid()
09.     plt.show()
```

3.4.6 模型训练

训练模型并调整参数的过程,观察模型学习的过程是否正常,如损失函数值是否在降低。本案例考虑到时长因素,只训练了 35 个 epoch,每个 epoch 都需要在训练集与验证集上运行,并打印出相应的 loss、准确率以及变化图,如图 3-26 所示。训练步骤如下:

(1) 模型实例化。

(2) 配置 loss 函数。

(3) 配置参数优化器。

(4) 开始训练,每经过 skip_step 打印一次日志,每经过 save_step 保存一次模型。

(5) 训练完成后画出 acc 和 loss 变化图。

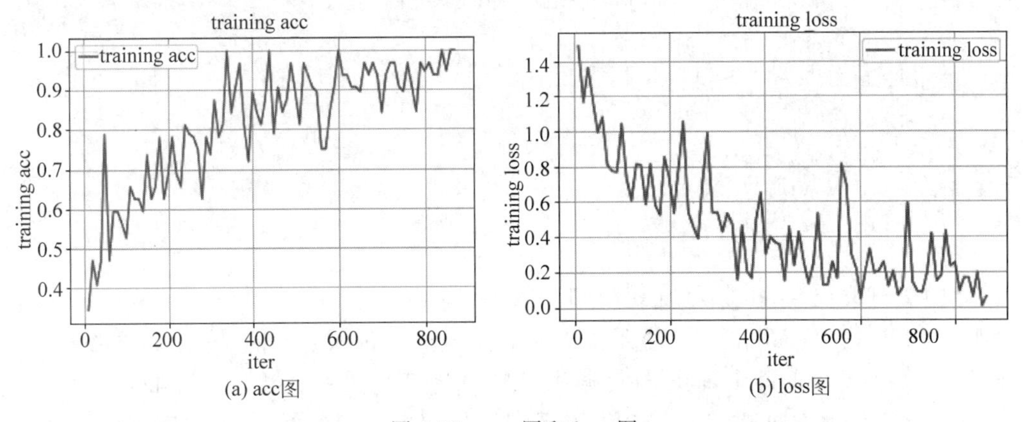

(a) acc图　　(b) loss图

图 3-26 acc 图和 loss 图

代码如下所示。

```
01. model = VGGNet()
02. model.train()
03. # 配置 loss 函数
04. cross_entropy = paddle.nn.CrossEntropyLoss()
05. # 配置参数优化器
06. optimizer = paddle.optimizer.Adam(learning_rate = train_parameters['learning_
    strategy']['lr'], parameters=model.parameters())
```

```
07.
08. steps = 0
09. Iters, total_loss, total_acc = [], [], []
10.
11. for epo in range(train_parameters['num_epochs']):
12.     for _, data in enumerate(train_loader()):
13.         steps += 1
14.         x_data = data[0]
15.         y_data = data[1]
16.         predicts, acc = model(x_data, y_data)
17.         loss = cross_entropy(predicts, y_data)
18.         loss.backward()
19.         optimizer.step()
20.         optimizer.clear_grad()
21.         if steps % train_parameters["skip_steps"] == 0:
22.             Iters.append(steps)
23.             total_loss.append(loss.numpy()[0])
24.             total_acc.append(acc.numpy()[0])
25.             #打印中间过程
26.             print('epo: {}, step: {}, loss is: {}, acc is: {}'\
27.                   .format(epo, steps, loss.numpy(), acc.numpy()))
28.         #保存模型参数
29.         if steps % train_parameters["save_steps"] == 0:
30.             save_path = train_parameters["checkpoints"] + "/" + "save_dir_" + str
    (steps) + '.pdparams'
31.             print('save model to: ' + save_path)
32.             paddle.save(model.state_dict(),save_path)
33. paddle.save(model.state_dict(),train_parameters["checkpoints"] + "/" + "save_dir_
    final.pdparams")
34. draw_process("training loss","red",Iters,total_loss,"training loss")
35. draw_process("training acc","green",Iters,total_acc,"training acc")
```

本节尝试改变 batch_size 优化模型。batch_size 指的是一次训练所选取的样本数。在网络训练过程中，batch_size 过大或者过小都会影响训练的性能和速度，如果 batch_size 过小，那么花费时间多，同时梯度振荡严重，不利于收敛；如果 batch_size 过大，那么不同 batch 的梯度方向没有任何变化，容易陷入局部极小值。例如，在本案例中，我们直接使用神经网络通常设置的 batch_size=16，训练 35 轮之后模型在验证集上的准确率为 0.825。在合理范围内，增大 batch_size 会提高显存的利用率，提高大矩阵乘法的并行化效率，减少每轮需要训练的迭代次数。在一定范围内，batch size 越大，其确定的下降方向越准，引起训练时准确率振荡越小。在本案例中，我们设置 batch_size=32，同样训练 35 轮，模型在验证集上的准确率为 0.842。当然，过大的 batch_size 同样会降低模型性能。在本案例中，我们设置 batch_size=48，训练 35 轮之后模型在验证集上的准确率为 0.817。从以上的实验结果，可以清楚地了解到，在模型优化的过程中，找到合适的 batch_size 是很重要的。

3.4.7 模型评估和推理

1. 模型评估

使用验证集来评估训练过程保存的最后一个模型，首先加载模型参数，之后遍历验证集进行预测并输出平均准确率。与训练部分的代码不同，模型评估不需要参数优化，因此使用验证模式 model_eval.eval()。代码如下所示。

```
01. # 模型评估
02. # 加载训练过程保存的最后一个模型
03. model__state_dict = paddle.load('work/checkpoints/save_dir_final.pdparams')
04. model_eval = VGGNet()
05. model_eval.set_state_dict(model__state_dict)
06. model_eval.eval()
07. accs = []
08. # 开始评估
09. for _, data in enumerate(eval_loader()):
10.     x_data = data[0]
11.     y_data = data[1]
12.     predicts = model_eval(x_data)
13.     acc = paddle.metric.accuracy(predicts, y_data)
14.     accs.append(acc.numpy()[0])
15. print('模型在验证集上的准确率为：',np.mean(accs))
```

2. 模型推理

模型推理阶段首先采用与训练过程同样的图片转换方式对测试集图片进行预处理，然后使用训练过程保存的最后一个模型预测测试集中的图片。代码如下所示。

```
01. import time
02. def load_image(img_path):
03.     '''
04.     预测图片预处理
05.     '''
06.     img = Image.open(img_path)
07.     if img.mode != 'RGB':
08.         img = img.convert('RGB')
09.     img = img.resize((224, 224), Image.BILINEAR)
10.     img = np.array(img).astype('float32')
11.     img = img.transpose((2, 0, 1)) / 255 # HWC to CHW 及归一化
12.     return img
13.
14. label_dic = train_parameters['label_dict']
15.
16. # 加载训练过程保存的最后一个模型
17. model__state_dict = paddle.load('work/checkpoints/save_dir_final.pdparams')
```

```
18. model_predict = VGGNet()
19. model_predict.set_state_dict(model__state_dict)
20. model_predict.eval()
21. infer_imgs_path = os.listdir("infer")
22. # print(infer_imgs_path)
23.
24. # 预测所有图片
25. for infer_img_path in infer_imgs_path:
26.     infer_img = load_image("infer/" + infer_img_path)
27.     infer_img = infer_img[np.newaxis,:, : ,:] #reshape(-1,3,224,224)
28.     infer_img = paddle.to_tensor(infer_img)
29.     result = model_predict(infer_img)
30.     lab = np.argmax(result.numpy())
31.     print("样本: {},被预测为:{}".format(infer_img_path,label_dic[str(lab)]))
32.     img = Image.open("infer/" + infer_img_path)
33.     plt.imshow(img)
34.     plt.axis('off')
35.     plt.show()
36.     sys.stdout.flush()
37.     time.sleep(0.5)
```

3.5 本章小结

传统图像分类由多个阶段构成，框架较为复杂。基于CNN的深度学习模型采用端到端一步到位的方式，大幅提高了分类准确度。本章首先介绍了CNN的基本理论，包括卷积层、池化层等，并以代码实现了一个基本的CNN模型。接着，讲述了卷积神经网络的历史发展过程，介绍了多款经典的CNN模型。最后，使用PaddlePaddle构建了经典的VGG图像分类网络，并在中草药数据集上实现了中草药识别。通过本案例，读者将不仅会掌握卷积神经网络的相关原理，而且会进一步熟悉通过开源框架求解深度学习任务的实践过程。读者可以在此案例的基础上，尝试开发自己感兴趣的图像分类任务。

第 4 章

循环神经网络

第 3 章介绍了卷积神经网络的基本组成及相关概念，并详细论述了如何使用 PaddlePaddle 搭建卷积神经网络完成中草药识别任务。与处理无关联的独立数据的卷积神经网络不同，循环神经网络(Recurrent Neural Network,RNN)是一类用于处理序列数据的神经网络。序列数据在日常生活中随处可见，如视频、文本等。本章将介绍两种基于门控的循环神经网络结构，并结合 THUCNews 新闻标题文本分类这一任务对循环神经网络的原理进行解析。此外，本章还将结合具体案例和代码剖析如何使用 PaddlePaddle 搭建循环神经网络。学习本章读者能够：

- 了解循环神经网络的基本概念；
- 了解两种基于门控的循环神经网络结构；
- 使用 PaddlePaddle 搭建双向长短记忆循环神经网络。

4.1 任务描述

卷积神经网络在很多任务中有不错的表现，但其需要固定卷积窗口的大小，导致无法建模更长的序列信息，而循环神经网络恰好可以解决这一问题。在文本分类任务中，实际使用较多的长短期记忆(Long Short Term Memory,LSTM)网络，从某种意义上其原理可以理解为捕获变长的 n 元语言信息。RNN 能够处理变长文本，而 CNN 一般则要按照固定长度对文本进行截取。因此，RNN 是自然语言处理领域的常用模型，常被应用到不同领域，如文本生成、机器翻译、文本分类和情感分析、语音识别、视频理解等。

文本分类是自然语言处理的经典任务之一，是指使用计算机技术将文本数据进行自动化归类识别的任务。文本分类技术经历了从专家系统到机器学习再到深度学习的发展过程。在 20 世纪 80 年代以前，基于规则系统的文本分类方法需要领域专家定义一系列分类规则,通过规则匹配判断文本类别。基于规则的分类方法容易理解,但该方法依赖专家知识,系统构建成本高且可移植性差。20 世纪 90 年代,机器学习技术逐渐走向成熟,出现了许多经典的文本分类算法,如决策树、朴素贝叶斯、支持向量机 、最大熵、最近邻等,这些算法部分克服了上述缺点,一定程度上实现了分类器的自动生成,被广泛应用于各个领域。然而,机器学习方法在构建分类器之前通常需要繁杂的人工特征工程,这限制了其进一步发展。2012 年之后,深度学习算法引起了研究者的广泛关注。深度学习为文本分类提供了一个新的解决方案。相比传统的文本分类方法,深度学习可以直接从输入中学习特征表示,避免复杂的人工特征工程;深度学习简化文本预处理工作,使研究者更专注于数据挖掘算法本身。深度学习模型通过改进表征学习方法和模型结构,能够获得比传统统计学习模型更好的分类性能,比如长短记忆循环神经网络在实际应用中具有较好的分类性能和泛化能力。在本章最后,我们将介绍利用 THUCNews 新闻标题数据集对双向长短记忆神经网络进行训练,从而实现文本分类。

4.2 循环神经网络

前面介绍的多层感知机与卷积神经网络均为前馈神经网络,信息按照一个方向流动。本节介绍另一类在自然语言处理中常用的神经网络——循环神经网络,即信息循环流动。在此主要介绍两种循环网络:循环神经网络和长短记忆神经网络。

4.2.1 RNN 和 LSTM 网络的设计思考

与读者熟悉的卷积神经网络一样,各种形态的神经网络在设计之初,均是针对特定场景的。卷积神经网络适合视觉任务“局部视野”的特点,因为视觉信息是局部有效的。例如,在一张图片的$\frac{1}{4}$区域上有一只小猫,如果将图片$\frac{3}{4}$的内容遮挡,人类依然可以判断这是一只猫。与此类似,RNN 和 LSTM 的设计初衷是为解决部分场景神经网络需要有“记忆”能力的任务。在自然语言处理任务中,往往一段文字中某个词的语义可能与前一段句子的语义相关,只有记住了上下文的神经网络,才能很好地处理句子的语义关系。例如,一边吃着苹果,一边玩着苹果手机。网络只有正确的记忆两个“苹果”的上下文“吃着”和“玩着……手机”,才能正确地识别两个“苹果”的语义,分别是水果和手机品牌。如果网络没有记忆功能,那么两个“苹果”只能归结到更高概率出现的语义上,得到一个相同的语义输出,这显然是不合理的。

如何设计神经网络的记忆功能呢?我们先了解一下 RNN 是如何具备记忆功能的。RNN 将神经网络单元进行横向连接,处理前一部分输入的 RNN 单元不仅有正常的模型输出,还会输出“记忆”传递到下一个 RNN 单元。而处于后一部分的 RNN 单元,不仅仅有来自于任务数据的输入,同时会接收从前一个 RNN 单元传递过来的“记忆”输入,这样就使得整个神经网络具备了“记忆”能力。但是 RNN 只是初步实现了“记忆”功能。在此基础上科学家们又发明了一些 RNN 的变体,来加强网络的记忆能力。但 RNN 对“记忆”能力的设计是比较粗糙的,当网络处理的序列数据过长时,累积的内部信息就会越来越复杂,直到超过网络的承载能力,通俗地说“事无巨细地记录,总有一天大脑会崩溃”。为了解决这个问题,科学家巧妙地设计了一种记忆单元,称为“长短期记忆网络”。在每个处理单元内部,加入了输入门、输出门和遗忘门的设计,三者有明确的任务分工:

- 输入门:控制有多少输入信号会被融合;
- 遗忘门:控制有多少过去的记忆会被遗忘;
- 输出门:控制多少处理后的信息会被输出。

三者的作用与人类的记忆方式有异曲同工之处,即:

- 与当前任务无关的信息会直接被过滤掉,如非常专注地开车时,人们几乎不注意沿途的风景;
- 过去记录的事情不一定都要永远记住,如令人伤心或者不重要的事,通常会很快被淡忘;
- 根据记忆和现实观察进行决策,如开车时会结合记忆中的路线和当前看到的路标,决策转弯或不做任何动作。

了解了这些关于网络设计的本质,下面介绍 RNN 和 LSTM 网络结构。

4.2.2 RNN 结构

RNN 是一个非常经典的面向序列的模型,可以对自然语言句子或其他时序信号进行建模,RNN 网络结构如图 4-1 所示。

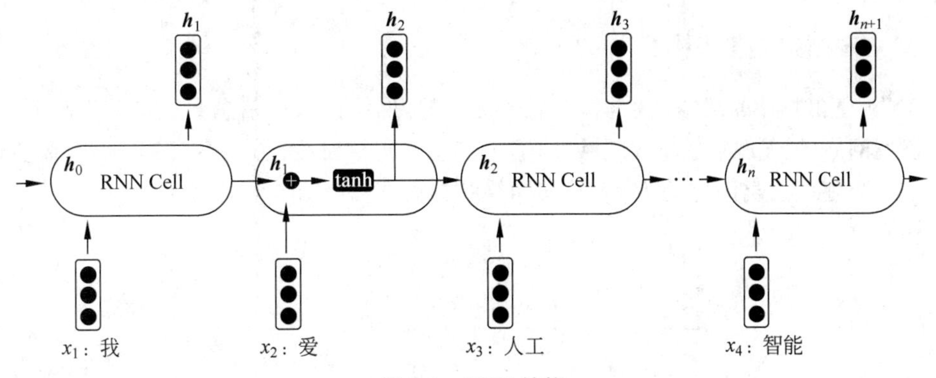

图 4-1　RNN 结构

不同于其他常见的神经网络结构,循环神经网络的输入是一个序列信息。假设给定任意一句话$[x_0, x_1, \cdots, x_n]$,其中每个 x_i 都代表了一个词。例如,“我,爱,人工,智能”。循环神经网络从左到右逐词阅读这个句子,并不断调用一个相同的 RNN Cell 来处理时序信息。每阅读一个词,循环神经网络会先将本次输入的词通过 embedding lookup 转换为一个向量。再把这个词的向量表示和这个模型内部记忆的向量 $\boldsymbol{h}$ 融合起来,形成一个更新的记忆。最后将这个融合后的表示输出出来,作为它当前阅读到的所有内容的语义表示。当循环神经网络阅读过整个句子之后,就可以认为它的最后一个输出状态表示了整个句子的语义信息。听上去很复杂,下面以一个简单的例子来说明,假设输入的句子为

“我,爱,人工,智能”。

循环神经网络开始从左到右阅读这个句子,在未经过任何阅读之前,循环神经网络中的记忆向量是空白的。具体过程如下：

- 网络阅读“我”,并把“我”的向量表示和空白记忆相融合,输出一个向量 $\boldsymbol{h}_1$,用于表示“空白＋我”的语义。
- 网络开始阅读“爱”,这时循环神经网络内部存在“空白＋我”的记忆。循环神经网络会将“空白＋我”和“爱”的向量表示相融合,并输出“空白＋我＋爱”的向量表示 $\boldsymbol{h}_2$,用于表示“我爱”这个短语的语义信息。
- 网络开始阅读“人工”,同样经过融合之后,输出““空白＋我＋爱＋人工”的向量表示 $\boldsymbol{h}_3$,用于表示“空白＋我＋爱＋人工”语义信息。
- 最终在网络阅读了“智能”单词后,便可以输出“我爱人工智能”这一句子的整体语义信息。

在实现当前输入 x_t 和已有记忆 $\boldsymbol{h}_{t-1}$ 融合的时候,循环神经网络采用相加并通过一个激活函数 tanh 的方式实现：

$$\boldsymbol{h}_t=\tanh(\boldsymbol{W}\boldsymbol{X}_t+\boldsymbol{V}\boldsymbol{h}_{t-1}+\boldsymbol{b}) \tag{4-1}$$

其中,$\boldsymbol{X}_t$ 是当前时刻网络的输入值；$\boldsymbol{h}_{t-1}$ 是上一时刻 LTSM 的输出值；$\boldsymbol{W}$ 和 $\boldsymbol{V}$ 是权重矩阵；$\boldsymbol{b}$ 是偏置项。tanh 函数是一个值域为(－1,1)的函数,其作用是长期维持内部记忆在一个固定的数值范围内,防止因多次迭代更新导致数值爆炸。同时 tanh 的导数是一个平滑的函数,会让神经网络的训练变得更加简单。

4.2.3 LSTM 网络结构

RNN 存在明显的缺陷,就是针对较长序列时,网络内部的信息会变得越来越复杂,甚至会超过网络的记忆能力,使得最终的输出信息变得混乱无用。LSTM 网络内部的复杂结构正是为处理这类问题而设计的,其网络结构如图 4-2 所示。

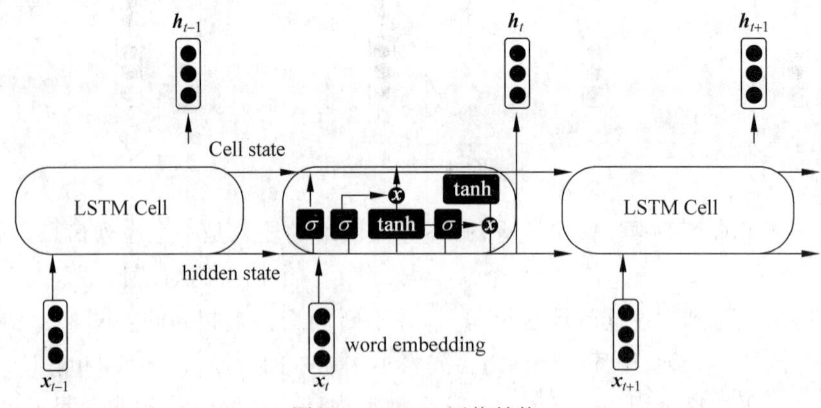

图 4-2　LSTM 网络结构

LSTM 网络结构和循环神经网络非常相似,都是通过不断调用同一个 Cell 来逐次处理时序信息。每阅读一个新单词 $\boldsymbol{x}_t$,就会输出一个新的输出信号 $\boldsymbol{h}_t$,用来表示当前阅读到所有内容的整体向量表示。不过二者又有一个明显区别,长短期记忆网络在不同 Cell

之间传递的是两个记忆信息，而不像循环神经网络那样只有一个记忆信息，此外长短期记忆网络的内部结构也更加复杂，如图 4-3 所示。

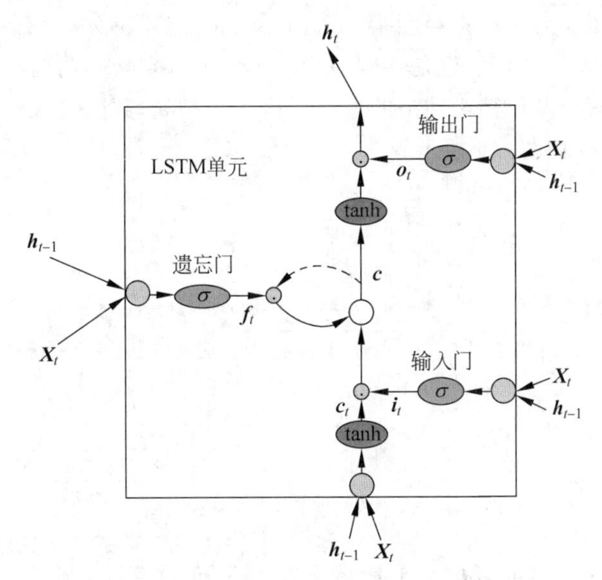

图 4-3　LSTM 网络内部结构示意图

区别于 RNN，LSTM 网络最大的特点是在更新内部记忆时，引入了遗忘机制，即允许网络忘记过去阅读过程中看到的一些无关紧要的信息，只保留有用的历史信息。这种方式可以延长记忆长度。

长短期记忆网络的 Cell 有三个输入：

- 这个网络新看到的输入信号，如下一个单词，记为 $\boldsymbol{x}_{t-1}$，其中 $\boldsymbol{x}_{t-1}$ 是一个向量，$t-1$ 代表了当前时刻。
- 这个网络在上一步的输出信号，记为 $\boldsymbol{h}_{t-1}$，该向量维度与 $\boldsymbol{x}_t$ 相同。
- 这个网络在上一步的记忆信号，记为 $\boldsymbol{c}_{t-1}$，该向量维度与 $\boldsymbol{x}_t$ 相同。

得到这两个信号之后，LSTM 网络没有立即融合这两个向量，而是计算了权重。

- 输入门：$\boldsymbol{i}_t=\mathrm{sigmoid}(\boldsymbol{W}_i\boldsymbol{X}_t+\boldsymbol{V}_i\boldsymbol{h}_{t-1}+\boldsymbol{b}_i)$，控制有多少输入信号会被融合。
- 遗忘门：$\boldsymbol{f}_t=\mathrm{sigmoid}(\boldsymbol{W}_f\boldsymbol{X}_t+\boldsymbol{V}_f\boldsymbol{h}_{t-1}+\boldsymbol{b}_f)$，控制有多少过去的记忆会被遗忘。
- 输出门：$\boldsymbol{o}_t=\mathrm{sigmoid}(\boldsymbol{W}_o\boldsymbol{X}_t+\boldsymbol{V}_o\boldsymbol{h}_{t-1}+\boldsymbol{b}_o)$，控制最终输出多少融合了记忆的信息。
- 单元状态：$\boldsymbol{g}_t=\tanh(\boldsymbol{W}_g\boldsymbol{X}_t+\boldsymbol{V}_g\boldsymbol{h}_{t-1}+\boldsymbol{b}_g)$，输入信号和过去的输入信号做一个信息融合。

通过学习这些门的权重设置，LSTM 网络可以根据当前的输入信号和记忆信息，有选择性地忽略或者强化当前的记忆或输入信号，帮助网络更好地学习长句子的语义信息。

- 记忆信号：$\boldsymbol{c}_t=\boldsymbol{f}_t\cdot\boldsymbol{c}_{t-1}+\boldsymbol{i}_t\cdot\boldsymbol{g}_t$
- 输出信号：$\boldsymbol{h}_t=\boldsymbol{o}_t\cdot\tanh(\boldsymbol{c}_t)$

无论是传统的循环神经网络还是 LSTM 网络，信息流动都是单向的，在一些应用中这并不合适。如对于词性标注任务，一个词的词性不但与其前面的单词及其自身有关，还与其后面的单词有关，但是传统的循环神经网络并不能利用某一时刻后面的信息。为了解决问题，可以使用双向循环神经网络或双向 LSTM 网络，简称 Bi-RNN 或 Bi-LSTM，其中 Bi 代表 Bidirectional。其思想是将同一个输入序列分别接入向前和向后两个循环神经网络中，然后再将两个循环神经网络的隐藏层拼接在一起，共同接入输出层进行预测。双向循环神经网络结构如图 4-4 所示。

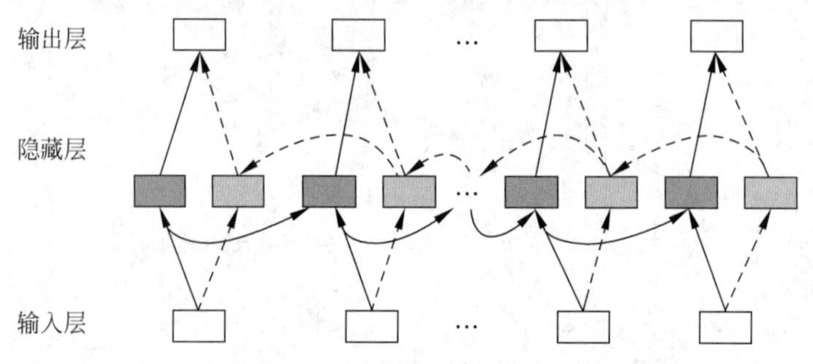

图 4-4　双向循环神经网络结构

另一类对神经网络的改进方式是将多个网络堆叠起来，形成堆叠循环神经网络(Stacked RNN)，如图 4-5 所示。此外，还可以在堆叠循环神经网络的每一层加入一个反向循环神经网络，构成更加复杂的堆叠双向循环神经网络。

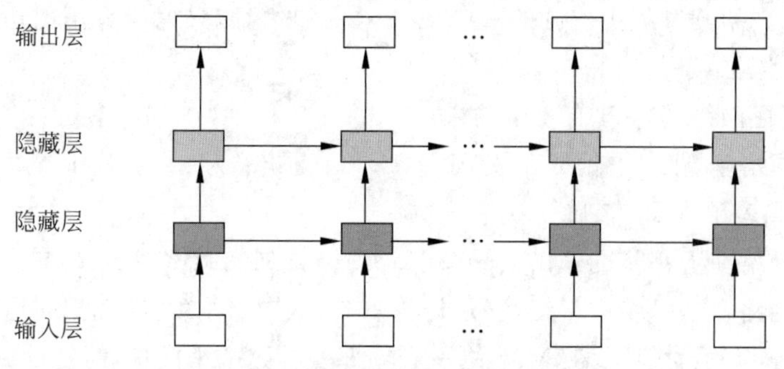

图 4-5　堆叠循环神经网络结构

4.2.4 模型实现

循环神经网络在 PaddlePaddle 的 paddle.nn 包中也有相应的实现，即 SimpleRNN 类。其构成函数至少需要两个参数：input_size 表示每个时刻输入的大小；hidden_size 表示隐藏大小。当调用 RNN 时，输入的格式为(batch, seq_len, input_size)，输出数据有两个，分别为输出序列的隐藏层和最后一个时刻的隐藏层，它们的形状分别为(batch, seq_len, hidden_size)和(1, batch, hidden_size)。模型具体实现代码如下。

```
01. import paddle
02. #定义一个 RNN,每个时刻输入大小为 4,隐藏层大小为 5
03. rnn = paddle.nn.SimpleRNN(4, 5)
```

```
04. #输入一个随机张量,批次为2,每批次3个数据,每个数据的维数为4
05. inputs = paddle.randn((2, 3, 4))
06. #output为输出序列的隐藏层,h为最后一个时刻的隐藏层
07. outputs, h = rnn(inputs)
08. print("输出序列隐藏层: :",outputs)
09. print("最后一个时刻隐藏层::",h)
10. print("输出序列隐藏层形状:",outputs.shape)
11. print("最后一个时刻隐藏层形状:",h.shape)
```

运行结果如下。

```
输出序列隐藏层:: Tensor(shape=[2, 3, 5], dtype=float32, place=CUDAPlace(0),
top_gradient=False,
      [[[-0.50067520, 0.92812634, 0.70942307, -0.54923999, -0.68419397],
        [ 0.35603884, -0.20298812, 0.48820111, 0.23191376, -0.70727503],
        [ 0.04372337, 0.46126467, 0.76632893, 0.26789632, 0.04621258]],

       [[-0.21466155, 0.18099394, 0.63731837, 0.54731256, -0.46913010],
        [-0.20348926, 0.68397719, 0.83773506, -0.21209042, -0.19702014],
        [-0.48665789, 0.30015334, 0.89474469, 0.27087241, -0.88055462]]])
最后一个时刻隐藏层:: Tensor(shape=[1, 2, 5], dtype=float32, place=CUDAPlace(0), stop_
gradient=False,
       [[[ 0.04372337, 0.46126467, 0.76632893, 0.26789632, 0.04621258],
         [-0.48665789, 0.30015334, 0.89474469, 0.27087241, -0.88055462]]])
输出序列隐藏层形状: [2, 3, 5]
最后一个时刻隐藏层形状: [1, 2, 5]
```

当初始化RNN时,还可通过设置其他参数修改网络的结构,direction=forward(网络迭代方向,可设置为forward或bidirect,默认为forward)、num_layers(堆叠的循环神经网络层数,默认为1)等。paddle.nn包中还提供LSTM类,其初始化的参数以及输入数据与RNN相同,不同之处在于其输出数据除了最后一个时刻的隐藏层$\boldsymbol{h}_n$,还输出了最后一个时刻的记忆细胞$\boldsymbol{c}_n$,代码如下。

```
01. import paddle
02. #定义一个LSTM,每个时刻输入大小为4,隐藏层大小为5
03. lstm = paddle.nn.LSTM(4, 5)
04. #输入一个随机张量,批次为2,每批次3个数据,每个数据的维数为4
05. inputs = paddle.randn((2, 3, 4))
06. #output为输出序列的隐藏层,hn为最后一个时刻的隐藏层,cn为最后一个时刻的记忆细胞
07. outputs, (h,c) = lstm(inputs)
08. print("输出序列隐藏层::",outputs)
09. print("最后一个时刻隐藏层::",h)
10. print("最后一个时刻记忆细胞::",c)
11. print("输出序列隐藏层形状:",outputs.shape)
12. print("最后一个时刻隐藏层形状:",h.shape)
13. print("最后一个时刻记忆细胞形状:",c.shape)
```

运行结果如下。

```
W0118 21:42:10.245844   140 device_context.cc:447] Please NOTE: device: 0, GPU Compute
Capability: 7.0, Driver API Version: 10.1, Runtime API Version: 10.1
W0118 21:42:10.251276   140 device_context.cc:465] device: 0, cuDNN Version: 7.6.
输出序列隐藏层:: Tensor(shape = [2, 3, 5], dtype = float32, place = CUDAPlace(0), stop_
gradient = False,
    [[[ 0.00953704, -0.03656423, -0.08778162, 0.03077614, -0.14915287],
      [ 0.17521162, -0.12877813, 0.02627563, 0.18840218, -0.38415053],
      [-0.12103043, -0.29544434, -0.01760303, -0.04852673, 0.18055560]],

    [[-0.01307330, -0.05082751, -0.08664140, -0.01149094, -0.14354698],
      [-0.00403748, -0.08037601, -0.07809675, 0.04371205, -0.26156619],
      [-0.05829428, -0.18454742, -0.00544388, 0.06595725, -0.11454192]]])
最后一个时刻隐藏层:: Tensor(shape = [1, 2, 5], dtype = float32, place = CUDAPlace(0), stop_
gradient = False,
    [[[-0.12103043, -0.29544434, -0.01760303, -0.04852673, 0.18055560],
      [-0.05829428, -0.18454742, -0.00544388, 0.06595725, -0.11454192]]])
最后一个时刻记忆细胞:: Tensor(shape = [1, 2, 5], dtype = float32, place = CUDAPlace(0),
stop_gradient = False,
    [[[-0.50745881, -0.54911768, -0.03834311, -0.22713538, 0.26740950],
      [-0.17223501, -0.32756516, -0.01162401, 0.18612161, -0.16673841]]])
输出序列隐藏层形状: [2, 3, 5]
最后一个时刻隐藏层形状: [1, 2, 5]
最后一个时刻记忆细胞形状: [1, 2, 5]
```

视频讲解

4.3 案例：基于 THUCNews 新闻标题的文本分类

在深度学习领域，文本分类是指人们使用计算机技术将文本数据进行自动化归类的任务，是自然语言处理(NLP)的经典任务之一。当前文本分类技术已经在互联网业务中广泛应用，例如，在资讯领域应用文本分类技术，可以自动对新闻资源进行主题划分(娱乐、社会、科学、历史、军事等)。

本节利用 PaddlePaddle 框架搭建双向长短期记忆神经网络，实现新闻标题的文本分类。本案例旨在通过新闻标题文本识别来让读者对文本分类问题有初步了解，同时理解和掌握如何使用 PaddlePaddle 搭建一个经典的双向长短期记忆神经网络。本实验支持在实训平台或本地环境操作，建议使用实训平台。

- 实训平台：如果选择在实训平台上操作，无须安装实验环境。实训平台集成了实验必需的相关环境，代码可在线运行，同时还提供了免费算力，即使实现复杂模型也无算力之忧。
- 本地环境：如果选择在本地环境上操作，需要安装 Python 3.7、飞桨开源框架等实验必需的环境，具体要求及实现代码请参见百度 PaddlePaddle 官方网站。

4.3.1 方案设计和整体流程

本案例的任务实现方案如图 4-6 所示，模型的输入为新闻标题的文本，模型的输出是新闻文本分类标签。首先，需要对输入的新闻文本进行数据预处理，包括分词、构建词表、过长文本截断、过短文本填充等；然后使用 LSTM 网络对文本序列进行编码，获得文本的语义向量表示；最后经过全连接层和 Softmax 处理得到各个新闻类别的概率。

基于 LSTM 网络的文本分类模型如图 4-6 所示，包含如下 6 个步骤：

- 数据预处理：根据模型接收的数据格式，完成相应的预处理操作，保证模型正常读取；
- 模型构建：设计文本分类模型，判断新闻类别；
- 训练配置：实例化模型，选择模型计算资源，指定模型迭代的优化算法；
- 训练与评估：执行多轮训练不断调整参数，以达到最优的效果；对训练好的模型进行评估测试，观察评估指标；
- 模型保存：将模型参数保存到指定位置，便于后续推理或继续训练使用；
- 模型推理：选取一段新闻标题文本数据，通过模型推理出新闻所属的类别。

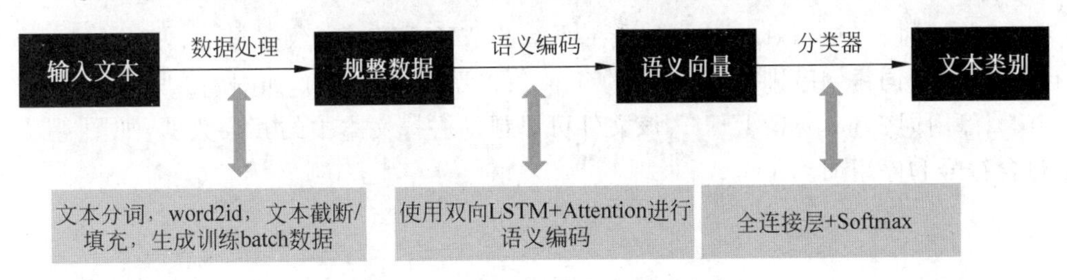

图 4-6 新闻文本分类任务设计方案

注意：不同的深度学习任务，使用深度学习框架的代码结构基本相似。读者掌握了一个任务的实现方法，便很容易在此基础上举一反三。用户使用深度学习框架可以屏蔽底层实现，而只需要关注模型的逻辑结构。同时，深度学习框架简化了计算和降低了深度学习入门门槛。

4.3.2 数据预处理

数据预处理部分包含数据集简介、数据集下载、读取数据至内存、转换数据格式并组装数据为 mini-batch 形式，以便模型处理。数据处理的总体流程如图 4-7 所示。

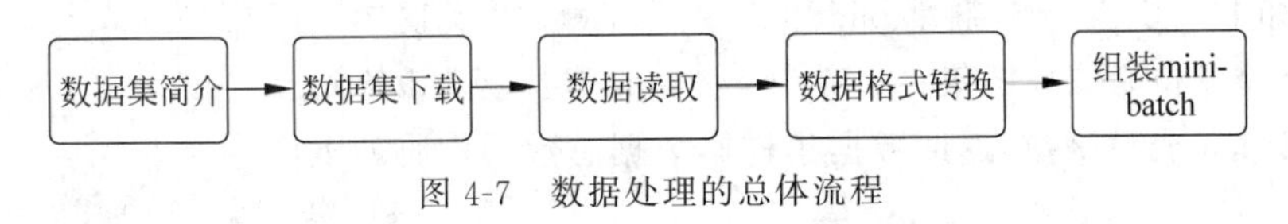

图 4-7 数据处理的总体流程

1. 数据集介绍

THUCNews 数据集根据新浪新闻 RSS 订阅频道 2005—2011 年的历史数据筛选过滤生成，包含 74 万篇新闻文档(2.19GB)，均为 UTF-8 纯文本格式。在原始新浪新闻分类体系的基础上,重新整合划分出14个候选分类类别:财经、彩票、房产、股票、家居、教育、科技、社会、时尚、时政、体育、星座、游戏、娱乐。THUCNews数据集较大,本案例使用的数据集是从原数据集中按照一定的比例提取的新闻标题数据,并进行了相应的格式处理。数据集包含如下四个文件。

(1) 训练集train.txt和验证集文件dev.txt。该文件包含约27.1万条训练数据样本和约8.8万条验证数据样本,包括新闻标题内容、所属类别,如图4-8所示。

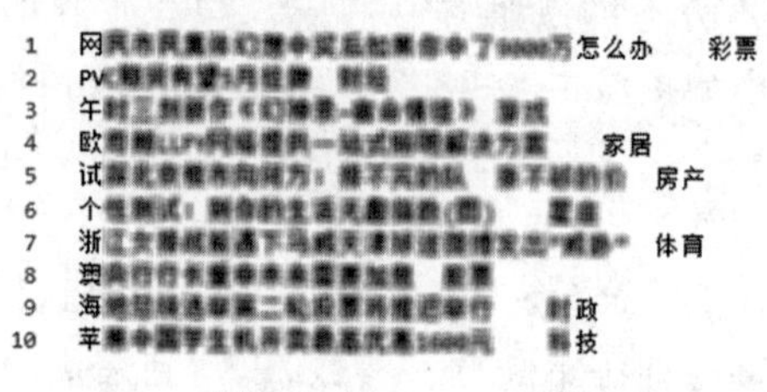

图4-8 train.txt文件

(2) 测试集test.txt。该文件包含约6.7万条测试样本,格式与训练集类似,但没有所属类别。

(3) 单词词表dict.txt。该文件是在原始的THUCNews数据集上,使用jieba模型进行分词,统计词频倒序排序后,选取约Top 7.9万的词构成的,如图4-9所示。

(4) 停用词表stopword.txt。该文件可以帮助去掉文本中的冗余数据,如图4-10所示,包含符号和停用词。

图4-9 单词词表dict.txt文件

图4-10 停用词表

2. 加载自定义数据集

由于数据集已经下载成相应文件,数据预处理首先是加载自定义数据集NewsData,具体实现如下:①定义类,继承paddle.io.Dataset;②实现构造函数_init_,定义数据读取方式,划分训练和测试数据集;③实现getitem成员函数,定义指定index时如何获取数据;④实现len成员函数,返回数据集样本数据总数。代码如下所示。

```
01. import os
02. import time
03. from collections import Counter
04. from itertools import chain
```

```
05. from paddlenlp.data import Stack, Pad, Tuple
06. import jieba
07. from functools import partial
08. import paddlenlp
09. from paddlenlp.datasets import MapDataset
10. import numpy as np
11. import paddle
12.
13. class NewsData(paddle.io.Dataset):
14.     def __init__(self, data_path, mode = "train"):
15.         is_test = True if mode == "test" else False
16.         #{item:index}例如{股票:3}
17.         self.label_map = { item:index for index, item in enumerate(self.label_list)}
18.         self.examples = self._read_file(data_path, is_test)
19.
20.     def _read_file(self, data_path, is_test):
21.         examples = []
22.         with open(data_path, 'r', encoding = 'utf-8') as f:
23.             for line in f:
24.                 if is_test:
25.                     text = line.strip()
26.                     examples.append((text,))
27.                 else:
28.                     text, label = line.strip('\n').split('\t')
29.                     #对新闻类型字典的访问,例如 label 为股票,返回 3
30.                     label = self.label_map[label]
31.                     examples.append((text, label))
32.         return examples
33.
34.     def __getitem__(self, idx):
35.         return self.examples[idx]
36.
37.     def __len__(self):
38.         return len(self.examples)
39.
40.     #加了@property,方法 label_list 当属性用,调用时不要加()
41.     @property
42.     def label_list(self):
43.         return ['财经', '彩票', '房产', '股票', '家居', '教育', '科技', '社会', '时尚', '时
    政', '体育', '星座', '游戏', '娱乐']
44.
45. # Loads dataset.
46. train_ds = NewsData("work/data/train.txt", mode = "train")
47. dev_ds = NewsData("work/data/dev.txt", mode = "dev")
48. test_ds = NewsData("work/data/test.txt", mode = "test")
49.
```

```
50. print("Train data:")
51. for text, label in train_ds[:5]:
52.     print(f"Text: {text}; Label ID {label}")
53.
54. print()
55. print("Test data:")
56. for text, in test_ds[:5]:
57.     print(f"Text: {text}")
```

3. 数据格式转换

神经网络模型无法直接处理文本数据。在自然语言处理中,常规的做法是先将文本进行分词,然后将每个词映射为该词在词典中的id,以实现后续模型根据id找到该词的词向量。其实现过程如下:①因为数据集本身是中文语料,所以使用jieba进行分词;②组建词汇表。

创建词汇表或者字典步骤如下:

- 统计训练语料中的单词的频率,然后根据频率大小生成词典,频率高的词在词典的前边,频率低的词在词典的后边。
- 添加单词"[oov]",它表示词表中没有覆盖到的词,即模型在预测时,很可能遇到词表中没有的单词,这样的单词也叫未登录词,这时候会将未登录词统一映射为"[oov]"。
- 添加单词"[pad]",它用于填充文本到指定的文本长度,以便每次传入到模型中的一批文本的长度是一致的。

代码如下所示。

```
01. def sort_and_write_words(all_words, file_path):
02. #words是所有语料构成的list.allwords: [[标题1分词结果],[标题2分词结果],...] ->
    words:[]
03.   words = list(chain( * all_words))
04.   words_vocab = Counter(words).most_common()
05.   with open(file_path, "w", encoding = "utf8") as f:
06.       f.write('[UNK]\n[PAD]\n')
07.       # filter the count of words below 5
08.       # 过滤低频词,词频<5
09.       for word, num in words_vocab:
10.           if num < 5:
11.              continue
12.           f.write(word + "\n")
13.
14. #遍历train,dev,test三个文件,去掉文件中的空格
15. (root, directory, files), = list(os.walk("./work/data"))
16. all_words = []
17. for file_name in files:
18.   with open(os.path.join(root, file_name), "r", encoding = "utf8") as f:
```

```
19.         for line in f:
20.             if file_name in ["train.txt", "dev.txt"]:
21.                 text, label = line.strip().split("\t")
22.             elif file_name == "test.txt":
23.                 text = line.strip()
24.             else:
25.                 continue
26.             words = jieba.lcut(text)
27.             #去掉空字符,实现字典中没有空字符
28.             words = [word for word in words if word.strip() != '']
29.             all_words.append(words)
30.
31. # 写入词表,制作字典
32. print(all_words[0:2])
33. sort_and_write_words(all_words, "work/data/vocab.txt")
```

4. 组装 mini-batch

在训练模型时,通常将数据分批传入模型进行训练,每批数据作为一个批次(mini-batch)。所以需要将所有数据按批次划分,每个批次的数据包含两部分:文本数据和文本对应的分类标签 label。但是这里涉及一个问题,一个批次的数据中通常包含若干文本,每条文本的长度不一致,这样就会给模型训练带来困难。通常的做法是设定一个最大长度 max_seq_len,对于大于该长度的文本进行截断,小于该长度的文本使用"[pad]"进行填充。这样就能将每个 Batch 的所有文本长度进行统一,以便模型训练。下面的代码使用 batchify_fn 函数提供的方法将两个文本数据整理成神经网络模型需要的输入格式,如图 4-11 所示。同时,batchify_fn 函数会调用 paddlenlp. data 的一些 API,详情如表 4-1 所示。

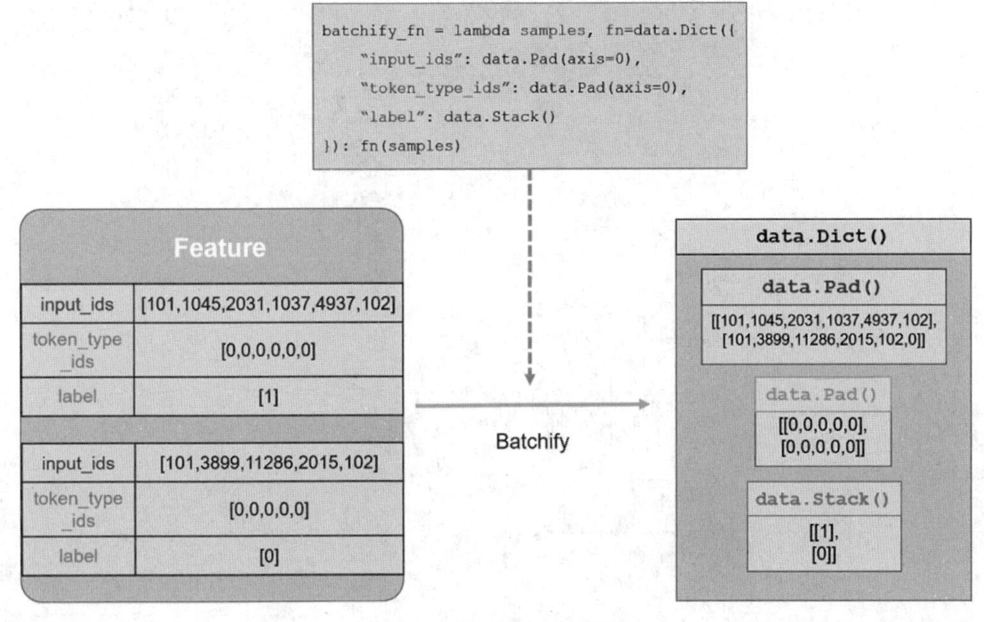

图 4-11 batchify_fn 详解

表 4-1 paddlenlp. data 简介

API	简　介
paddlenlp. data. Stack	堆叠 N 个具有相同 shape 的输入数据来构建一个 batch
paddlenlp. data. Pad	将长度不同的多个句子 padding 到统一长度，取 N 个输入数据中的最大长度
paddlenlp. data. Tuple	将多个 batchify 函数包装在一起

具体实现代码如下所示。

```
01. def read_vocab(vocab_path):
02.     vocab = {}
03.     with open(vocab_path, "r", encoding = "utf8") as f:
04.         for idx, line in enumerate(f):
05.             word = line.strip("\n")
06.             vocab[word] = idx
07.
08.   return vocab
09.
10. def convert_example(example, vocab, stop_words, is_test = False):
11.   """
12.   Builds model inputs from a sequence for sequence classification tasks.
13.   It use `jieba.cut` to tokenize text.
14.
15.   Args:
16.       example(obj:`list[str]`): List of input data, containing text and label if it have
    label.
17.       tokenizer(obj: paddlenlp.data.JiebaTokenizer): It use jieba to cut the chinese
    string.
18.     is_test(obj:`False`, defaults to `False`): Whether the example contains label or not.
19.
20.   Returns:
21.     input_ids(obj:`list[int]`): The list of token ids.
22.     valid_length(obj:`int`): The input sequence valid length.
23.       label(obj:`numpy.array`, data type of int64, optional): The input label if not is_
    test.
24.   """
25.   if is_test:
26.       text, = example
27.   else:
28.       text, label = example
29.
30.   input_ids = []
31.   for word in jieba.cut(text):
32.       if word in vocab and word not in stop_words:
33.           word_id = vocab[word]
34.           input_ids.append(word_id)
35.       elif word in vocab and word in stop_words:
36.           continue
```

```
37.         elif word not in vocab:
38.             word_id = vocab["[UNK]"]
39.             input_ids.append(word_id)
40.
41.     # assert len(input_ids) != 0
42.     valid_length = np.array(len(input_ids), dtype='int64')
43.     input_ids = np.array(input_ids, dtype='int64')
44.
45.     if not is_test:
46.         label = np.array(label, dtype="int64")
47.         return input_ids, valid_length, label
48.     else:
49.         return input_ids, valid_length
50.
51. def create_dataloader(dataset,
52.                       trans_fn=None,
53.                       mode='train',
54.                       batch_size=1,
55.                       use_gpu=False,
56.                       batchify_fn=None):
57.     if trans_fn:
58.         dataset = MapDataset(dataset)
59.         dataset = dataset.map(trans_fn)
60.
61.     if mode == 'train' and use_gpu:
62.         sampler = paddle.io.DistributedBatchSampler(
63.             dataset=dataset, batch_size=batch_size, shuffle=True)
64.     else:
65.         shuffle = True if mode == 'train' else False
66.         sampler = paddle.io.BatchSampler(
67.             dataset=dataset, batch_size=batch_size, shuffle=shuffle)
68.     dataloader = paddle.io.DataLoader(
69.         dataset,
70.         batch_sampler=sampler,
71.         return_list=True,
72.         collate_fn=batchify_fn)
73.     return dataloader
74.
75. vocab = read_vocab("work/data/vocab.txt")
76. stop_words = read_vocab("work/data/stop_words.txt")
77.
78. batch_size = 128
79. epochs = 2
80. #partial偏函数,函数的辅佐,第一个参数是原函数,后面参数都是原函数的参数 func =
    functools.partial(func, *args, **keywords)
81. trans_fn = partial(convert_example, vocab=vocab, stop_words=stop_words, is_test=
    False)
82.
83. batchify_fn = lambda samples, fn=Tuple(
```

```
84.   Pad(axis = 0, pad_val = vocab.get('[PAD]', 0)), # input_ids
85.   Stack(dtype = "int64"), # seq len
86.   Stack(dtype = "int64") # label
87. ): [data for data in fn(samples)]
88. train_loader = create_dataloader(
89.   train_ds,
90.   trans_fn = trans_fn,
91.   batch_size = batch_size,
92.   mode = 'train',
93.   use_gpu = True,
94.   batchify_fn = batchify_fn)
95. dev_loader = create_dataloader(
96.   dev_ds,
97.   trans_fn = trans_fn,
98.   batch_size = batch_size,
99.   mode = 'validation',
100.   use_gpu = True,
101.   batchify_fn = batchify_fn)
```

4.3.3 模型构建

1. 模型结构

4.3.2节已经完成了数据预处理部分，接下来将构建模型。本节将利用长短时记忆网络(LSTM)进行文本分类建模。LSTM模型是一个时序模型，如图4-12所示，每个时间步骤接收当前的单词输入和上一步的状态进行处理，同时每个时间步骤会输出一个单词和当前步骤的状态。每个时间步骤在时序上可看作对应着一个LSTM单元，它对应着两个状态：单元状态和隐状态。其中，单元状态代表遗忘之前单元信息并融入新的单词信息后，当前LSTM单元的状态；隐状态是单元状态对外的输出状态，每个时间步骤生成单词时利用的就是隐状态。LSTM会根据时序关系依次处理每个时间步骤的输入，在将一个文本的所有单词全部传入LSTM模型后，LSTM模型最后输出的隐状态可以被看作是融合了之前所有单词的状态向量，因此这个状态变量也可以视为整串文本的语义向量。将这个语义向量传入到线性层，再经过Softmax处理后便可得到文本属于新闻类别的概率。

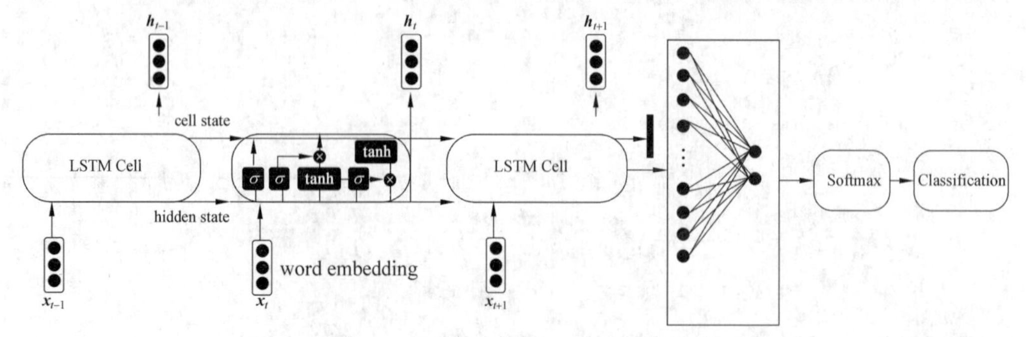

图4-12　文本分类模型网络结构示意图

2. 模型计算

在了解了本案例建模的大致流程后，本节详细剖析其计算过程，如图 4-13 所示。

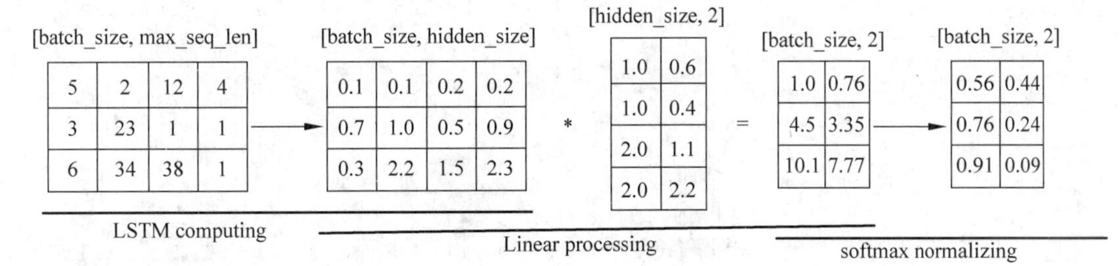

图 4-13　模型计算过程

模型训练时通常以 Batch 的形式按批训练模型，每个 Batch 包含训练文本和文本对应的分类标签。假设当前 Batch 的训练文本数据的 shape 为[batch_size, max_seq_len]，它代表本次迭代训练语料共有 batch_size 个，每条语料长度均为 max_seq_len。这里需要注意，该文本数据从数据处理阶段获得，已经将单词映射为字典 id。

模型的输入包含两个部分，训练文本和文本对应的分类标签。模型在计算之前，需要将训练文本中每个单词的 id 转换为词向量(也称为 word embedding)，这个根据单词 id 查找词向量的操作称为 embedding lookup。在实现过程中，本节将利用 PaddlePaddle 提供的 paddle.nn.Embedding，通过这个类能够很方便地根据单词 id 查找词向量，假设词向量的维度为 embedding_size，则以上[batch_size, max_seq_len]的文本数据在映射之后，将变成[batch_size, max_seq_len, embedding_size]的向量，它代表每个训练 Batch 共 batch_size 条文本，每个文本长度均包含 max_seq_len 个单词，每个单词的维度为 embedding_size。

在映射完词向量之后，便可以将 Batch 数据[batch_size, max_seq_len, embedding_size]传入给 LSTM 模型，这里将借助 paddle.nn.LSTM 进行建模，在计算之后，便可得到该 Batch 文本对应的语义向量，假设该语义向量的维度为 hidden_size，其 shape 为[batch_size, hidden_size]，它代表共有 batch_size 个语义向量，即每条文本对应一个语义向量，每个向量维度为 hidden_size。

将该语义向量传入线性层中，经过矩阵计算便可得到一个 2 维向量。具体来讲，语义向量的 shape 为[batch_size, hidden_size]，线性层的权重 shape 为[hidden_size,2]，这里的 2 是假设数据集是个 2 分类任务，在两者进行矩阵相乘后，便可得到[batch_size,2]的矩阵。

将此[batch_size,2]的矩阵通过 Softmax 进行归一化处理，每个数字取值范围为[0, 1]。

文本分类模型 LSTMModel 实现代码如下所示。

```
01. import paddle.nn as nn
02. import paddle.nn.functional as F
03.
```

```
04. class LSTMModel(nn.Layer):
05.     def __init__(self,
06.                  vocab_size,
07.                  num_classes,
08.                  emb_dim = 128,
09.                  padding_idx = 0,
10.                  lstm_hidden_size = 198,
11.                  direction = 'forward',
12.                  lstm_layers = 1,
13.                  dropout_rate = 0.0,
14.                  pooling_type = None,
15.                  fc_hidden_size = 96):
16.         super().__init__()
17.
18.         # 首先将输入 word id 查表(embedding_lookup)后映射成 Word Embedding
19.         self.embedder = nn.Embedding(
20.             num_embeddings = vocab_size,
21.             embedding_dim = emb_dim,
22.             padding_idx = padding_idx)
23.
24.         # 将 Word Embedding 经过 LSTMEncoder 变换到文本语义表征空间中
25.         self.lstm_encoder = paddlenlp.seq2vec.LSTMEncoder(
26.           emb_dim,
27.           lstm_hidden_size,
28.           num_layers = lstm_layers,
29.           direction = direction,
30.           dropout = dropout_rate,
31.           pooling_type = pooling_type)
32.
33.         # LSTMEncoder.get_output_dim()方法可以获取经过 Encoder 之后的文本表示 hidden_
    size,这里觉得是个全连接层
34.         self.fc = nn.Linear(self.lstm_encoder.get_output_dim(), fc_hidden_size)
35.
36.         # 最后的分类器
37.         self.output_layer = nn.Linear(fc_hidden_size, num_classes)
38.
39.     def forward(self, text, seq_len):
40.         # Shape: (batch_size, num_tokens, embedding_dim)
41.         embedded_text = self.embedder(text)
42.
43.         # Shape: (batch_size, num_tokens, num_directions * lstm_hidden_size)
44.         # num_directions = 2 if direction is 'bidirectional' else 1
45.         text_repr = self.lstm_encoder(embedded_text, sequence_length = seq_len)
46.
47.
48.         # Shape: (batch_size, fc_hidden_size)
49.         fc_out = paddle.tanh(self.fc(text_repr))
```

```
50.
51.         # Shape: (batch_size, num_classes)
52.         logits = self.output_layer(fc_out)
53.         return logits
54.
55. model = LSTMModel(
56.         len(vocab),
57.         len(train_ds.label_list),
58.         direction = 'bidirectional',
59.         padding_idx = vocab['[PAD]'])
60. model = paddle.Model(model)
```

以上代码涉及两个类 paddle. nn. Embedding 和 paddle. nn. LSTM。其中，paddle. nn. Embedding(num_embeddings, embedding_dim, padding_idx=None, sparse=False, weight_attr=None, name=None)函数参数含义如下。

num_embeddings (int) 指嵌入字典的大小，input 中的 id 必须满足 0=< id < num_embeddings。

embedding_dim (int) 指每个嵌入向量的维度。

padding_idx (int|long|None)。padding_idx 的配置区间为 [-weight. shape[0], weight. shape[0]]，如果配置了 padding_idx，那么在训练过程中遇到此 id 时会被用。

sparse (bool) 指是否使用稀疏更新，在词嵌入权重较大的情况下，使用稀疏更新能够获得更快的训练速度及更小的内存/显存占用。

weight_attr (ParamAttr|None) 指定嵌入向量的配置，包括初始化方法，具体用法请参见 ParamAttr，一般无须设置，默认值为 None。

另外，paddle. nn. LSTM(input_size, hidden_size, num_layers=1, direction='forward', dropout=0., time_major=False, weight_ih_attr=None, weight_hh_attr=None, bias_ih_attr=None, bias_hh_attr=None)函数关键参数含义如下。

input_size (int) 指输入的大小。

hidden_size (int) 指隐藏状态大小。

num_layers (int，可选) 指网络层数。默认为 1。

direction (str，可选) 指网络迭代方向，可设置为 forward 或 bidirect(或 bidirectional)。默认为 forward。

time_major (bool，可选) 指定 input 的第一个维度是否是 time steps。默认为 False。

dropout (float，可选) 指 dropout 概率，指的是出第一层外每层输入时的 dropout 概率。默认为 0。

weight_ih_attr (ParamAttr，可选) 指 weight_ih 的参数。默认为 None。

weight_hh_attr (ParamAttr，可选) 指 weight_hh 的参数。默认为 None。

bias_ih_attr (ParamAttr，可选) 指 bias_ih 的参数。默认为 None。

bias_hh_attr (ParamAttr，可选) 指 bias_hh 的参数。默认为 None。

4.3.4 训练配置、过程和模型保存

本节使用 PaddlePaddle 提供的高级 API 函数完成训练配置、过程和模型保存：①指定优化器：paddle. optimizer. Adam()；②指定 Loss 计算方法：paddle. nn. CrossEntropyLoss()；③指定评估指标：paddle. metric. Accuracy()；④按照训练的轮次和数据批次迭代训练：model. fit()。模型训练模型之后模型参数会自动保存在 ckpt 文件夹下，具体如下代码所示。

```
01. optimizer = paddle.optimizer.Adam(
02.     parameters = model.parameters(), learning_rate = 5e - 4)
03. # Defines loss and metric
04. criterion = paddle.nn.CrossEntropyLoss()
05. metric = paddle.metric.Accuracy()
06. model.prepare(optimizer, criterion, metric)
07.
08. # Starts training and evaluating
09. model.fit(train_loader, dev_loader, epochs = epochs, save_dir = './ckpt')
```

4.3.5 模型推理

训练模型之后，可以利用当前训练的模型对测试集数据进行预测，并写入预测结果至 result. txt 文件中。代码如下所示。

```
01. def write_results(labels, file_path):
02.     with open(file_path, "w", encoding = "utf8") as f:
03.         f.writelines("\n".join(labels))
04.
05. test_batchify_fn = lambda samples, fn = Tuple(
06.     Pad(axis = 0, pad_val = vocab.get('[PAD]', 0)), # input_ids
07.     Stack(dtype = "int64"), # seq len
08. ): [data for data in fn(samples)]
09. test_loader = create_dataloader(
10.     test_ds,
11.     trans_fn = partial(convert_example, vocab = vocab, stop_words = stop_words, is_test =
    True),
12.     batch_size = batch_size,
13.     mode = 'test',
14.     use_gpu = True,
15.     batchify_fn = test_batchify_fn)
16.
17. # Does predict
18. results = model.predict(test_loader)
19. inverse_lable_map = {value:key for key, value in test_ds.label_map.items()}
20. all_labels = []
21. for batch_results in results[0]:
```

```
22.    label_ids = np.argmax(batch_results, axis = 1).tolist()
23.    labels = [inverse_lable_map[label_id] for label_id in label_ids]
24.    all_labels.extend(labels)
25.
26. write_results(all_labels, "./result.txt")
```

4.4　本章小结

本章首先介绍了自然语言处理中的基础任务——文本分类，以及该任务的简介、综述和研究意义。其次，介绍了循环神经网络的基本概念、长短记忆循环神经网络、门控循环神经网络。最后，介绍了利用 PaddlePaddle 框架搭建双向长短记忆神经网络，实现新闻标题的文本分类。本实践旨在通过新闻标题文本识别来让读者对文本分类问题有一个初步了解，同时掌握如何使用 PaddlePaddle 搭建一个经典的双向长短记忆神经网络。

第 5 章

注意力模型

深度学习中的注意力机制(Attention Mechanism)是从人类注意力机制中获取的灵感。人的大脑在接收外界多种多样的信息中,只关注重要的信息,而忽略无关紧要的信息,这就是注意力的体现。注意力机制能帮助神经网络选择关键重要的信息进行处理,不仅能减小神 经网络中的计算量,而且使模型能作出更加准确的预测。本章将首先介绍注意力机制的原理,接着介绍基于自注意力机制的 Transformer 模型及其实现,最后详细介绍 PaddlePaddle 在基于 seq2seq 的对联生成问题中的实际应用。学习本章,希望读者能够:

- 理解注意力机制的基本原理;
- 掌握自注意力机制的基本原理及 Transformer 模型结构;
- 使用 PaddlePaddle 搭建简单的 Transformer 模型。

5.1 任务简介

古诗和对联是中国文化的精髓。古诗一般被用来歌颂英雄人物、美丽的风景、爱情、友谊等。古诗被分为很多类,例如,唐诗、宋词、元曲等,每种古诗都有自己独特的结构、韵律。表 5-1 展示了一种中国古代最流行的古诗体裁——唐诗绝句。绝句在结构和韵律上具有严格的规则:每首诗由 4 行组成,每一行有 5 个或者 7 个汉字(5 个汉字称为五言绝句,7 个汉字称为七言绝句);每个汉字音调要么是平,要么是仄;诗的第二行和最后一行的最后一个汉字必须同属一个韵部。正因为绝句在结构和韵律上具有严格的限制,所以好的绝句朗诵起来具有很强的节奏感。

表 5-1　唐诗绝句《望庐山瀑布》

绝　句	韵　律
日照香炉生紫烟	(仄仄平平平仄平)
遥看瀑布挂前川	(平仄仄仄仄平平)
飞流直下三千尺	(平平平仄平平仄)
疑是银河落九天	(平仄平平仄仄平)

对联一般在春节、婚礼、贺岁等场合下写于红纸贴于门墙上，代表人们对美好生活的祝愿。表 5-2 展示了一副中国对联。对联分为上联和下联，上下联具有严格的约束，在结构上要求长度一致，语义上要求词性相同，音调上要求仄起平落。如表 5-2 中的对联长度一致，即汉字个数相同；语义相对，"一帆风顺"对"万事如意"，"年年好"对"步步高"；在最后一个字符的音调上仄起平落，"好"是仄，"高"是平，因此好的对联读起来会感觉朗朗上口。

表 5-2　中国对联

对　联	韵　律
一帆风顺年年好	(仄平平仄平平仄)
万事如意步步高	(仄仄平仄仄仄平)

在自然语言处理中，古诗和对联的自动生成一直是研究的热点。近几年，古诗和对联的自动生成研究得到了学术界的广泛关注。科研工作者们采用了各种方法研究古诗和对联的生成，包括采用规则和模板的方式、采用文本生成算法、采用自动摘要的方法、采用统计机器翻译的方法等。最近，深度学习方法被广泛地应用于古诗和对联生成任务上，并取得了很大成效。主要采用序列到序列循环神经网络和卷积神经网络模型来生成古诗和对联，此类方法在古诗和对联生成任务上取得了很大的进步，但也存在着一定的问题：如采用的单任务模型，则泛化能力低；在古诗生成上如输入现代词汇，则系统就会出现问题。此外，此类方法在生成时，需要限制用户的输入，当输入符合条件时才能创作，如此增加了用户使用的难度。基于卷积或循环网络的序列是一种局部的编码方式，只建模了输入信息的局部依赖关系. 虽然循环网络在理论上可以建立长距离依赖关系，但是由于信息传递的容量以及梯度消失问题，实际上也只能建立短距离的依赖关系。如果要建立输入序列之间的长距离依赖关系，可以使用注意力机制来解决问题。5.2 节对将注意力机制进行介绍，5.3 节给出基于注意力机制的古诗和对联任务的设计方案。

5.2　注意力机制

为了解决序列到序列模型记忆长序列能力不足的问题(如机器翻译问题)，一个非常直观的想法是当生成一个目标语言单词时，不光考虑前一个时刻的状态和已经生成的单词，还考虑当前要生成的单词和源语言句子中的那些单词，即更关注源语言的那些词，这种做法叫作注意力机制。注意力模型已被广泛地应用在自然语言处理、语音识别、图像识别等任务中，本节从注意力机制原理、自注意力机制、多头注意力机制和 Transformer 模型四个方面介绍相关理论。

5.2.1 注意力机制原理

在人类认识事物和阅读文本的过程中,总会有选择性地关注全局的部分信息,获得需要重点关注的目标区域,而抑制其他无用信息,这种方式是注意力机制在认知科学中的体现。深度学习中的注意力机制与之相似,目标是从全部信息中选择对当前任务更关键的信息。

假设 N 个输入信息 $\boldsymbol{X}=[\boldsymbol{x}_1,\boldsymbol{x}_2,\cdots,\boldsymbol{x}_N]$,给定查询向量 $\boldsymbol{q}$,定义选择第 i 个输入信息的概率注意力分布为 α_i。如图 5-1 所示,注意力机制分布的计算可以分为:

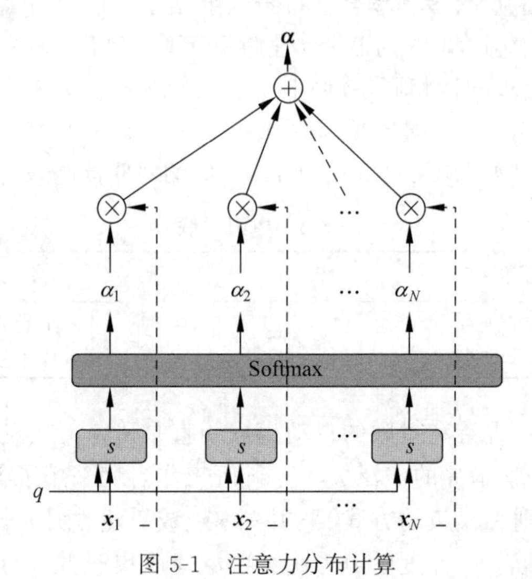

图 5-1 注意力分布计算

(1) 注意力分布计算,公式如下

$$\alpha_i=\mathrm{Softmax}(\boldsymbol{s}(\boldsymbol{x}_i,\boldsymbol{q}))=\frac{\exp(\boldsymbol{s}(\boldsymbol{x}_i,\boldsymbol{q}))}{\sum_{j=1}^{N}\exp(\boldsymbol{s}(\boldsymbol{x}_j,\boldsymbol{q}))} \tag{5-1}$$

其中,$\boldsymbol{s}(\boldsymbol{x}_i,\boldsymbol{q})$为注意力打分函数,不同的注意力打分函数如表 5-3 所示。

(2) 输入信息的加权平均计算,公式如下

$$r=\sum_i \alpha_i h_i \tag{5-2}$$

式(5-2)获得输入向量的重要性得分 α_i 后,将 h_i 和 α_i 相乘,体现更重要性的输入部分在整个输出向量的学习中贡献更大。

表 5-3 注意力打分函数

模　　型	函数表达式
加权模型	$\boldsymbol{s}(\boldsymbol{x}_i,\boldsymbol{q})=\boldsymbol{v}^{\mathrm{T}}\tanh(\boldsymbol{W}\boldsymbol{x}_i+\boldsymbol{U}\boldsymbol{q})$
点积模型	$\boldsymbol{s}(\boldsymbol{x}_i,\boldsymbol{q})=\boldsymbol{x}_i^{\mathrm{T}}\boldsymbol{q}$
缩放点积模型	$\boldsymbol{s}(\boldsymbol{x}_i,\boldsymbol{q})=\frac{\boldsymbol{x}_i^{\mathrm{T}}\boldsymbol{q}}{\sqrt{d}}$
双线性模型	$\boldsymbol{s}(\boldsymbol{x}_i,\boldsymbol{q})=\boldsymbol{x}_i^{\mathrm{T}}\boldsymbol{W}\boldsymbol{q}$

5.2.2 自注意力机制

当使用神经网络来处理一个变长的向量序列时，通常可以使用卷积网络或循环网络进行编码，来得到一个相同长度的输出向量序列，如图 5-2 所示。

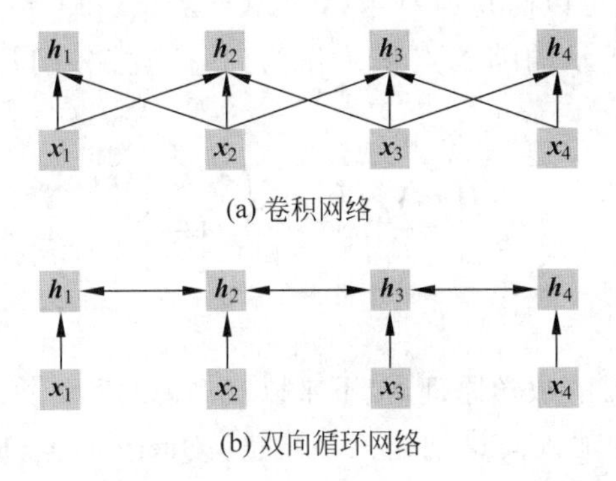

图 5-2　基于卷积网络和循环网络的变长序列编码

基于卷积或循环网络的序列编码都是一种局部的编码方式，只建模了输入信息的局部依赖关系。虽然循环网络理论上可以建立长距离依赖关系，但是由于信息传递的容量以及梯度消失问题，实际上也只能建立短距离依赖关系。如果要建立输入序列之间的长距离依赖关系，可以使用以下两种方法：一种方法是增加网络的层数，通过一个深层网络来获取远距离的信息交互；另一种方法是使用全连接网络. 全连接网络是一种非常直接的建模远距离依赖的模型，但是无法处理变长的输入序列。不同的输入长度，其连接权重的大小也是不同的。这时就可以利用注意力机制来“动态”地生成不同连接的权重，这就是自注意力模型(Self-Attention Model)，自注意力也称为内部注意力(Intra-attention)。

1. 数学定义

为了提高模型能力，自注意力模型经常采用查询-键-值(Query-Key-Value，QKV)模式，其计算过程如图 5-3 所示，其中浅色字母表示矩阵的维度。

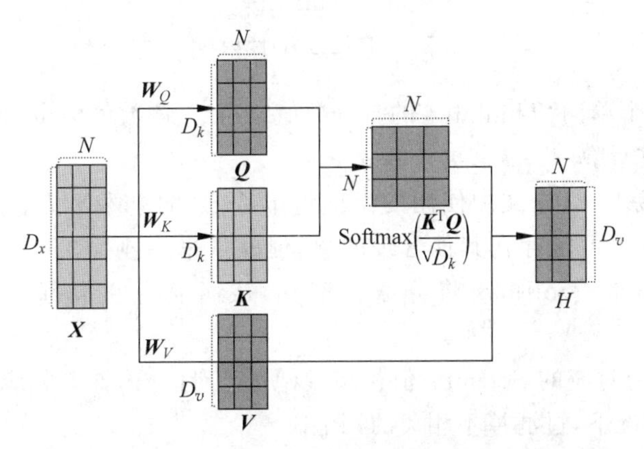

图 5-3　自注意力模型的计算过程

假设输入序列为 $\boldsymbol{X}=[\boldsymbol{x}_1,\boldsymbol{x}_2,\cdots,\boldsymbol{x}_N]\in\mathbb{R}^{D_x\times N}$，输出序列为 $\boldsymbol{H}=[\boldsymbol{h}_1,\boldsymbol{h}_2,\cdots,\boldsymbol{h}_N]\in\mathbb{R}^{D_v\times N}$，自注意力模型的具体计算过程如下：对于每个输入 $\boldsymbol{x}_i$，我们首先将其线性映射到三个不同的空间，得到查询向量 $\boldsymbol{q}_i\in\mathbb{R}^{D_k}$、键向量 $\boldsymbol{k}_i\in\mathbb{R}^{D_k}$ 和值向量$\boldsymbol{v}_i\in\mathbb{R}^{D_v}$。对于整个输入序列 $\boldsymbol{X}$，线性映射过程可以简写为 $\boldsymbol{Q}=\boldsymbol{X}\boldsymbol{W}_Q$、$\boldsymbol{K}=\boldsymbol{X}\boldsymbol{W}_K$ 和 $\boldsymbol{V}=\boldsymbol{X}\boldsymbol{W}_V$。

如果使用如表 5-3 所示的缩放点积来作为注意力打分函数，输出向量序列可以简写为：

$$\boldsymbol{H}=\boldsymbol{V}\mathrm{Softmax}\left(\frac{\boldsymbol{X}^{\mathrm{T}}\boldsymbol{Q}}{\sqrt{D_k}}\right) \tag{5-3}$$

2. 计算过程

上面介绍了自注意力的数学原理，接下来以实例说明其计算方法：

(1) 从每个编码器的输入向量创建三个向量：**Query** 向量、**Key** 向量、**Value** 向量，如图 5-4 所示。注意：在原论文中，这三个向量尺寸(64 维)小于嵌入向量或者输入维数(512 维)，目的是可以完成多头注意力计算。

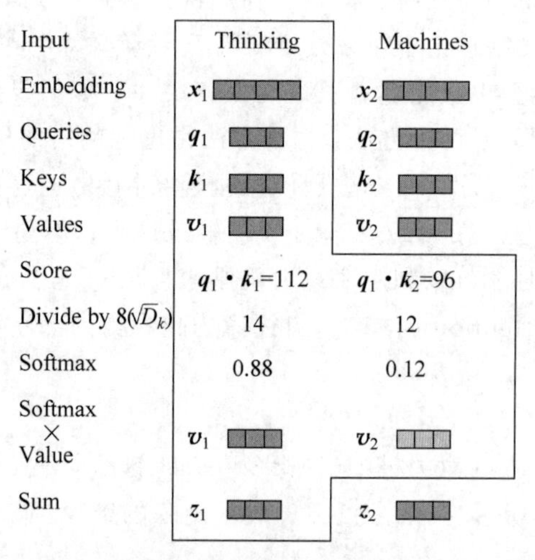

图 5-4 自注意力计算过程

(2) 计算第一个单词"Thinking"的打分数值 score。该数值 score 的计算方式是 $\boldsymbol{q}$ 与 $\boldsymbol{k}$ 向量的点积，即先计算 $\boldsymbol{q}_1\cdot\boldsymbol{k}_1$，再计算 $\boldsymbol{q}_1\cdot\boldsymbol{k}_2$。

(3) 将 score 除以 8(论文中使用的 $\boldsymbol{k}$ 向量维数 64 的算术平方根，这使得模型具有更稳定的梯度。这里可能存在其他合理的值，但默认采用刚刚的计算方法)，然后将结果传入 Softmax 操作。Softmax 将分数标准化，从而使得它们都是正数并且累加和为 1。

(4) 将$\boldsymbol{v}$ 向量与对应的 Softmax 值相乘，以便基于打分值抽取相应的信息，即保持关注的单词不变的情况下，过滤掉不相关的词汇。

(5) 产生累加求和项：$\boldsymbol{z}=0.88\times\boldsymbol{v}_1+0.12\times\boldsymbol{v}_2$。

3. 矩阵形式

上述过程阐述了自注意力的总体计算流程，但在实际使用过程中，为便于编程和加速计算等需求，常常以矩阵运算实现自注意力的计算。

1) $\boldsymbol{Q}$,$\boldsymbol{K}$,$\boldsymbol{V}$ 三向量

将输入变为行向量 $\boldsymbol{X}(\boldsymbol{x}_1,\boldsymbol{x}_2,\boldsymbol{x}_3,\boldsymbol{x}_4)$，乘以对应的权重矩阵 $\boldsymbol{W}^Q$,$\boldsymbol{W}^K$,$\boldsymbol{W}^V$，得到行向量 $\boldsymbol{Q}$,$\boldsymbol{K}$,$\boldsymbol{V}$，其详细推导过程如图 5-5 所示。详细过程如下：

- 如图 5-5(a)所示，$\boldsymbol{x}_1$、$\boldsymbol{x}_2$、$\boldsymbol{x}_3$、$\boldsymbol{x}_4$ 分别乘 $\boldsymbol{W}^q$ 得到 $\boldsymbol{q}_1$、$\boldsymbol{q}_2$、$\boldsymbol{q}_3$、$\boldsymbol{q}_4$，然后利用线性代数知识将 $\boldsymbol{x}_1$、$\boldsymbol{x}_2$、$\boldsymbol{x}_3$、$\boldsymbol{x}_4$ 拼接成矩阵 $\boldsymbol{x}_1\boldsymbol{x}_2\boldsymbol{x}_3\boldsymbol{x}_4$(图 5-5(b))。其中 $\boldsymbol{I}$ 表示输入，X 为标量，权重矩阵 $\boldsymbol{W}^Q$、$\boldsymbol{W}^K$、$\boldsymbol{W}^V$ 在模型训练时通过学习获得。

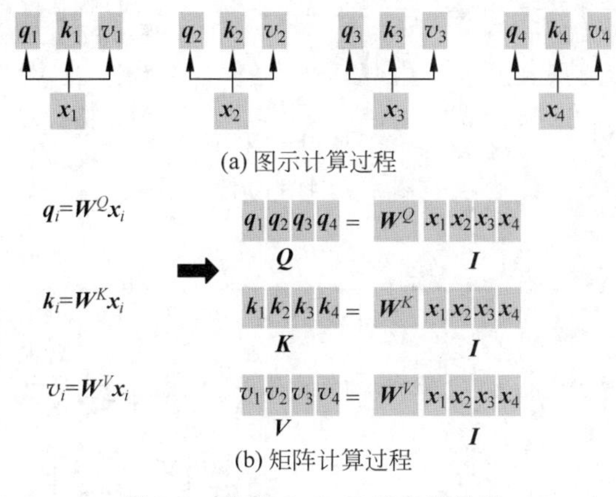

图 5-5 获得 $\boldsymbol{Q}$、$\boldsymbol{K}$、$\boldsymbol{V}$ 三向量过程

- $\boldsymbol{I}$ 乘以 $\boldsymbol{W}^q$ 就得到另外一个矩阵 $\boldsymbol{Q}$,$\boldsymbol{Q}$ 由 $\boldsymbol{q}_1$ 到 $\boldsymbol{q}_4$ 四个向量拼接而成。
- $\boldsymbol{K}$,$\boldsymbol{V}$ 的计算过程如(1)和(2)相同。

2) 打分矩阵

如图 5-6 给出了列向量 $\boldsymbol{K}^{\mathrm{T}}$ 与行向量 $\boldsymbol{Q}$ 相乘得到打分矩阵 $\boldsymbol{A}$ 的过程，具体如下：

- 如图 5-5(a)所示，$\boldsymbol{q}_1$ 跟 $\boldsymbol{k}_1$ 缩放点积运算得到$\boldsymbol{\alpha}_{1,1}$ 和$\boldsymbol{\alpha}_{1,1}$。同理 得到$\boldsymbol{\alpha}_{1,2}$、$\boldsymbol{\alpha}_{1,3}$、$\boldsymbol{\alpha}_{1,4}$。对于以上四个步骤的操作，可以利用线性代数知识将 $\boldsymbol{k}_1$、$\boldsymbol{k}_2$、$\boldsymbol{k}_3$、$\boldsymbol{k}_4$ 按行拼接成矩阵 $\boldsymbol{k}_1\boldsymbol{k}_2\boldsymbol{k}_3\boldsymbol{k}_4$，然后该矩阵跟向量 $\boldsymbol{q}_1$ 相乘得到列向量$\boldsymbol{\alpha}_{1,1}\boldsymbol{\alpha}_{1,2}\boldsymbol{\alpha}_{1,3}\boldsymbol{\alpha}_{1,4}$。如图 5-5(b)给出图示计算$\boldsymbol{\alpha}_{2,1}\boldsymbol{\alpha}_{2,2}\boldsymbol{\alpha}_{2,3}\boldsymbol{\alpha}_{2,4}$ 过程。
- 重复上述过程，可以获得打分矩阵 $\boldsymbol{A}$，经过 Softmax 处理后得到打分矩阵 $\boldsymbol{A}'$。

3) 输出向量 $\boldsymbol{H}$

如图 5-7 所示，与 1)和 2)类似可得到输出向量 $\boldsymbol{H}$，这里不再重复介绍。

4. 多头注意力机制

自注意力模型可以作为神经网络中的一层来使用，既可以用来替换卷积层和循环层，也可以和它们一起交替使用(比如 $\boldsymbol{X}$ 可以是卷积层或循环层的输出)。自注意力模型计

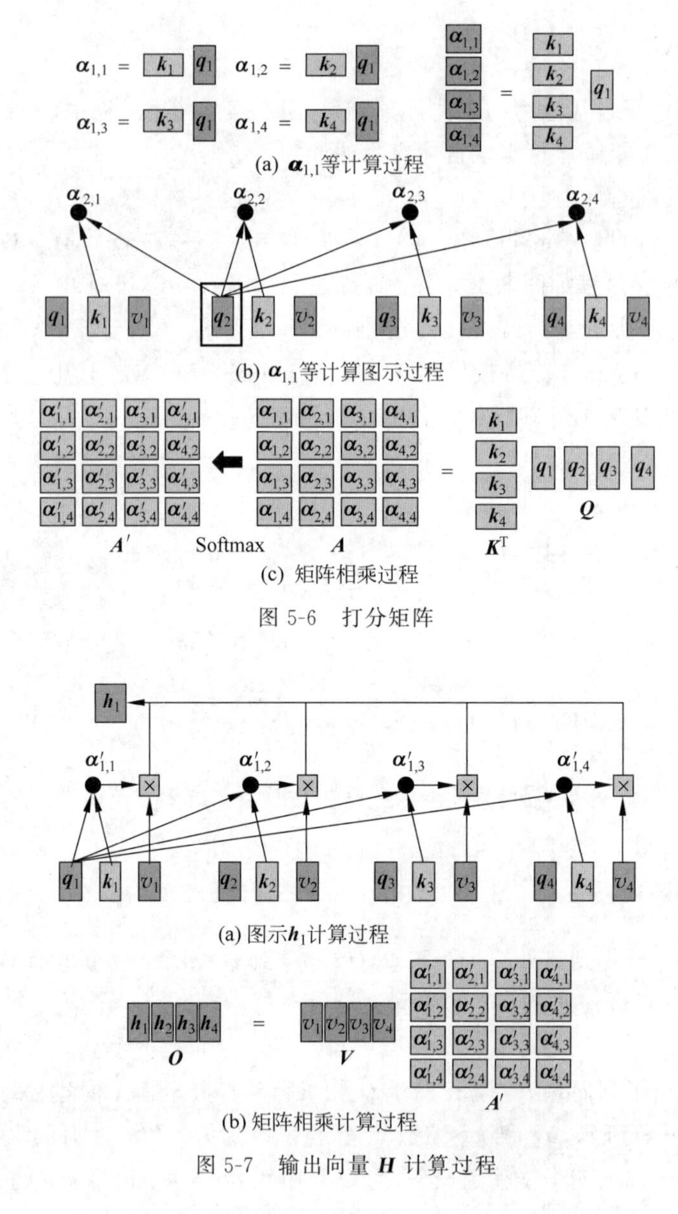

(a) $\boldsymbol{\alpha}_{1,1}$等计算过程

(b) $\boldsymbol{\alpha}_{1,1}$等计算图示过程

(c) 矩阵相乘过程

图 5-6　打分矩阵

(a) 图示$\boldsymbol{h}_1$计算过程

(b) 矩阵相乘计算过程

图 5-7　输出向量 $\boldsymbol{H}$ 计算过程

算的权重 α_{ij} 只依赖于 $\boldsymbol{q}_i$ 和 $\boldsymbol{k}_j$ 的相关性，而忽略了输入信息的位置信息。因此在单独使用时，自注意力模型一般需要加入位置编码信息来进行修正。自注意力模型可以扩展为多头自注意力(Multi-Head Self-Attention)模型，在多个不同的投影空间中捕捉不同的交互信息，即利用多个查询 $Q=[q_1,q_2,\cdots,q_M]$，来并行地从输入信息中选取多组信息. 每个注意力关注输入信息的不同部分，如图 5-8 所示。

5.2.3　Transformer 模型

广义的 Transformer 是一种基于注意力机制的前馈神经网络，主要由编码器(Encoder)和解码器(Decoder)两部分组成。在 Transformer 的原论文中，编码器和解码

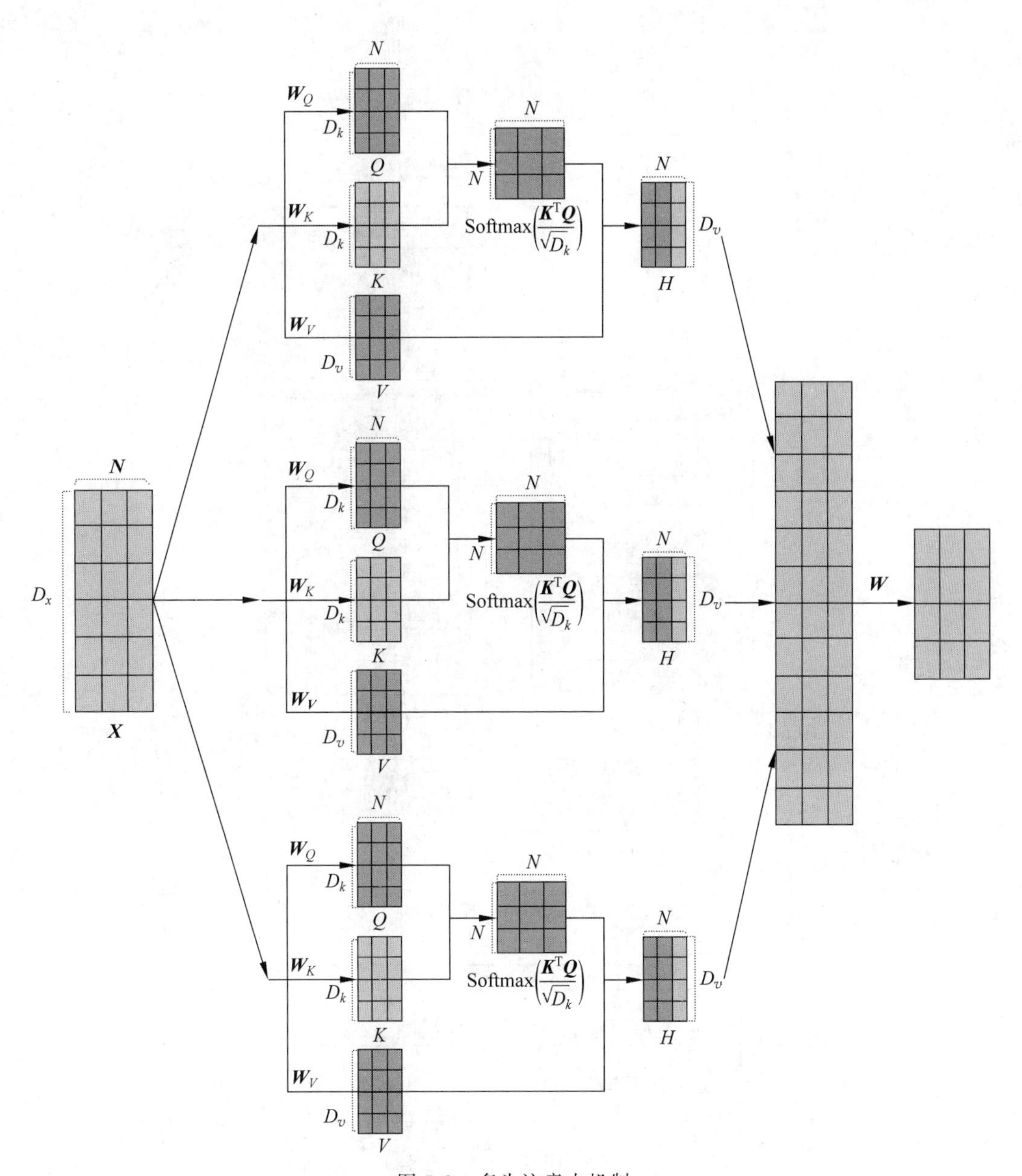

图 5-8　多头注意力机制

器均由 6 个编码器子层(Encoder Layer)和解码器子层(Decoder Layer)组成,该子层通常称之为 Transformer 块(Block),具体网络结构如图 5-9 所示。

1. 编码器

首先,模型需要对输入的数据进行 Embedding 操作,Embedding 结束之后,输入到编码器子层,自注意力处理完数据后把数据送给前馈神经网络,得到的输出会输入到下一个 Transformer 块,具体如图 5-10 所示。

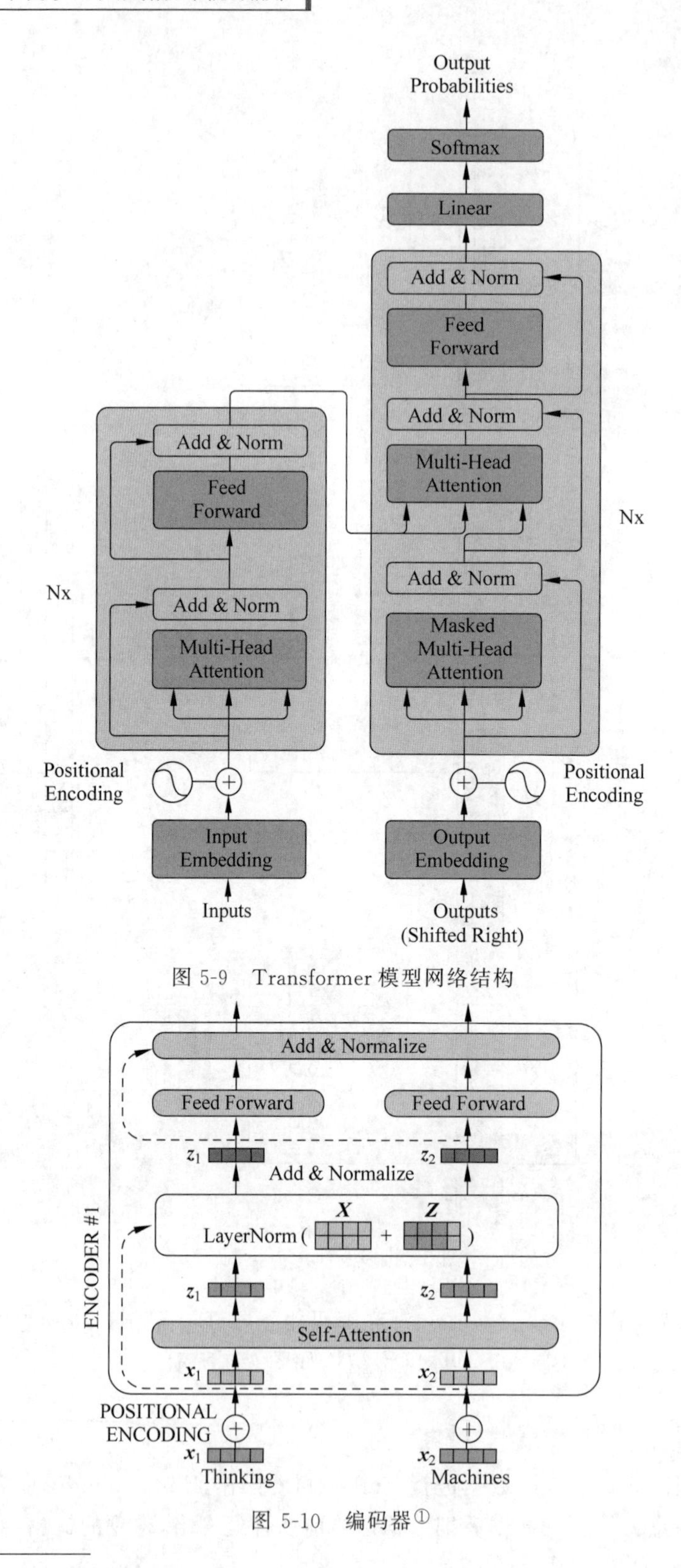

图 5-9 Transformer 模型网络结构

图 5-10 编码器①

① 图片来源：http://jalammar.github.io/illustrated-transformer/

编码器由 $N=6$ 个相同的 Transformer 块堆叠在一起组成。每块由多头注意力机制和全连接的前馈网络两个子层构成。其中，每个子层都加了残差连接和层归一化，具体过程如下：

(1) 输入部分主要完成输入 $\boldsymbol{x}_1$ 和 $\boldsymbol{x}_2$ 及其位置信息的编码，如下所示：

$$\boldsymbol{X}=\text{EmbeddingLookup}(\boldsymbol{X})+\text{PositionEncoding}(\boldsymbol{X}) \tag{5-4}$$

其中，查找表函数 EmbeddingLookup($\boldsymbol{X}$)是获得输入序列的词向量序列，位置编码 PositionEncoding($\boldsymbol{X}$)计算输入词的位置信息，若输入词在偶数位置，使用正弦编码 $\text{PE}(\text{pos},2i)=\sin(\text{pos}/10000^{2i}/d_{\text{model}})$，否则使用余弦编码 $\text{PE}(\text{pos},2i+1)=\cos(\text{pos}/10000^{2i}/d_{\text{model}})$。

(2) 多层注意力处理后获得 $\boldsymbol{z}_1$ 和 $\boldsymbol{z}_2$，其公式如下

$$\boldsymbol{Z}=\text{selfAttention}(\boldsymbol{Q},\boldsymbol{K},\boldsymbol{V}) \tag{5-5}$$

式(5-5)具体实现过程见 5.2.2 节。

(3) 残差连接与层归一化，其公式如下

$$\boldsymbol{Z}=\text{LayerNorm}(\boldsymbol{X}+\boldsymbol{Z}) \tag{5-6}$$

(4) 两层线性映射并用激活函数激活，其公式如下

$$\boldsymbol{Z}_{\text{hidden}}=\text{Linear}(\text{ReLU}(\text{Linear}(\boldsymbol{Z}))) \tag{5-7}$$

(5) 残差连接与层归一化，其公式如下

$$\boldsymbol{Z}=\boldsymbol{Z}+\boldsymbol{Z}_{\text{hidden}} \tag{5-8}$$

$$\boldsymbol{X}_{\text{hidden}}=\text{LayerNorm}(\boldsymbol{Z}) \tag{5-9}$$

2. 解码器

解码器和编码器有类似的结构，也是 $N=6$ 个相同的层堆叠在一起组成。相比于编码器，输入层中多了个掩码多头注意力子层。同时，如图 5-11 所示中间位置，在解码器中每块的查询向量 $\boldsymbol{Q}$，会同编码器提供的记忆信息($\boldsymbol{Q}$,$\boldsymbol{V}$)作自注意力计算，称为交叉注意力(Cross Attention)。总之，在整个 Transformer 结构中有三种注意力机制：多头注意力机制、掩码多头注意力机制、交叉注意力机制，请读者区分其出现的位置以及差异之处。如图 5-11 以翻译为例展示了解码器的解码过程，解码器中的字符预测完之后，会当成输入预测下一个字符，直到遇见终止符号为止。

5.2.4　模型实现

PaddlePaddle 框架已实现了 Transformer 模型。其中，nn. TransformerEncoder 实现了编码模型，其模型由多个 Transformer 编码器层(TransformerEncoderLayer)叠加组成。Transformer 编码器层由两个子层组成：多头自注意力机制和前馈神经网络。如果 normalize_before 为 True，则对每个子层的输入进行层标准化(Layer Normalization)，对每个子层的输出进行 dropout 和残差连接(Residual Connection)；否则(即 normalize_before 为 False)，则对每个子层的输入不进行处理，只对每个子层的输出进行 dropout、残差连接和层标准化(Layer Normalization)。下面代码演示其具体过程。

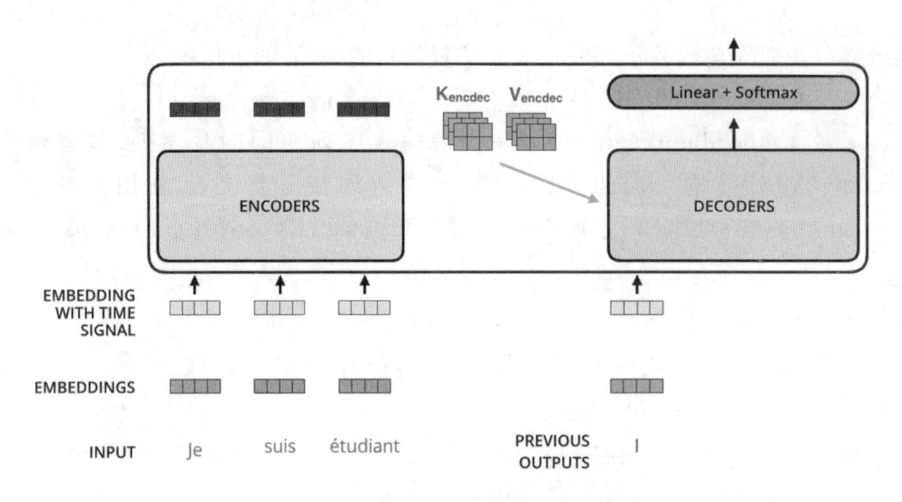

图 5-11 解码器解码过程

```
01. import paddle
02. #创建一个 Transformer 块,每个输入向量、输出向量的维度为 4,头数为 2,前馈神经网络中
    隐藏层的大小为 128
03. encoder_layer = paddle.nn.TransformerEncoderLayer(d_model=4, nhead=2, dim_
    feedforward=128)
04. #输入一个随机张量,批次为 2,每批次 3 个数据,每个数据维数 4
05. src = paddle.randn((2, 3, 4))
06. out1 = encoder_layer(src)
07. print("输出结果 1: ",out1)
```

运行结果如下。

```
输出结果: Tensor(shape=[2, 3, 4], dtype=float32, place=CUDAPlace(0),
top_gradient=False,
    [[[-1.12602544, 0.86143279, 1.12097585, -0.85638326],
      [-0.02759376, -0.73740852, -0.87503952, 1.64004183],
      [ 1.60045302, -0.48906180, -1.09501755, -0.01637374]],

     [[ 0.84246475, -0.50896662, 1.42670989, -1.26020789],
      [-0.91479391, 1.07564783, 0.91786611, -1.07872021],
      [ 0.87792587, -0.82447380, 1.10199046, -1.15544271]]])
```

然后,可以将多个 Transformer 块堆叠起来,构成一个完整的 nn.TransformerEncoder。代码如下所示。

```
01. transformer_encoder = paddle.nn.TransformerEncoder(encoder_layer,num_layers = 6)
02. out2 = transformer_encoder(src)
03. print("输出结果 2:",out2)
```

运行结果如下。

```
输出结果 2: Tensor(shape = [2, 3, 4], dtype = float32, place = CUDAPlace(0),
top_gradient = False,
    [[[ 0.21231177, -1.26825130, 1.47372913, -0.41778976],
      [-0.59615535, -1.29232252, 0.63498265, 1.25349522],
      [ 0.22930427, 1.17037129, -1.59372377, 0.19404820]],

    [[ 0.55925030, -1.09686399, 1.35037553, -0.81276196],
     [ 0.23460560, -1.24863398, 1.47441125, -0.46038279],
     [ 0.22599012, -1.38127530, 1.40638554, -0.25110036]]])
```

解码模块也有上述类似结构，TranformerDecoderLayer 定义了一个解码模型的 Transformer 层，通过多层堆叠构成了 nn.TransformerDecoder。下面代码演示其具体调用方式。

```
01. memory = transformer_encoder(src)
02. decoder_layer = paddle.nn.TransformerDecoderLayer(d_model = 4, nhead = 2, dim_
    feedforward = 128)
03. transformer_decoder = paddle.nn.TransformerDecoder(decoder_layer,num_layers = 6)
04. out_part = paddle.randn((2, 3, 4))
05. out3 = transformer_decoder(out_part,memory)
06. print("输出结果 3:",out3)
```

运行结果如下。

```
输出结果 3: Tensor(shape = [2, 3, 4], dtype = float32, place = CUDAPlace(0),
top_gradient = False,
    [[[ 0.89957052, 0.20762412, 0.57216758, -1.67936206],
      [-0.08860647, 0.01838757, -1.37721026, 1.44742906],
      [ 1.30570745, -0.09988701, 0.27973360, -1.48555410]],

    [[ 0.92537606, -1.49781322, 0.89299929, -0.32056224],
     [ 0.65954101, -1.44866693, 1.15448976, -0.36536375],
     [ 0.66365826, -1.37158740, 1.19885933, -0.49093029]]])
```

5.2.5　自注意力模型与全连接、卷积、循环、图神经网络的不同

自注意力模型不仅适用于本章的自然语言处理任务，目前正进一步扩展到语音识别、图像识别以及生成式对抗网络(Generative Adversarial Networks,GAN)等。本节以下

主要介绍自注意力模型与全连接、卷积、循环神经网络的不同,即自注意力模型在遵循一定约束条件下,可以转化为以下神经网络。

1. 自注意力模型与全连接神经网络

图 5-12 给出了全连接神经网络模型和自注意力模型的对比,其中实线表示可学习的权重,虚线表示动态生成的权重。由于自注意力模型的权重是动态生成的,因此可以处理变长的信息序列。

2. 自注意力模型与卷积神经网络模型

如图 5-13 所示,如果用自注意力机制处理图片,右下角像素(0)为 query,图片内其他像素为 key,我们能够将得到该像素与图中其他像素相关性的全局信息;如果用 CNN 处理图片,在感受野(Receptive Field)范围内将获得图片局部的信息。因此,我们可以得到以下比较结果:CNN 可以看作是一种简化版的 Self-Attention,因为 CNN 感受的是图片的局部信息,而 Self-Attention 获得整张图片的全局信息;反过来说,Self-Attention 是一个复杂化的 CNN。

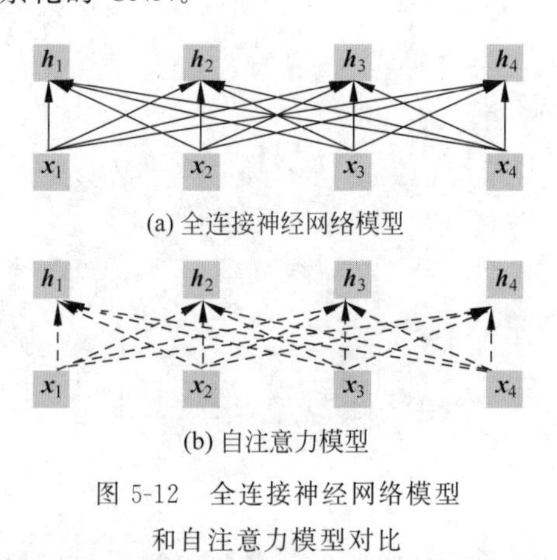

图 5-12　全连接神经网络模型和自注意力模型对比

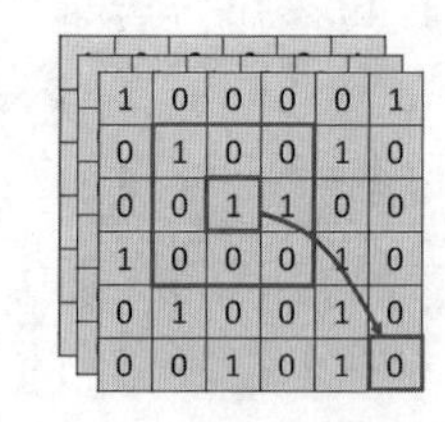

图 5-13　卷积神经网络模型和自注意力模型对比

两者另外一个区别是:CNN 感受野(卷积核)大小是人决定的,而 Self-Attention 的"全局感受野"是机器自动学习出来的。文献 *On the Relationship, between Self-Attention and Convolutional Layers* 用数学的方式证明了 CNN 就是 Self-Attention 的特例,Self-Attention 只要设定合适的参数,它可以做到跟 CNN 一模一样的事情。但 Self-Attention 与 CNN 相比,训练需要更多的样本数据,否则容易过拟合。

3. 自注意力模型与循环神经网络模型

如图 5-14 所示,RNN 接受输入是通过左边的 Memory 开始,从左到右串行得到其左边传来的信息,直到最右边才能得到整个输入序列的信息;而 Self-Attention 没有 RNN 这种问题,直接可以并行得到整个输入的全局信息。因此,近年来 RNN 正逐步被 Self-Attention 所取代。

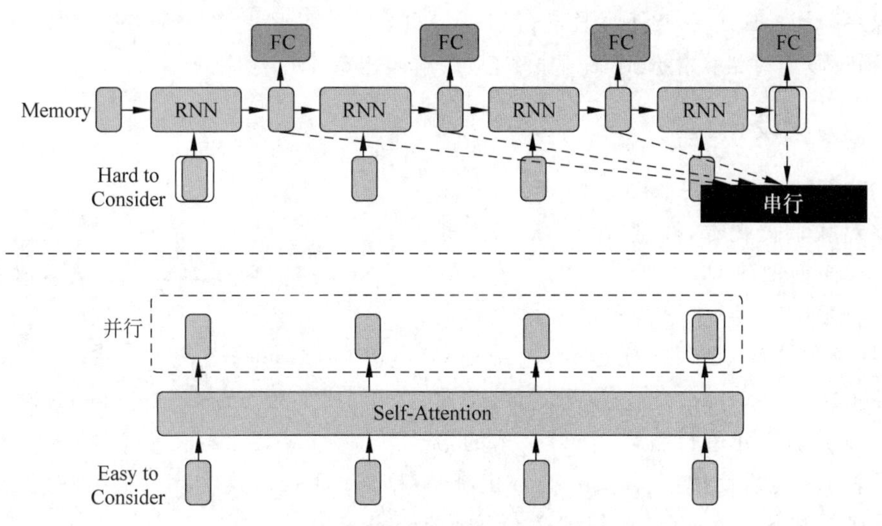

图 5-14 循环神经网络模型和自注意力模型对比

4. 自注意力模型与图神经网络模型

如图 5-15 所示,图神经网络的节点可以看成是输入向量,节点之间的边可认为是不同网络层次间的权重系数矩阵。利用 Self-Attention 的相关性在以上几个比较中是学习出来的,而对图其相关性体现在边上已经指定。因此,在 Self-Attention 的相关性矩阵中只要考虑相连节点的连接情况。例如,图中节点 1 和节点 8 有相连,那就只需要计算节点 1 和节点 8 两个向量之间的 Attention 分数(浅色球);节点 7 和节点 8 果之间没有相连,说明两个节点之间没有关系,其 Attention 分数设置为 0。

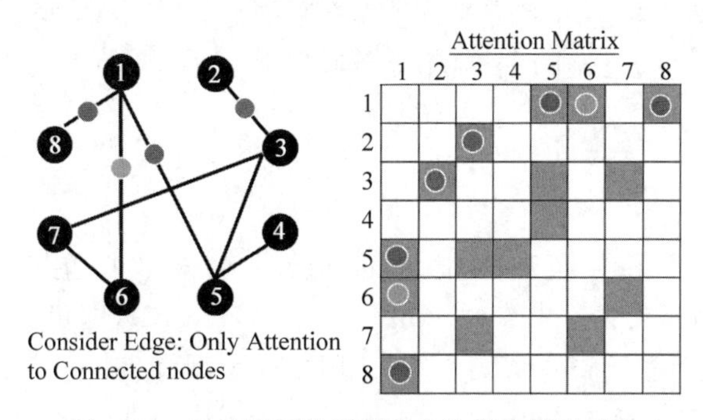

图 5-15 图神经网络模型和自注意力模型对比

5.3 案例:基于 seq2seq 的对联生成

视频讲解

对联,是汉族传统文化之一,是写在纸、布上或刻在竹子、木头、柱子上的对偶语句。对联对仗工整,平仄协调,是一字一音的汉语独特的艺术形式,是中国传统文化瑰宝。

对联生成是一个典型的序列到序列(sequence2sequence, seq2seq)建模的场景,编码器-解码器(Encoder-Decoder)框架是解决 seq2seq 问题的经典方法,它能够将一个任意长度的源序列转换成另一个任意长度的目标序列：编码阶段将整个源序列编码成一个向量，解码阶段通过最大化预测序列概率，从中解码出整个目标序列。

5.3.1 方案设计

本案例的实现方案如图 5-16 所示，模型输入是对联上文文本，模型输出是对联下联文本。在模型构建时，需要先对输入的对联文本进行数据处理，生成规整的文本序列数据，包括语句分词、将词转换为 id、过长文本截断、过短文本填充等；然后使用双向 LSTM 对文本序列进行编码，获得文本的语义向量表示；然后使用带有 Attention 机制的双向 LSTM 对文本序列进行解码；最后经过全连接层和 Softmax 处理，得到文本下联的概率。

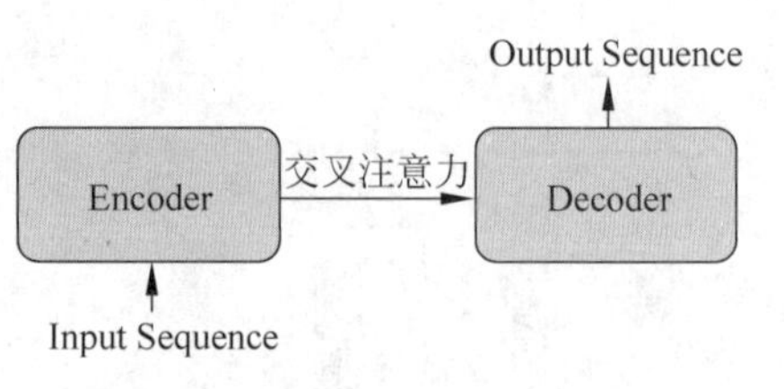

图 5-16　Encoder-Decoder 示意图

5.3.2 数据预处理

1. 数据集介绍

数据集网址

该案例采用开源的对联数据集 couplet-clean-dataset，该数据集过滤了 couplet-dataset 中的低俗、敏感内容。该数据集包含 70 万多条训练样本，1000 条验证样本和 1000 条测试样本。

下面列出一些训练集中对联样例：

上联：晚风摇树树还挺，下联：晨露润花花更红。

上联：愿景天成无墨迹，下联：万方乐奏有于阗。

上联：丹枫江冷人初去，下联：绿柳堤新燕复来。

上联：闲来野钓人稀处，下联：兴起高歌酒醉中。

2. 加载数据集

paddlenlp 中内置了对联数据集 couplet。获取该数据集可以调用 paddlenlp.datasets.load_dataset，传入 splits（“train”，“dev”，“test”），即可获取对应的 train_ds、dev_ds 和 test_ds。其中，train_ds 为训练集，用于模型训练；dev_ds 为开发集，也称验证集，用于模型参数调优；test_ds 为测试集，用于评估算法的性能，但不会根据测试集上的表现再去调整模型或参数。代码如下所示。

```
01. import io
02. import os
03. from functools import partial
04. import numpy as np
05. import paddle
06. import paddle.nn as nn
07. import paddle.nn.functional as F
```

```
08. from paddlenlp.data import Vocab, Pad
09. from paddlenlp.metrics import Perplexity
10. from paddlenlp.datasets import load_dataset
11.
12. train_ds, test_ds = load_dataset('couplet', splits = ('train', 'test'))
13.
14. print (len(train_ds), len(test_ds))
15. for i in range(5):
16.   print (train_ds[i])
17.
18. vocab = Vocab.load_vocabulary( ** train_ds.vocab_info)
19. trg_idx2word = vocab.idx_to_token
20. vocab_size = len(vocab)
21.
22. pad_id = vocab[vocab.eos_token]
23. bos_id = vocab[vocab.bos_token]
24. eos_id = vocab[vocab.eos_token]
25. print (pad_id, bos_id, eos_id)
```

3. 数据集文本转成 id

想将数据集文本转成 id(如图 5-17),需要实现一个 convert_example 函数,然后传入 map 函数,用 map 将带有文本的数据集转成带 id 的数据集。代码如下所示。

```
01. def convert_example(example, vocab):
02.   pad_id = vocab[vocab.eos_token]
03.   bos_id = vocab[vocab.bos_token]
04.   eos_id = vocab[vocab.eos_token]
05.   source = [bos_id] + vocab.to_indices(example['first'].split('\x02')) + [eos_id]
06.   target = [bos_id] + vocab.to_indices(example['second'].split('\x02')) + [eos_id]
07.   return source, target
08.
09. trans_func = partial(convert_example, vocab = vocab)
10. train_ds = train_ds.map(trans_func, lazy = False)
11. test_ds = test_ds.map(trans_func, lazy = False)
```

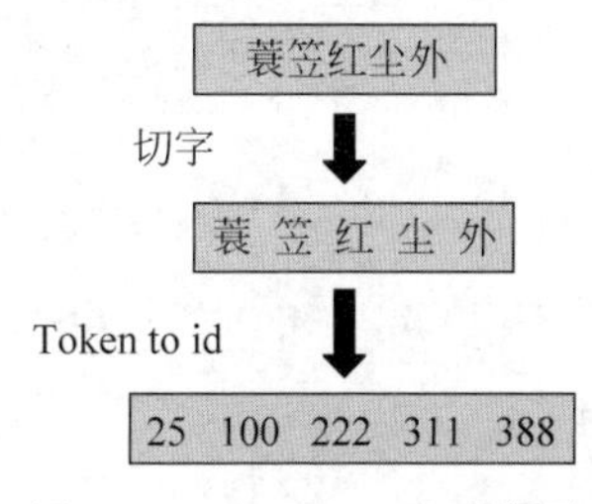

图 5-17 token to id 示意图

4. 构造 dataloder

模型训练前最后一个步骤是定义 create_data_loader()函数,实现数据成批次加载。其中 paddle.io.DataLoader 来创建训练和预测时所需要的 DataLoader 对象。paddle.io.DataLoader 返回一个迭代器,该迭代器根据 batch_sampler 指定的顺序迭代返回 dataset 数据。支持单进程或多进程加载数据,其函数参数如下:

- batch_sampler:批采样器实例,用于在 paddle.io.DataLoader 中迭代式获取 mini-batch 的样本下标数组,数组长度与 batch_size 一致。
- collate_fn:指定如何将样本列表组合为 mini-batch 数据。传给它参数需要是一个 callable 对象,需要实现对组建的 Batch 的处理逻辑,并返回每个 Batch 的数据。在这里传入的是 prepare_input 函数,对产生的数据进行 pad 操作,并返回实际长度等。

代码如下所示。

```
01. def create_data_loader(dataset):
02.   data_loader = paddle.io.DataLoader(
03.       dataset,
04.       batch_sampler = None,
05.       batch_size = batch_size,
06.       collate_fn = partial(prepare_input, pad_id = pad_id))
07.   return data_loader
08.
09. def prepare_input(insts, pad_id):
10.   src, src_length = Pad(pad_val = pad_id, ret_length = True)([inst[0] for inst in
   insts])
11.   tgt, tgt_length = Pad(pad_val = pad_id, ret_length = True)([inst[1] for inst in
   insts])
12.   tgt_mask = (tgt[:, :-1] != pad_id).astype(paddle.get_default_dtype())
13.   return src, src_length, tgt[:, :-1], tgt[:, 1:, np.newaxis], tgt_mask
14.
15. device = "gpu" # or cpu
16. device = paddle.set_device(device)
17.
18. batch_size = 128
19. num_layers = 2
20. dropout = 0.2
21. hidden_size = 256
22. max_grad_norm = 5.0
23. learning_rate = 0.001
24. max_epoch = 20
25. model_path = './couplet_models'
26. log_freq = 200
27.
28. # Define dataloader
29. train_loader = create_data_loader(train_ds)
```

```
30. test_loader = create_data_loader(test_ds)
31.
32. print(len(train_ds), len(train_loader), batch_size)
33. # 702594 5490 128 共 5490 个 Batch
34.
35. for i in train_loader:
36.     print (len(i))
37.     for ind, each in enumerate(i):
38.         print (ind, each.shape)
39.     break
```

5.3.3 模型构建

1. 模型设计

图 5-18 是带有 Attention 的 Seq2Seq 模型结构。下面分别定义网络的每个部分，最后构建 Seq2Seq 主网络。

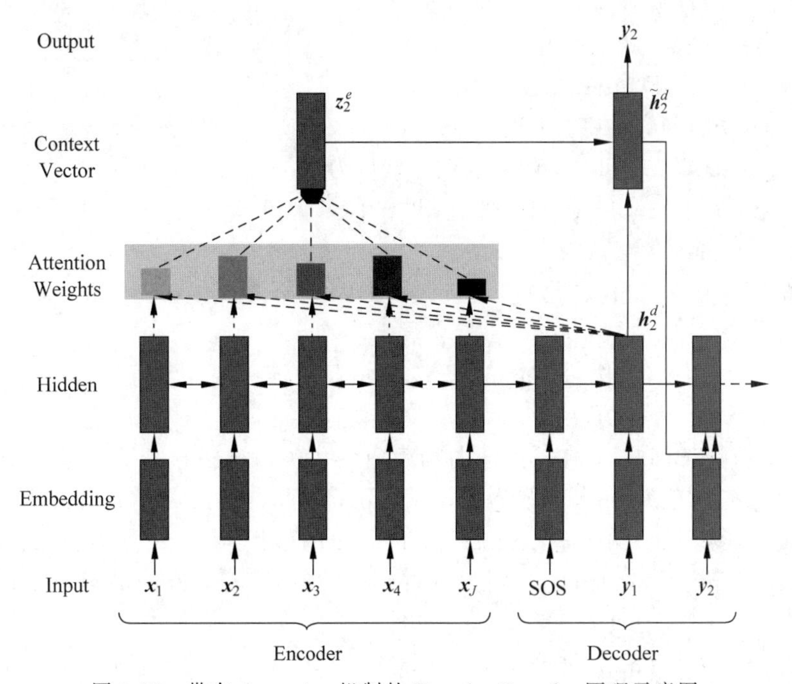

图 5-18 带有 Attention 机制的 Encoder-Decoder 原理示意图

2. 定义 Encoder

Encoder 部分非常简单，可以直接利用 PaddlePaddle2.0 提供的 RNN 系列 API：

（1）nn.Embedding：该接口用于构建 Embedding 的一个可调用对象，根据输入的 size（vocab_size，embedding_dim）自动构造一个二维 Embedding 矩阵，用于 table-lookup。查表过程如图 5-19。

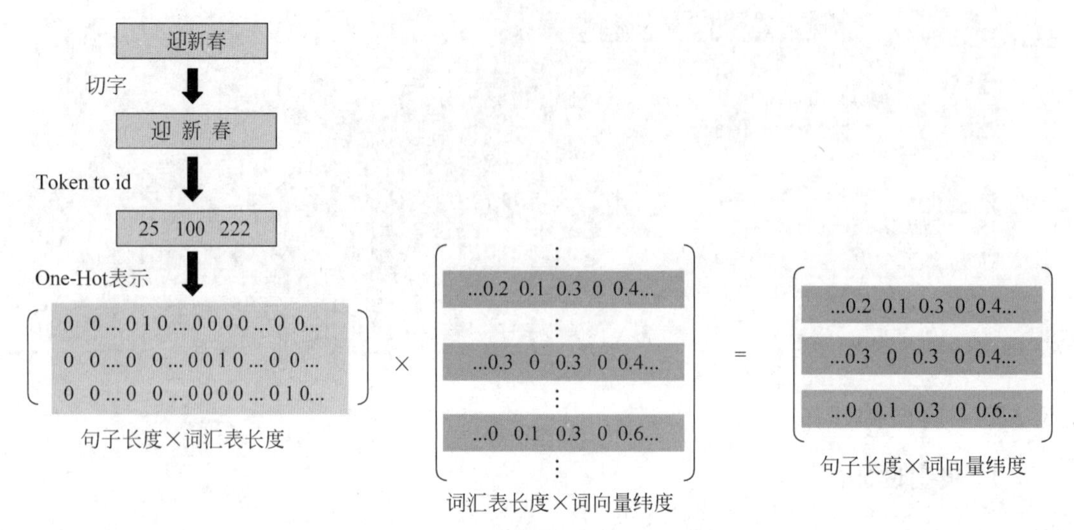

图 5-19 token to id 及查表获取向量示意图

(2) nn.LSTM：提供 LSTM 序列模型，得到 encoder_output 和 encoder_state。其输入和输出参数：

- input_size (int)输入的大小。
- hidden_size (int) -隐藏状态大小。
- num_layers (int，可选)-网络层数。默认为 1。
- direction (str，可选)-网络迭代方向，可设置为 forward 或 bidirect (或 bidirectional)。默认为 forward。
- time_major (bool，可选)-指定 input 的第一个维度是否是 time steps。默认为 False。
- dropout (float，可选)-dropout 概率，指的是出第一层外每层输入时的 dropout 概率。默认为 0。
- outputs (Tensor) -输出，由前向和后向 cell 的输出拼接得到。如果 time_major 为 True，则 Tensor 的形状为[time_steps，batch_size，num_directions * hidden_size]，如果 time_major 为 False，则 Tensor 的形状为[batch_size，time_steps，num_directions * hidden_size]，当 direction 设置为 bidirectional 时，num_directions 等于 2，否则等于 1。
- final_states (tuple) -最终状态，一个包含 ***h*** 和 ***c*** 的元组。形状为[num_lauers * num_directions，batch_size，hidden_size]，当 direction 设置为 bidirectional 时，num_directions 等于 2，否则等于 1。

代码如下所示。

```
01. class Seq2SeqEncoder(nn.Layer):
02.     def __init__(self, vocab_size, embed_dim, hidden_size, num_layers):
03.         super(Seq2SeqEncoder, self).__init__()
04.         self.embedder = nn.Embedding(vocab_size, embed_dim)
```

```
05.        self.lstm = nn.LSTM(
06.            input_size = embed_dim,
07.            hidden_size = hidden_size,
08.            num_layers = num_layers,
09.            dropout = 0.2 if num_layers > 1 else 0)
10.
11.    def forward(self, sequence, sequence_length):
12.        inputs = self.embedder(sequence)
13.        encoder_output, encoder_state = self.lstm(
14.           inputs, sequence_length = sequence_length)
15.
16.        # encoder_output [128, 18, 256] [batch_size, time_steps, hidden_size]
17.        # encoder_state (tuple) - 最终状态,一个包含 h 和 c 的元组.[2, 128, 256] [2, 128,
   256] [num_layers * num_directions, batch_size, hidden_size]
18.        return encoder_output, encoder_state
```

3. 定义 AttentionLayer

AttentionLayer 层定义如下：

- nn. Linear 线性变换层传入 2 个参数：in_features (int)(线性变换层输入单元的数目)、out_features (int)(线性变换层输出单元的数目)。
- paddle. matmul 用于计算两个 Tensor 的乘积,遵循完整的广播规则。其参数定义如下：x(Tensor)：输入变量,类型为 Tensor,数据类型为 float32、float64；y(Tensor)：输入变量,类型为 Tensor,数据类型为 float32、float64；
- transpose_x (bool,可选)：相乘前是否转置 x,默认值为 False；
- transpose_y (bool,可选)：相乘前是否转置 y,默认值为 False。
- paddle. unsqueeze 用于向输入 Tensor 的 Shape 中一个或多个位置(axis)插入尺寸为 1 的维度
- paddle. add 逐元素相加算子,输入 x 与输入 y 逐元素相加,并将各个位置的输出元素保存到返回结果中。

具体代码实现如下所示。

```
01. class AttentionLayer(nn.Layer):
02.    def __init__(self, hidden_size):
03.        super(AttentionLayer, self).__init__()
04.        self.input_proj = nn.Linear(hidden_size, hidden_size)
05.        self.output_proj = nn.Linear(hidden_size + hidden_size, hidden_size)
06.
07.    def forward(self, hidden, encoder_output, encoder_padding_mask):
08.        encoder_output = self.input_proj(encoder_output)
09.        attn_scores = paddle.matmul(
10.            paddle.unsqueeze(hidden, [1]), encoder_output, transpose_y = True)
11.        # print('attention score', attn_scores.shape) #[128, 1, 18]
12.
```

```
13.         if encoder_padding_mask is not None:
14.             attn_scores = paddle.add(attn_scores, encoder_padding_mask)
15.
16.         attn_scores = F.Softmax(attn_scores)
17.         attn_out = paddle.squeeze(
18.             paddle.matmul(attn_scores, encoder_output), [1])
19.         # print('1 attn_out', attn_out.shape) #[128, 256]
20.
21.         attn_out = paddle.concat([attn_out, hidden], 1)
22.         # print('2 attn_out', attn_out.shape) #[128, 512]
23.
24.         attn_out = self.output_proj(attn_out)
25.         # print('3 attn_out', attn_out.shape) #[128, 256]
26.         return attn_out
```

4. 定义 Seq2SeqDecoder 解码器

首先，由于 Decoder 部分是带有 attention 的 LSTM，不能复用 nn. LSTM，所以需要定义 Seq2SeqDecoderCell，其中 nn. LayerList 用于保存子层列表。其次，在构建 Seq2SeqDecoder 时，paddle. nn. RNN 是循环神经网络（RNN）的封装，将输入的 Seq2SeqDecoderCell 封装为带注意力机制的双向长短记忆神经网络。代码如下所示。

```
01. class Seq2SeqDecoderCell(nn.RNNCellBase):
02.     def __init__(self, num_layers, input_size, hidden_size):
03.         super(Seq2SeqDecoderCell, self).__init__()
04.         self.dropout = nn.Dropout(0.2)
05.         self.lstm_cells = nn.LayerList([
06.             nn.LSTMCell(
07.                 input_size = input_size + hidden_size if i == 0 else hidden_size,
08.                 hidden_size = hidden_size) for i in range(num_layers)
09.         ])
10.
11.         self.attention_layer = AttentionLayer(hidden_size)
12.
13.     def forward(self,
14.                 step_input,
15.                 states,
16.                 encoder_output,
17.                 encoder_padding_mask = None):
18.         lstm_states, input_feed = states
19.         new_lstm_states = []
20.         step_input = paddle.concat([step_input, input_feed], 1)
21.         for i, lstm_cell in enumerate(self.lstm_cells):
22.             out, new_lstm_state = lstm_cell(step_input, lstm_states[i])
23.             step_input = self.dropout(out)
24.             new_lstm_states.append(new_lstm_state)
25.         out = self.attention_layer(step_input, encoder_output,
```

```
26.                              encoder_padding_mask)
27.         return out, [new_lstm_states, out]
28.
29. class Seq2SeqDecoder(nn.Layer):
30.     def __init__(self, vocab_size, embed_dim, hidden_size, num_layers):
31.         super(Seq2SeqDecoder, self).__init__()
32.         self.embedder = nn.Embedding(vocab_size, embed_dim)
33.         self.lstm_attention = nn.RNN(
34.             Seq2SeqDecoderCell(num_layers, embed_dim, hidden_size))
35.         self.output_layer = nn.Linear(hidden_size, vocab_size)
36.
37.     def forward(self, trg, decoder_initial_states, encoder_output,
38.                 encoder_padding_mask):
39.         inputs = self.embedder(trg)
40.
41.         decoder_output, _ = self.lstm_attention(
42.             inputs,
43.             initial_states=decoder_initial_states,
44.             encoder_output=encoder_output,
45.             encoder_padding_mask=encoder_padding_mask)
46.         predict = self.output_layer(decoder_output)
47.
48.         return predict
```

5. 构建基于 seq2seq 的对联生成模型

根据以上步骤的定义，最后构建基于 seq2seq 的对联生成模型如下代码所示。

```
01. class Seq2SeqAttnModel(nn.Layer):
02.     def __init__(self, vocab_size, embed_dim, hidden_size, num_layers,
03.                  eos_id=1):
04.         super(Seq2SeqAttnModel, self).__init__()
05.         self.hidden_size = hidden_size
06.         self.eos_id = eos_id
07.         self.num_layers = num_layers
08.         self.INF = 1e9
09.         self.encoder = Seq2SeqEncoder(vocab_size, embed_dim, hidden_size,
10.                                       num_layers)
11.         self.decoder = Seq2SeqDecoder(vocab_size, embed_dim, hidden_size,
12.                                       num_layers)
13.
14.     def forward(self, src, src_length, trg):
15.         # encoder_output 各时刻的输出 h
16.         # encoder_final_state 最后时刻的输出 h,和记忆信号 c
17.         encoder_output, encoder_final_state = self.encoder(src, src_length)
18.         print('encoder_output shape', encoder_output.shape) # [128, 18, 256] [batch_
    size,time_steps,hidden_size]
```

```
19.        print('encoder_final_states shape', encoder_final_state[0].shape, encoder_final_
    state[1].shape) #[2, 128, 256] [2, 128, 256] [num_lauers * num_directions, batch_
    size, hidden_size]
20.
21.        # Transfer shape of encoder_final_states to [num_layers, 2, batch_size, hidden_
    size]
22.        encoder_final_states = [
23.            (encoder_final_state[0][i], encoder_final_state[1][i])
24.            for i in range(self.num_layers)
25.        ]
26.        print('encoder_final_states shape', encoder_final_states[0][0].shape, encoder_
    final_states[0][1].shape) #[128, 256] [128, 256]
27.
28.
29.        # Construct decoder initial states: use input_feed and the shape is
30.        # [[h,c] * num_layers, input_feed], consistent with Seq2SeqDecoderCell.states
31.        decoder_initial_states = [
32.            encoder_final_states,
33.            self.decoder.lstm_attention.cell.get_initial_states(
34.                batch_ref = encoder_output, shape = [self.hidden_size])
35.        ]
36.
37.        # Build attention mask to avoid paying attention on padddings
38.        src_mask = (src != self.eos_id).astype(paddle.get_default_dtype())
39.        print ('src_mask shape', src_mask.shape) #[128, 18]
40.        print(src_mask[0, :])
41.
42.        encoder_padding_mask = (src_mask - 1.0) * self.INF
43.        print ('encoder_padding_mask', encoder_padding_mask.shape) #[128, 18]
44.        print(encoder_padding_mask[0, :])
45.
46.        encoder_padding_mask = paddle.unsqueeze(encoder_padding_mask, [1])
47.        print('encoder_padding_mask', encoder_padding_mask.shape) #[128, 1, 18]
48.
49.        predict = self.decoder(trg, decoder_initial_states, encoder_output,
50.                               encoder_padding_mask)
51.        print('predict', predict.shape)  #[128, 17, 7931]
52.
53.        return predict
```

5.3.4 训练配置和训练

1. 定义损失函数

本项目的交叉熵损失函数需要将 padding 位置的 Loss 置为 0，因此需要在损失函数中引入 trg_mask 参数，由于 PaddlePaddle 框架提供的 paddle.nn.CrossEntropyLoss 没有 trg_mask 参数，因此需要重新定义。代码如下所示。

```
01. class CrossEntropyCriterion(nn.Layer):
02.     def __init__(self):
03.         super(CrossEntropyCriterion, self).__init__()
04.
05.     def forward(self, predict, label, trg_mask):
06.         cost = F.Softmax_with_cross_entropy(
07.             logits = predict, label = label, soft_label = False)
08.         cost = paddle.squeeze(cost, axis = [2])
09.         masked_cost = cost * trg_mask
10.         batch_mean_cost = paddle.mean(masked_cost, axis = [0])
11.         seq_cost = paddle.sum(batch_mean_cost)
12.
13.         return seq_cost
```

2. 模型训练

本节使用高层 API 执行训练,需要调用 prepare 函数和 fit 函数。在 prepare 函数中,需配置优化器、损失函数,以及评价指标。其中,评价指标采用的是 PaddleNLP 提供的困惑度计算 API 函数(paddlenlp. metrics. Perplexity)。

如果安装了 VisualDL,可以在 fit 中添加一个 callbacks 参数使用 VisualDL 观测训练过程,代码如下所示。

```
01. model.fit(train_data = train_loader,
02. epochs = max_epoch,
03.               eval_freq = 1,
04.               save_freq = 1,
05.               save_dir = model_path,
06.               log_freq = log_freq,
07.               callbacks = [paddle.callbacks.VisualDL('
08. ./log')])
```

在这里,由于对联生成任务没有明确的评价指标,因此可以在保存的多个模型中,通过人工评判生成结果选择最好的模型。本项目中,为了便于演示,已经将训练好的模型参数载入模型,并省略了训练过程。读者自己实验的时候,可以尝试自行修改超参数,调用下面被注释掉的 fit 函数,重新进行训练。如果读者想要在更短的时间内得到效果不错的模型,可以尝试在模型前使用词向量技术。

```
01. model = paddle.Model(
02.     Seq2SeqAttnModel(vocab_size, hidden_size, hidden_size,
03.                      num_layers, pad_id))
04.
05. optimizer = paddle.optimizer.Adam(
06.     learning_rate = learning_rate, parameters = model.parameters())
07. ppl_metric = Perplexity()
```

```
08. model.prepare(optimizer, CrossEntropyCriterion(), ppl_metric)
09.
10. model.fit(train_data = train_loader,
11.           epochs = max_epoch,
12.           eval_freq = 1,
13.           save_freq = 1,
14.           save_dir = model_path,
15.           log_freq = log_freq)
```

5.3.5 模型推理

1. 定义预测网络 Seq2SeqAttnInferModel

根据对联生成模型 Seq2SeqAttnModel,可实现定义子类 Seq2SeqAttnInferModel,实现代码如下所示。

```
01. class Seq2SeqAttnInferModel(Seq2SeqAttnModel):
02.   def __init__(self,
03.                vocab_size,
04.                embed_dim,
05.                hidden_size,
06.                num_layers,
07.                bos_id = 0,
08.                eos_id = 1,
09.                beam_size = 4,
10.                max_out_len = 256):
11.       self.bos_id = bos_id
12.       self.beam_size = beam_size
13.       self.max_out_len = max_out_len
14.       self.num_layers = num_layers
15.       super(Seq2SeqAttnInferModel, self).__init__(
16.           vocab_size, embed_dim, hidden_size, num_layers, eos_id)
17.
18.       # Dynamic decoder for inference
19.       self.beam_search_decoder = nn.BeamSearchDecoder(
20.           self.decoder.lstm_attention.cell,
21.           start_token = bos_id,
22.           end_token = eos_id,
23.           beam_size = beam_size,
24.           embedding_fn = self.decoder.embedder,
25.           output_fn = self.decoder.output_layer)
26.
27.   def forward(self, src, src_length):
28.       encoder_output, encoder_final_state = self.encoder(src, src_length)
29.
30.       encoder_final_state = [
31.           (encoder_final_state[0][i], encoder_final_state[1][i])
```

```
32.             for i in range(self.num_layers)
33.         ]
34.
35.         # Initial decoder initial states
36.         decoder_initial_states = [
37.             encoder_final_state,
38.             self.decoder.lstm_attention.cell.get_initial_states(
39.                 batch_ref = encoder_output, shape = [self.hidden_size])
40.         ]
41.         # Build attention mask to avoid paying attention on paddings
42.         src_mask = (src != self.eos_id).astype(paddle.get_default_dtype())
43.
44.         encoder_padding_mask = (src_mask - 1.0) * self.INF
45.         encoder_padding_mask = paddle.unsqueeze(encoder_padding_mask, [1])
46.
47.         # Tile the batch dimension with beam_size
48.         encoder_output = nn.BeamSearchDecoder.tile_beam_merge_with_batch(
49.             encoder_output, self.beam_size)
50.         encoder_padding_mask = nn.BeamSearchDecoder.tile_beam_merge_with_batch(
51.             encoder_padding_mask, self.beam_size)
52.
53.         # Dynamic decoding with beam search
54.         seq_output, _ = nn.dynamic_decode(
55.             decoder = self.beam_search_decoder,
56.             inits = decoder_initial_states,
57.             max_step_num = self.max_out_len,
58.             encoder_output = encoder_output,
59.             encoder_padding_mask = encoder_padding_mask)
60.         return seq_output
```

2. 解码部分

常规的搜索方法有贪心(Greedy Search)、穷举(Exhaustive Search)和束搜索(Beam Search)。

- 穷举：穷举所有可能的输出结果。例如，输出序列长度为3，候选项为4，那么就有 $4^3=64$ 种可能，当输出序列长度为10时，就会有 4^{10} 种可能，这种幂级的增长对于计算机性能的要求是极高的，耗时耗力。
- 贪心：每次选择概率最大的候选者作为输出。搜索空间小，以局部最优解期望全局最优解，无法保证最终结果是做优的，但是效率高。
- 束搜索：束搜索可以看作是穷举和贪心的折中方案。需要设定一个束宽(Beam Size)，当设为1时即为贪心，当设为候选项的数量时即为穷举。

束搜索是一种启发式图搜索算法，具有更大的搜索空间，可以减少遗漏隐藏在低概率单词后面的高概率单词的可能性，他会在每步保持最可能的束宽个假设，最后选出整体概率最高的假设。图5-20以束宽2为例说明了其搜索过程。从图5-20中可以看到,在第一步的时候,我们除了选择概率最高的"机"字以外,还保留了概率第二高的"桨"字。在第二步的时候两个beam分别选择了"起"和"框"。这时我们发现"飞机快"这一序列的概率为0.2,而"飞桨框"序列的概率为0.32。我们找到了整体概率更高的序列。在我们这个示例中继续解下去,得到的最终结果为"飞桨框架"。代码如下所示。

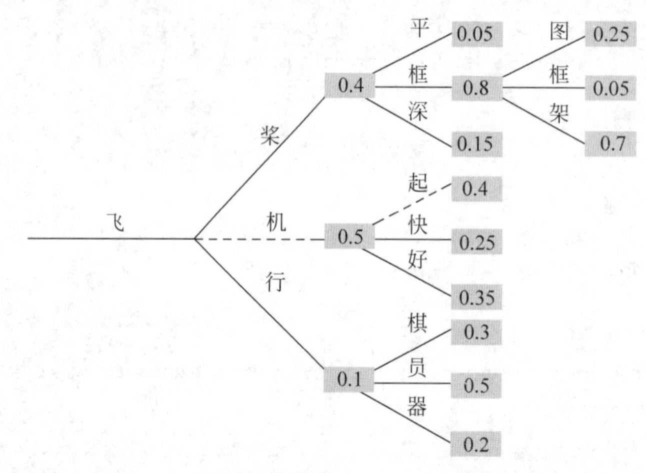

图5-20 束搜索选择过程

```
01. def post_process_seq(seq, bos_idx, eos_idx, output_bos = False, output_eos = False):
02.     """
03.     Post - process the decoded sequence.
04.     """
05.     eos_pos = len(seq) - 1
06.     for i, idx in enumerate(seq):
07.         if idx == eos_idx:
08.             eos_pos = i
09.             break
10.     seq = [
11.         idx for idx in seq[:eos_pos + 1]
12.         if (output_bos or idx != bos_idx) and (output_eos or idx != eos_idx)
13.     ]
14.     return seq
15.
16. beam_size = 10
17. model = paddle.Model(
18.     Seq2SeqAttnInferModel(
19.         vocab_size,
20.         hidden_size,
21.         hidden_size,
22.         num_layers,
23.         bos_id = bos_id,
24.         eos_id = eos_id,
```

```
25.         beam_size = beam_size,
26.         max_out_len = 256))
27.
28. model.prepare()
```

3. 预测下联

在预测之前，我们需要将训练好的模型参数使用 load 方法输入到预测网络，之后就可以根据对联的上联生成对联的下联。代码如下所示。

```
01. model.load('couplet_models/model_18')
02.
03. idx = 0
04. for data in test_loader():
05.     inputs = data[:2]
06.     finished_seq = model.predict_batch(inputs = list(inputs))[0]
07.     finished_seq = finished_seq[:, :, np.newaxis] if len(
08.         finished_seq.shape) == 2 else finished_seq
09.    = np.transpose(finished_seq, [0, 2, 1])
10.    for ins in finished_seq:
11.        for beam in ins:
12.            id_list = post_process_seq(beam, bos_id, eos_id)
13.            word_list_f = [trg_idx2word[id] for id in test_ds[idx][0]][1: - 1]
14.            word_list_s = [trg_idx2word[id] for id in id_list]
15.            sequence = "上联: " + "".join(word_list_f) + "\t 下联: " + "".join(word_
list_s) + "\n"
16.            print(sequence)
17.            idx += 1
18.            break
```

5.4 本章小结

本章首先介绍了对联生成任务，并说明了对联生成任务的现状以及难点。其次，介绍了注意力机制、自注意力机制和 Transformer 模型。最后，给出实践案例说明了使用 PaddlePaddle 构建基于注意力机制的对联生成模型，并实现对联生成。请读者关注 5.2.5 节的自注意力模型与全连接、卷积、循环、图神经网络的不同，并能够融会贯通地理解前几章介绍的模型。

第三部分　自然语言应用

第 6 章

预训练词向量

自然语言处理(Natural Language Process,NLP)是计算机科学领域与人工智能领域中的一个重要方向,它研究的是能实现人与计算机之间用自然语言进行有效通信的各种理论和方法。自然语言处理是融语言学、计算机科学、数学于一体的科学。因此,这种科学研究将涉及自然语言,即人们日常使用的语言。它既与语言学的研究有着密切的联系,又有很大的区别。从本章开始,本书将围绕着自然语言处理领域的基本任务展开介绍,分别介绍词向量、文本相似度、词性分析技术。

文本的有序性以及词与词之间的共性信息为自然语言处理提供了天然的自监督学习信号,使得系统无须额外人工标注也能从文本中习得知识。本章主要从语义入手,选取了当下语义处理结果表现较为优秀的静态词向量模型进行介绍。首先,介绍 CBOW (Continuous Bag-of-Word)和 Skip-gram 两个算法的结构和实现原理,展示如何从未标注文本中通过自监督学习获取单词级别的语义表示;接着给出 CBOW 模型的实现;最后,采用谷歌 word2vec 工具进行词向量的可视化。学完本章,希望读者能够掌握:

- CBOW 和 Skip-gram 的原理;
- word2vec 的使用方法,并能够举一反三地进行相关实验。

6.1 词向量概述

在自然语言处理任务中,词向量(Word Embedding,也称词嵌入)是表示自然语言单词的一种方法,即把每个词都表示为一个 N 维空间内的点,即一个高维空间内的向量。通过这种方法,把自然语言计算转换为向量计算。近年来,词向量已逐渐成为自然语言处理任务中的基本概念。

如图 6-1 所示,在词向量计算任务中,先把每个词(如 queen、king 等)转换成一个高维空间的向量,这些向量在一定意义上可以代表这个词的语义信息。再通过计算这些向量之间的距离,可以计算出词语之间的关联关系,从而达到让计算机以计算数值的方式去计算自然语言的目的。

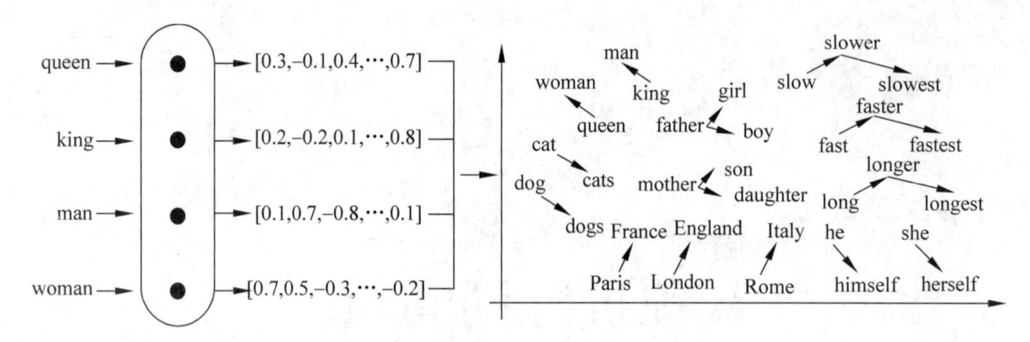

图 6-1 词向量计算示意图

因此,大部分词向量模型在建立时都需要解决两个问题:①如何把词转换为向量?自然语言单词是离散信号,比如"香蕉""橘子""水果"就是3个离散的词。②如何把每个离散的单词转换为一个向量,即如何让向量具有语义信息?

比如,我们知道在很多情况下,"香蕉"和"橘子"更加相似,而"香蕉"和"句子"就没有那么相似,同时"香蕉"和"食物""水果"的相似程度可能介于"橘子"和"句子"之间。那么,该如何让词向量具备语义信息,即如何把词转换为向量?

自然语言单词是离散信号,比如"我""爱""人工智能"。如何把每个离散的单词转换为一个向量?通常情况下,可以维护一个如图6-2所示的查询表。表中的每一行都存储了一个特定词语的向量值,每一列的第一个元素都代表着这个词本身,以便于进行词和向量的映射(如"我"对应的向量值为[0.3,0.5,0.7,0.9,−0.2,0.03])。给定任何一个或者一组单词,可以通过查询这个表格,实现把单词转换为向量的目的,这个查询和替换过程称之为Embedding Lookup。

上述过程也可以使用一个字典数据结构实现。事实上如果不考虑计算效率,使用字典实现上述功能是个不错的选择。然而在进行神经网络计算的过程中,需要大量的算力,常常要借助特定硬件(如GPU)满足训练速度的需求。GPU上所支持的计算都是以张量为单位展开的,因此在实际场景中,需要把Embedding Lookup的过程转换为张量计算,如图6-2所示。假设对于句子"我,爱,人工,智能",把Embedding Lookup的过程转换为张量计算的流程如下。

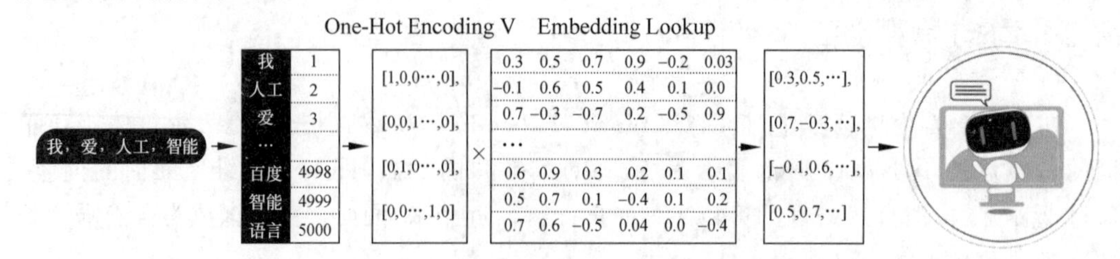

图 6-2 词向量查询表和张量计算示意图

(1) 通过查询字典,先把句子中的单词转换成一个 ID,这个单词到 ID 的映射关系可以根据需求自定义(如图 6-2 中,我=>1, 人工=>2,爱=>3,…)。

(2) 得到 id 后,再把每个 id 转换成一个固定长度的向量。假设字典的词表中有 5000 个词,那么,对于单词“我”,就可以用一个 5000 维的向量来表示。由于“我”的 id 是 1,因此这个向量的第一个元素是 1,其他元素都是 0([1,0,0,…,0]);同样对于单词“人工”,第二个元素是 1,其他元素都是 0。用这种方式就实现了用一个向量表示一个单词。由于每个单词的向量表示都只有一个元素为 1,而其他元素为 0,因此称上述过程为 One-Hot Encoding。

(3) 经过 One-Hot Encoding 后,句子“我,爱,人工,智能”就被转换成为了一个形状为 4×5000 的张量,记为 $\boldsymbol{V}$。在这个张量里共有 4 行 5000 列,从上到下,每一行分别代表了“我”“爱”“人工”“智能”四个单词的 One-Hot Encoding。最后,把这个张量 $\boldsymbol{V}$ 和另外一个稠密张量 $\boldsymbol{W}$ 相乘,其中 $\boldsymbol{W}$ 张量的形状为 5000×128(5000 表示词表大小,128 表示每个词的向量大小)。经过张量乘法,就得到了一个 4×128 的张量,从而达到了把单词表示成向量的目的。

第二个问题是如何把每个离散的单词转换为一个向量,即如何让向量具有语义信息?接下来在 6.2 节将回答这个问题。

6.2 词向量 word2vec

word2vec 工具是为了解决让向量具有语义信息而提出的,其将每个词映射到一个固定长度的向量,这些向量能更好地表达不同词之间的相似性和类比关系。word2vec 工具包含 Skip-gram 模型和 CBOW 模型。对于在语义上有意义的表示,它们的训练依赖于条件概率。条件概率可以看作使用语料库中一些词来预测另一些词。由于利用句子已有词来预测另一些词,而无须标签,因此 Skip-gram 模型和 CBOW 模型都是无监督模型。

6.2.1 CBOW 模型

给定一段文本,CBOW 模型的基本思想是根据上下文对目标词进行预测。例如,对于文本“$\cdots \boldsymbol{w}_{t-2} \boldsymbol{w}_{t-1} \boldsymbol{w}_t \boldsymbol{w}_{t+1} \boldsymbol{w}_{t+2} \cdots$”,CBOW 模型的任务是根据一定窗口大小内的上下文 C_t,若取窗口为 5,则 $C_t = \{\boldsymbol{w}_{t-2} \boldsymbol{w}_{t-1} \boldsymbol{w}_{t+1} \boldsymbol{w}_{t+2}\}$ 对 t 时刻的词 $\boldsymbol{w}_t$ 进行预测。与神经网络模型不同,CBOW 模型不考虑上下文中单词的位置或顺序,因此模型的输入实际上是一个“词袋”,而非序列,这也是模型取名“Continuous Bag-of-Word”的原因。但是,这并不意味着位置信息毫无用处。相关研究表明,融入相对位置信息之后所得到的词向量在语法相关的自然语言处理任务上表现更好。

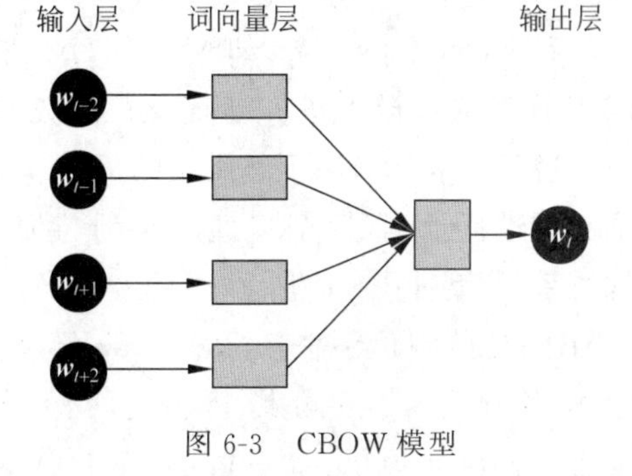

图 6-3 CBOW 模型

CBOW 模型可以表示成图 6-3 所示的前馈神经网络结构。与一般的前馈神经网络相比,CBOW 模型的隐藏层只是执行对词向量层取平均的操作,而没有线性变换以及非线性激活的过程。所以,也可以认为CBOW模型是没有隐藏层的,这也是CBOW模型具有较高训练效率的主要原因。

(1) 输入层。一个形状为$C \times V$的One-Hot张量,其中C代表上下文中词的个数,V表示词表大小,该张量的每一行都是一个上下文词的One-Hot向量表示$\boldsymbol{e}_{w_i}$。

(2) 词向量层(隐藏层)。一个形状为$V \times N$的参数张量$\boldsymbol{E}$,一般称为word-embedding,N表示每个词的词向量长度。输入张量$\boldsymbol{e}_{w_i}$和$\boldsymbol{E}$进行矩阵乘法,就会得到一个形状为$C \times N$的张量。综合考虑上下文中所有词的信息去推理中心词,因此将上下文中C个词相加得一个$1 \times N$的向量,是整个上下文的一个隐藏表示。输入层每个词的One-Hot Encoding表示向量经由$\boldsymbol{E}$映射至词向量空间:

$$\boldsymbol{v}_{w_i} = \boldsymbol{E}\boldsymbol{e}_{w_i} \tag{6-1}$$

$\boldsymbol{w}_i$对应的词向量$\boldsymbol{v}_{w_i}$即为矩阵$\boldsymbol{E}$中相应位置的列向量。令$C_t = \{\boldsymbol{w}_{t-k}, \cdots, \boldsymbol{w}_{t-1}, \boldsymbol{w}_{t+1}, \cdots, \boldsymbol{w}_{t+k}\}$表示$\boldsymbol{w}_i$的上下文单词集合。对$C_t$中所有词向量取平均值,就得到了$\boldsymbol{w}_i$的上下文表示:

$$\boldsymbol{v}_{C_t} = \frac{1}{|C_t|} \sum_{w \in C_t} \boldsymbol{v}_w \tag{6-2}$$

(3) 输出层:创建另一个形状为$N \times V$的参数张量$\boldsymbol{E}'$,将隐藏层得到的$1 \times N$的向量乘以该$N \times V$的参数张量,得到了一个形状为$1 \times V$的向量。最终,$1 \times V$的向量代表了使用上下文去推理中心词,记$\boldsymbol{v}'_{w_i}$为$\boldsymbol{E}'$中与$\boldsymbol{w}_i$对应的行向量,那么对中心词$\boldsymbol{w}_t$的推理概率:

$$P(\boldsymbol{w}_t \mid C_t) = \frac{\exp(\boldsymbol{v}_{C_t} \cdot \boldsymbol{v}'_{w_i})}{\sum_{w \in V'} \exp(\boldsymbol{v}_{C_t} \cdot \boldsymbol{v}'_{w_i})} \tag{6-3}$$

在CBOW模型的参数中,矩阵$\boldsymbol{E}$和$\boldsymbol{E}'$均可作为词向量,它们分别描述了词表中的词为条件上下文或目标词时的不同性质。在实际中,通常只需用$\boldsymbol{E}$就能满足应用需求,但是在某些任务中,对两者进行组合得到的向量可能会取得更好的效果。

6.2.2 Skip-gram模型

Skip-gram模型和CBOW模型的原理相似,都是建立词与其上下文之间的联系,只是前者逆转了后者的因果关系。Skip-gram模型是根据已知词$\boldsymbol{w}_t$预测上下文$C_t = \{\boldsymbol{w}_{t-2}, \boldsymbol{w}_{t-1}, \boldsymbol{w}_{t+1}, \boldsymbol{w}_{t+2}\}$(如窗口大小为5),在CBOW模型的基础上进一步简化。首先将词$\boldsymbol{w}_t$用向量进行词表示,将每个独立的词向量对目标上下文词进行预测,模型建立的是词与词之间的共现关系,模型如图6-4所示。

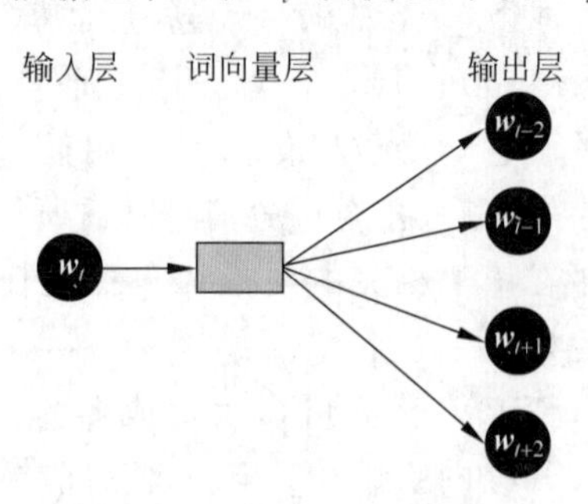

图6-4 Skip-gram模型

MIKOLOV T等对于Skip-gram模型的描述是根据当前词$\boldsymbol{w}_t$预测其上下文的词$\boldsymbol{w}_{t+j}$,即$P(\boldsymbol{w}_{t+j} \mid \boldsymbol{w}_t)$,其中$j \in \{\pm 1, \cdots, \pm j, \cdots, \pm k\}$。

Skip-gram 模型将平均对数概率最大化的公式如下：

$$\frac{1}{N}\sum_{t=1}^{N}\sum_{-c\leqslant j\leqslant c,j\neq 0}\log p(\boldsymbol{w}_{t+j}\mid \boldsymbol{w}_t) \tag{6-4}$$

其中，c 表示窗口大小。由于 Python 语言中 log 函数默认以 e 为底数，为交流、记录方便，若无特殊说明，log 默认底数为 e，下同。Skip-gram 模型中的输入层是当前时刻 $\boldsymbol{w}_t$ 的 One-Hot 编码，通过矩阵 $\boldsymbol{E}$ 投射至隐藏层，此时隐藏层向量即为 $\boldsymbol{w}_t$ 的词向量：

$$\boldsymbol{v}_{w_t}=\boldsymbol{E}'\boldsymbol{e}_{w_i} \tag{6-5}$$

根据$\boldsymbol{v}_{w_t}$，输出层利用线性变换矩阵 $\boldsymbol{E}'$对上下文窗口内的词进行独立地预测：

$$P(c\mid \boldsymbol{w}_t)=\frac{\exp(\boldsymbol{v}_{w_t}\cdot \boldsymbol{v}'_c)}{\sum_{w'\in V}\exp(\boldsymbol{v}_{w_t}\cdot \boldsymbol{v}'_{w'})} \tag{6-6}$$

其中，$c\in\{\boldsymbol{w}_{t-2},\boldsymbol{w}_{t-1},\boldsymbol{w}_{t+1},\boldsymbol{w}_{t+2}\}$。Skip-gram 模型与 CBOW 模型类似，其中的权值矩阵 $\boldsymbol{E}$ 和 $\boldsymbol{E}'$都可以作为词向量矩阵使用。

6.2.3 负采样

CBOW 模型和 Skip-gram 模型作为两种 word2vec 文本表示方法，其可以归纳为对目标词的事件预测任务，CBOW 模型是根据上下文预测当前词，Skip-gram 是根据当前词预测上下文。当计算资源有限或此表规模很大时，这一过程会受到输出层概率归一化(Normalization)计算效率的影响。而负采样法给出了一种新的任务视角：给定当前词和其上下文，最大化两者共现的概率。这样问题就可以描述为对$(\boldsymbol{w},\boldsymbol{c})$的二元分类问题：共现或非共现，从而解决了大词表上的归一化计算。假设 $P(D=1|\boldsymbol{w},\boldsymbol{c})$表示 $\boldsymbol{c}$ 和 $\boldsymbol{w}$，其共现的概率：

$$P(D=1\mid \boldsymbol{w},\boldsymbol{c})=\sigma(\boldsymbol{v}_w\cdot \boldsymbol{v}'_c) \tag{6-7}$$

根据以上公式可得两者不共现的概率为：

$$P(D=0\mid \boldsymbol{w},\boldsymbol{c})=1-P(D=1\mid \boldsymbol{w},\boldsymbol{c})=\sigma(-\boldsymbol{v}_w\cdot \boldsymbol{v}'_c) \tag{6-8}$$

负采样算法可适用在不同的$(\boldsymbol{w},\boldsymbol{c})$定义形式，在 Skip-gram 中，$\boldsymbol{w}=\boldsymbol{w}_t$，$\boldsymbol{c}=\boldsymbol{w}_{t+j}$。如果采用负采样方法估计，$(\boldsymbol{w}_t,\boldsymbol{w}_{t+j})$则为满足共现条件的一对正样本，对应的类别 $D=1$。与此同时，对 $\boldsymbol{c}$ 进行若干次负采样，得到 K 个不出现在 $\boldsymbol{w}_t$ 上下窗口内的词语，记为 $\bar{\boldsymbol{w}}_i(i=1,2,\cdots,K)$。对于$(\boldsymbol{w}_t,\bar{\boldsymbol{w}}_i)$，其类别 $D=0$。基于负采样方法的 Skip-gram 模型损失函数如下：

$$\log\sigma(\boldsymbol{v}_{w_t}\cdot \boldsymbol{v}'_{w_{t+j}})+\sum_{i=1}^{K}\log\sigma(-\boldsymbol{v}_{w_t}\cdot \boldsymbol{v}'_{\bar{w}_i}) \tag{6-9}$$

其中，$\{\bar{\boldsymbol{w}}_i|i=1,2,\cdots,K\}$根据分布 $P_n(\boldsymbol{w})$采样得到，即 $\bar{\boldsymbol{w}}_i\sim P_n(\boldsymbol{w})$。假设 $P_1(\boldsymbol{w})$表示从训练语料中统计得到的 Unigram 分布，目前被证明具有较好实际效果的一种负采样分布则为 $P_n(\boldsymbol{w})\propto P_1(\boldsymbol{w})^{\frac{3}{4}}$。通过对 $\boldsymbol{w}_t$ 进行负采样，CBOW 模型也能获得对于正样本$(\boldsymbol{c}_t,\boldsymbol{w}_t)$的负样本集合，进而可以采用同样的方法构建损失函数并进行参数估计。

6.3 CBOW 实现

本节将给出 CBOW 模型的 PaddlePaddle 实现。所有实现仍然沿用"数据＋模型＋训练＋预测"的框架。由于 Skip-gram 模型与 CBOW 模型训练结构大致相同，本书不展示 Skip-gram 模型的实现。

在数据处理前，需要先安装 PaddlePaddle 平台(命令为 pip install paddlepaddle)，然后引入 PaddlePaddle 和相关类库。代码如下所示。

```
01. import io
02. import os
03. import sys
04. import requests
05. from collections import OrderedDict
06. import math
07. import random
08. import numpy as np
09. import paddle
```

6.3.1 数据处理

1. 语料数据格式和下载语料

本节用维基百科英文语料训练 word2vec 模型。如图 6-5 所示是维基百科英文语料的部分数据。

individualistically inclined anarchists although interpretations of his thought are diverse american individualist anarchism benjamin tucker in one eight two five josiah warren had participated in a communitarian experiment headed by robert owen called new harmony which failed in a few years amidst much internal conflict warren blamed the community s failure on a lack of individual sovereignty and a lack of private property warren proceeded to organise experimenal anarchist communities which respected what he called the sovereignty of the individual at utopia and modern times in one eight three three warren wrote and published the peaceful revolutionist which some have noted to be the first anarchist periodical ever published benjamin tucker says that warren was the first man to expound and formulate the doctrine now known as anarchism liberty xiv december one nine zero zero one benjamin tucker became interested in anarchism through meeting josiah warren and william b greene he edited and published liberty from august one eight eight one to april one nine zero eight it is widely considered to be the finest individualist a ....

图 6-5　维基百科英文语料的数据

首先，可以通过代码下载数据集，下载后的文件被保存在 text8.txt 文件内。其次，把下载的语料读取到程序里，并打印前 500 个字符看看语料数据格式。数据下载和显示代码如下所示。

```
01. #读取 text8 数据
02. #下载语料用来训练 word2vec
03. def download():
04.     #可以从百度云服务器下载一些开源数据集(dataset.bj.bcebos.com)
05.     corpus_url = "https://dataset.bj.bcebos.com/word2vec/text8.txt"
06.     #使用 Python 的 requests 包下载数据集到本地
07.     web_request = requests.get(corpus_url)
08.     corpus = web_request.content
09.     #把下载后的文件存储在当前目录的 text8.txt 文件内
10.     with open("./text8.txt", "wb") as f:
11.         f.write(corpus)
12.     f.close()
13.
14. download()
15. def load_text8():
16.     with open("./text8.txt", "r") as f:
17.         corpus = f.read().strip("\n")
18.     f.close()
19.     return corpus
20.
21. corpus = load_text8()
22. #打印前 500 个字符,看看这个语料的数据格式
23. print(corpus[:500])
```

2. 制作词表(字典)

一般来说,在自然语言处理中,需要先对语料进行切词。首先,对于英文来说,可以比较简单地直接使用空格进行切词。制作词表代码如下所示。

```
01. #对语料进行预处理(分词)
02. def data_preprocess(corpus):
03.     #由于英文单词出现在句首的时候经常要大写,所以我们把所有英文字符都转换为小写
04.     #以便对语料进行归一化处理(如 Apple 与 apple 等)
05.     corpus = corpus.strip().lower()
06.     corpus = corpus.split(" ")
07.     return corpus
```

其次,在经过切词后,需要对语料进行统计,为每个词构造 id。一般来说,可以根据每个词在语料中出现的频次构造 id,频次越高,id 越小,便于对词表进行管理。其中,build_dict(corpus)函数构造 3 个不同的词典 word2id_dict、word2id_freq、id2word_dict,分别存储每个词到 id 的映射关系、每个 id 出现的频率、每个 id 到词典映射关系。代码如下所示。

```
01. #构造词表,统计每个词的频率,并根据频率将每个词转换为一个整数 id
02. def build_dict(corpus):
```

```
03.     #首先统计每个不同词的频率(出现的次数),使用一个词表记录
04.     word_freq_dict = dict()
05.     for word in corpus:
06.         if word not in word_freq_dict:
07.             word_freq_dict[word] = 0
08.         word_freq_dict[word] += 1
09.
10.     #将这个词表中的词按照出现次数排序,出现次数越高,排序越靠前
11.     #一般来说,出现频率高的高频词往往是: I、the、you 这种代词,而出现频率低的词,往往
    是一些名词,如 NLP
12.     word_freq_dict = sorted(word_freq_dict.items(), key = lambda x:x[1], reverse =
    True)
13.
14.     #构造 3 个不同的词典,分别存储如下信息
15.     #每个词到 id 的映射关系:word2id_dict
16.     #每个 id 出现的频率:word2id_freq
17.     #每个 id 到词典的映射关系:id2word_dict
18.     word2id_dict = dict()
19.     word2id_freq = dict()
20.     id2word_dict = dict()
21.
22.     #按照频率,从高到低,开始遍历每个单词,并为这个单词构造一个独一无二的 id
23.     for word, freq in word_freq_dict:
24.         curr_id = len(word2id_dict)
25.         word2id_dict[word] = curr_id
26.         word2id_freq[word2id_dict[word]] = freq
27.         id2word_dict[curr_id] = word
28.
29.     return word2id_freq, word2id_dict, id2word_dict
30.
31. word2id_freq, word2id_dict, id2word_dict = build_dict(corpus)
32. vocab_size = len(word2id_freq)
33. print("there are totoally %d different words in the corpus" % vocab_size)
34. for _, (word, word_id) in zip(range(50), word2id_dict.items()):
35.     print("word %s, its id %d, its word freq %d" % (word, word_id, word2id_freq[word
    _id]))
36. corpus = data_preprocess(corpus)
37. print(corpus[:50])
```

最后,得到 word2id 词表后,还需要进一步处理原始语料,把每个词替换成对应的 id,便于神经网络进行处理。代码如下所示。

```
01. #把语料转换为 id 序列
02. def convert_corpus_to_id(corpus, word2id_dict):
03.     #使用一个循环,将语料中的每个词替换成对应的 id,以便于神经网络进行处理
04.     corpus = [word2id_dict[word] for word in corpus]
05.     return corpus
06.
```

```
07. corpus = convert_corpus_to_id(corpus, word2id_dict)
08. print("%d tokens in the corpus" % len(corpus))
09. print(corpus[:50])
```

3. 二次采样

接下来,需要使用二次采样法处理原始文本。二次采样法的主要思想是降低高频词在语料中出现的频次,降低的方法是随机将高频的词抛弃;频率越高;被抛弃的概率就越高;频率越低,被抛弃的概率就越低,这样像标点符号或冠词这样的高频词就会被抛弃,从而优化整个词表的词向量训练效果。代码如下所示。

```
01. #使用二次采样算法(subsampling)处理语料,强化训练效果
02. def subsampling(corpus, word2id_freq):
03.     #这个 discard 函数决定了一个词会不会被替换,这个函数是具有随机性的,每次调用结
    果不同
04.     #如果一个词的频率很大,那么它被遗弃的概率就很大
05.     def discard(word_id):
06.         return random.uniform(0, 1) < 1 - math.sqrt(
07.             1e-4 / word2id_freq[word_id] * len(corpus))
08.
09.     corpus = [word for word in corpus if not discard(word)]
10.     return corpus
11.
12. corpus = subsampling(corpus, word2id_freq)
13. print("%d tokens in the corpus" % len(corpus))
14. print(corpus[:50])
```

4. 提出中心词和背景词

在完成语料数据预处理之后,需要构造训练数据。根据 6.2.1 节的描述,需要使用一个滑动窗口对语料从左到右扫描,在每个窗口内,中心词需要预测它的上下文,形成训练数据。在实际操作中,由于词表往往很大(如 50000、100000 等),对大词表的一些矩阵运算(如 Softmax)需要消耗巨大的资源,因此可以通过负采样的方式模拟 Softmax 的结果。

(1) 给定一个中心词和一个需要预测的上下文词,把这个上下文词作为正样本。

(2) 通过词表随机采样的方式,选择若干负样本。

(3) 把一个大规模分类问题转化为一个二分类问题,通过这种方式优化计算速度。

代码如下所示。

```
01. #构造数据,准备模型训练
02. #max_window_size 代表了最大的 window_size 的大小,程序会根据 max_window_size 从左到
    右扫描整个语料
03. #negative_sample_num 代表了对于每个正样本,我们需要随机采样多少负样本用于训练
04. #一般来说,negative_sample_num 的值越大,训练效果越稳定,但是训练速度越慢
```

```
05. def build_data(corpus, word2id_dict, word2id_freq, max_window_size = 3,
06.                negative_sample_num = 4):
07.
08.   #使用一个 list 存储处理好的数据
09.   dataset = []
10.   center_word_idx = 0
11.
12.   #从左到右,开始枚举每个中心点的位置
13.   while center_word_idx < len(corpus):
14.       #以 max_window_size 为上限,随机采样一个 window_size,这样会使得训练更加稳定
15.       window_size = random.randint(1, max_window_size)
16.       #当前的中心词就是 center_word_idx 所指向的词,可以当作正样本
17.       positive_word = corpus[center_word_idx]
18.
19.       #以当前中心词为中心,左右两侧在 window_size 内的词就是上下文
20.       context_word_range = (max(0, center_word_idx - window_size), min(len(corpus)
    - 1, center_word_idx + window_size))
21.       context_word_candidates = [corpus[idx] for idx in range(context_word_range[0],
   context_word_range[1] + 1) if idx != center_word_idx]
22.
23.       #对于每个正样本来说,随机采样 negative_sample_num 个负样本,用于训练
24.       for context_word in context_word_candidates:
25.           #首先把(上下文,正样本,label = 1)的三元组数据放入 dataset 中
26.           #这里 label = 1 表示这个样本是个正样本
27.           dataset.append((positive_word, context_word, 1))
28.
29.           #开始负采样
30.           i = 0
31.           while i < negative_sample_num:
32.               negative_word_candidate = random.randint(0, vocab_size - 1)
33.
34.               if negative_word_candidate is not context_word:
35.                   #把(上下文,负样本,label = 0)的三元组数据放入 dataset 中
36.                   #这里 label = 0 表示这个样本是负样本
37.                   dataset.append((positive_word, negative_word_candidate, 0))
38.                   i += 1
39.
40.       center_word_idx = min(len(corpus) - 1, center_word_idx + window_size)
41.       if center_word_idx == (len(corpus) - 1):
42.           center_word_idx += 1
43.       if center_word_idx % 100000 == 0:
44.           print(center_word_idx)
45.
46.   return dataset
47.
48. dataset = build_data(corpus, word2id_dict, word2id_freq)
49. for _, (context_word, target_word, label) in zip(range(50), dataset):
50.   print("center_word %s, target %s, label %d" % (id2word_dict[context_word],
                                      id2word_dict[target_word], label))
```

5. 读取数据集

训练数据准备好后，把训练数据都组装成 mini-batch，并准备输入到网络中进行训练。代码如下所示。

```
01. #构造 mini - batch,准备对模型进行训练
02. #我们将不同类型的数据放到不同的 tensor 里,便于神经网络进行处理
03. #并通过 numpy 的 array 函数,构造出不同的 Tensor 来,并把这些 Tensor 送入神经网络中进
    行训练
04. def build_batch(dataset, batch_size, epoch_num):
05.
06.     #center_word_batch 缓存 batch_size 个中心词
07.     center_word_batch = []
08.     #target_word_batch 缓存 batch_size 个目标词(可以是正样本或者负样本)
09.     target_word_batch = []
10.     #label_batch 缓存了 batch_size 个 0 或 1 的标签,用于模型训练
11.     label_batch = []
12.
13.     for epoch in range(epoch_num):
14.         #每次开启一个新 Epoch 之前,都对数据进行一次随机打乱,提高训练效果
15.         random.shuffle(dataset)
16.
17.         for center_word, target_word, label in dataset:
18.             #遍历 dataset 中的每个样本,并将这些数据送到不同的 tensor 里
19.             center_word_batch.append([center_word])
20.             target_word_batch.append([target_word])
21.             label_batch.append(label)
22.
23.             #当样本积攒到一个 batch_size 后,我们把数据都返回来
24.             #在这里我们使用 NumPy 的 array 函数把 list 封装成 Tensor
25.             #并使用 Python 的迭代器机制,将使用 yield 语句导出数据
26.             #使用迭代器的好处是可以节省内存
27.             if len(center_word_batch) == batch_size:
28.                 yield np.array(center_word_batch).astype("int64"), \
29.                     np.array(target_word_batch).astype("int64"), \
30.                     np.array(label_batch).astype("float32")
31.                 center_word_batch = []
32.                 target_word_batch = []
33.                 label_batch = []
34.
35.     if len(center_word_batch) > 0:
36.         yield np.array(center_word_batch).astype("int64"), \
37.             np.array(target_word_batch).astype("int64"), \
38.             np.array(label_batch).astype("float32")
39.
40. for batch in zip(range(10), build_batch(dataset, 128, 3)):
41.     print(batch)
```

6.3.2 网络结构

本节定义 CBOW 网络结构，用于模型训练。在 PaddlePaddle 动态图中，对于任意网络，都需要定义一个继承自 paddle.nn.Layer 的类来搭建网络结构、参数等数据的声明。同时需要在 forward 函数中定义网络的计算逻辑，__init__函数定义网络各层结构。值得注意的是，我们仅需要定义网络的前向计算逻辑，PaddlePaddle 会自动完成神经网络的反向计算。代码如下所示。

```
01. #定义 CBOW 训练网络结构
02. #这里我们使用的是 PaddlePaddle 的 2.0.0 版本
03. #一般来说，在使用 nn 训练的时候，需要通过一个类来定义网络结构，这个类继承了 paddle.
    nn.Layer
04. class CBOW(paddle.nn.Layer):
05.     def __init__(self, vocab_size, embedding_size, init_scale = 0.1):
06.         #vocab_size 定义了这个 CBOW 这个模型的词表大小
07.         #embedding_size 定义了词向量的维度
08.         #init_scale 定义了词向量初始化的范围，一般来说，比较小的初始化范围有助于模
    型训练
09.         super(CBOW, self).__init__()
10.         self.vocab_size = vocab_size
11.         self.embedding_size = embedding_size
12.
13.         #使用 paddle.nn 提供的 Embedding 函数，构造一个词向量参数
14.         #这个参数的大小为 self.vocab_size, self.embedding_size
15.         #这个参数的名称为 embedding_para
16.         #这个参数的初始化方式为在[ - init_scale, init_scale]区间进行均匀采样
17.         self.embedding = paddle.nn.Embedding(
18.             self.vocab_size,
19.             self.embedding_size,
20.             weight_attr = paddle.ParamAttr(
21.                 name = 'embedding_para',
22.                 initializer = paddle.nn.initializer.Uniform(
23.                 low = - 0.5/embedding_size, high = 0.5/embedding_size)))
24.
25.         #使用 paddle.nn 提供的 Embedding 函数，构造另外一个词向量参数
26.         #这个参数的大小为 self.vocab_size, self.embedding_size
27.         #这个参数的名称为 embedding_para_out
28.         #这个参数的初始化方式为在[ - init_scale, init_scale]区间进行均匀采样
29.         #这个参数的名称跟上面不同
30.         #因此，embedding_para_out 和 embedding_para 虽然有相同的 shape，但是权重不共享
31.         self.embedding_out = paddle.nn.Embedding(
32.             self.vocab_size,
33.             self.embedding_size,
34.             weight_attr = paddle.ParamAttr(
35.                 name = 'embedding_out_para',
36.                 initializer = paddle.nn.initializer.Uniform(
37.                     low = - 0.5/embedding_size, high = 0.5/embedding_size)))
```

```
38.
39.    #定义网络的前向计算逻辑
40.    #center_words 是一个 Tensor(mini - batch),表示中心词
41.    #target_words 是一个 Tensor(mini - batch),表示目标词
42.    #label 是一个 Tensor(mini - batch),表示这个词是正样本还是负样本(用 0 或 1 表示)
43.    #用于在训练中计算这个 Tensor 中对应词的同义词,用于观察模型的训练效果
44.    def forward(self, center_words, target_words, label):
45.        #首先,通过 embedding_para(self.embedding)参数,将 mini - batch 中的词转换为词向量
46.        #这里 center_words 和 eval_words_emb 查询的是一个相同的参数
47.        #而 target_words_emb 查询的是另一个参数
48.        center_words_emb = self.embedding(center_words)
49.        target_words_emb = self.embedding_out(target_words)
50.
51.        #center_words_emb = [batch_size, embedding_size]
52.        #target_words_emb = [batch_size, embedding_size]
53.        #我们通过点乘的方式计算中心词到目标词的输出概率,并通过 sigmoid 函数估计这个
    词是正样本还是负样本的概率
54.        word_sim = paddle.multiply(center_words_emb, target_words_emb)
55.        word_sim = paddle.sum(word_sim, axis = -1)
56.        word_sim = paddle.reshape(word_sim, shape=[-1])
57.        pred = paddle.nn.functional.sigmoid(word_sim)
58.
59.        #通过估计的输出概率定义损失函数,注意我们使用的是 binary_cross_entropy 函数
60.        #将 sigmoid 计算和 cross entropy 合并成一步计算可以更好地优化,所以输入的是
    word_sim,而不是 pred
61.
62.        loss = paddle.nn.functional.binary_cross_entropy(paddle.nn.functional.sigmoid
    (word_sim), label)
63.        loss = paddle.mean(loss)
64.
65.        #返回前向计算的结果,Paddle 会通过 backward 函数自动计算出反向结果
66.        return pred, loss
```

6.3.3 模型训练

完成网络定义后,就可以启动模型训练。在此,定义每隔 100 步打印一次 loss,以确保当前的网络是正常收敛的。同时,每隔 1000 步观察一下 CBOW 计算出来的同义词(使用 Embedding 的乘积),并可视化网络训练效果。代码如下所示。

```
01. #开始训练,定义一些训练过程中需要使用的超参数
02. batch_size = 512
03. epoch_num = 3
04. embedding_size = 200
05. step = 0
06. learning_rate = 0.001
07.
```

```
08. #定义一个使用 word - embedding 计算 cos 函数
09. def get_cos(query1_token, query2_token, embed):
10.     W = embed
11.     x = W[word2id_dict[query1_token]]
12.     y = W[word2id_dict[query2_token]]
13.     cos = np.dot(x, y) / np.sqrt(np.sum(y * y) * np.sum(x * x) + 1e-9)
14.     flat = cos.flatten()
15.    print("单词 1 %s 和单词 2 %s 的 cos 结果为 %f" %(query1_token, query2_token,
   cos))
16.
17. #通过我们定义的 CBOW 类,来构造一个 CBOW 模型网络
18. skip_gram_model = CBOW(vocab_size, embedding_size)
19. #构造训练这个网络的优化器
20. adam = paddle.optimizer.Adam(learning_rate = learning_rate, parameters = skip_gram_
    model.parameters())
21.
22. #使用 build_batch 函数,以 mini - batch 为单位,遍历训练数据,并训练网络
23. for center_words, target_words, label in build_batch(
24.   dataset, batch_size, epoch_num):
25.   #使用 paddle.to_tensor 函数,将一个 NumPy 的 Tensor,转换为 Paddle 可计算的 Tensor
26.   center_words_var = paddle.to_tensor(center_words)
27.   target_words_var = paddle.to_tensor(target_words)
28.   label_var = paddle.to_tensor(label)
29.
30.   #将转换后的 Tensor 送入 Paddle 中,进行一次前向计算,并得到计算结果
31.   pred, loss = skip_gram_model(
32.       center_words_var, target_words_var, label_var)
33.
34.   #通过 backward 函数,让程序自动完成反向计算
35.   loss.backward()
36.   #通过 minimize 函数,让程序根据 loss,完成一步对参数的优化更新
37.   adam.minimize(loss)
38.   #使用 clear_gradients 函数清空模型中的梯度,以便于下一个 mini - batch 进行更新
39.   skip_gram_model.clear_gradients()
40.
41.   #每经过 100 个 mini - batch,打印一次当前的 loss,看看 loss 是否在稳定下降
42.   step += 1
43.   if step % 100 == 0:
44.       print("step %d, loss %.3f" % (step, loss.numpy()[0]))
45.
46.   #经过 10000 个 mini - batch,打印一次模型对 eval_words 中的 10 个词计算的同义词
47.   #这里使用词和词之间的向量点积作为衡量相似度的方法
48.   #只打印了 5 个最相似的词
49.   if step % 2000 == 0:
50.       embedding_matrix = skip_gram_model.embedding.weight.numpy()
51.       np.save("./embedding", embedding_matrix)
52.       get_cos("king","queen",embedding_matrix)
53.       get_cos("she","her",embedding_matrix)
54.       get_cos("topic","theme",embedding_matrix)
```

```
55.        get_cos("woman","game",embedding_matrix)
56.        get_cos("one","name",embedding_matrix)
```

6.4　案例：词向量可视化与相似度计算

本节将介绍两个案例：词向量可视化与相似度计算。其中，词向量把词语表示成实数向量。“好”的词向量能体现词语直接的相近关系。词向量已经被证明可以提高 NLP 任务的性能，例如语法分析和情感分析。Paddle NLP 已内置多个公开的预训练 Embedding，可以通过使用 paddlenlp. embeddings. TokenEmbedding 接口加载各种预训练 Embedding。其中，paddlenlp. embeddings. TokenEmbedding 的使用方法如下：

(1) 计算词与词之间的语义距离。

(2) 结合词袋模型获取句子的语义表示，并完成句子级相似度计算。

6.4.1　词向量可视化

TokenEmbedding()函数参数如表 6-1 所示。下面代码采用的是百度训练 word2vec 词向量，其名字为 w2v. baidu_encyclopedia. target. word-word. dim300，词向量维度为 300。代码如下所示。

```
01. from paddlenlp.embeddings import TokenEmbedding
02. # 初始化 TokenEmbedding,预训练 Embedding 未下载时会自动下载并加载数据
03. token_embedding = TokenEmbedding(embedding_name = "w2v.baidu_encyclopedia.target.
    word - word.dim300")
04. # 查看 token_embedding 详情
05. print(token_embedding)
```

表 6-1　函数参数

参数名称	备　注
embedding_name	将模型名称以参数形式传入 TokenEmbedding，加载对应的模型。默认为 w2v. baidu_encyclopedia. target. word-word. dim300 的词向量
unknown_token	未知 token 的表示，默认为[UNK]
unknown_token_vector	未知 token 的向量表示，默认生成和 Embedding 维数一致，数值均值为 0 的正态分布向量
extended_vocab_path	扩展词汇列表文件路径，词表格式为一行一个词。如引入扩展词汇列表，trainable=True
trainable Embedding	该层是否可被训练。True 表示 Embedding 可以更新参数，False 为不可更新。默认为 True

1. 输出词向量

函数 TokenEmbedding. search()获得指定词汇的词向量，代码和结果如图 6-6 所示。

```
01. test_token_embedding = token_embedding.search("中国")
02. print(test_token_embedding)
```

```
[[ 0.260801  0.1047    0.129453 -0.257317 -0.16152   0.19567  -0.074868
   0.361168  0.245882 -0.219141 -0.388083  0.235189  0.029316  0.154215
  -0.354343  0.017746  0.009028  0.01197  -0.121429  0.096542  0.009255
   0.039721  0.363704 -0.239497 -0.41168   0.16958   0.261758  0.022383
  -0.053248 -0.000994 -0.209913 -0.208296  0.197332 -0.3426   -0.162112
   0.134557 -0.250201  0.431298  0.303116  0.517221  0.243843  0.022219
  -0.136554 -0.189223  0.148563 -0.042963 -0.456198  0.14546  -0.041207
   0.049685  0.20294   0.147355 -0.206953 -0.302796 -0.111834  0.128183
   0.289539 -0.298934 -0.096412  0.063079  0.324821 -0.144471  0.052456
   0.088761 -0.040925 -0.103281 -0.216065 -0.200878 -0.100664  0.170614
  -0.355546 -0.062115 -0.52595  -0.235442  0.300866 -0.521523 -0.070713
  -0.331768  0.023021  0.309111 -0.125696  0.016723 -0.0321   -0.200611
   0.057294 -0.128891 -0.392886  0.423002  0.282569 -0.212836  0.450132
```

图 6-6　汉字“中国”的词向量

函数 TokenEmbedding.cosine_sim()计算词向量间余弦相似度，语义相近的词语余弦相似度更高(比如“女孩”和“女人”)，说明预训练好的词向量空间有很好的语义表示能力。代码和结果如下所示。

```
01. score1 = token_embedding.cosine_sim("女孩", "女人")
02. score2 = token_embedding.cosine_sim("女孩", "书籍")
03. print('score1:', score1)
04. print('score2:', score2)
```

运行结果如下。

```
score1: 0.7017183
score2: 0.19189896
```

2. 启动 VisualDL

使用可视化工具 VisualDL 的 High Dimensional 组件可以对 Embedding 结果进行可视化展示，便于对其直观分析，步骤如下：①升级 VisualDL 最新版本；②创建 LogWriter 并将记录词向量；③单击左侧面板中的可视化 tab，选择 token_hidi 作为文件并启动 VisualDL 可视化。代码如下所示。

```
01. # 获取词表中前 1000 个单词
02. labels = token_embedding.vocab.to_tokens(list(range(0, 1000)))
03. # 取出这 1000 个单词对应的 Embedding
04. test_token_embedding = token_embedding.search(labels)
05. # 引入 VisualDL 的 LogWriter 记录日志
06. from visualdl import LogWriter
07. with LogWriter(logdir = './token_hidi') as writer:
```

```
08.        writer.add_embeddings(tag = 'test', mat = [i for i in test_token_embedding],
    metadata = labels)
09.
10.
```

启动 VisualDL 查看词向量降维效果的步骤如下：①切换到可视化指定可视化日志；②日志文件选择 token_hidi；③单击“启动 VisualDL”后单击“打开 VisualDL”，选择“高维数据映射”，即可查看词表中前 1000 词 UMAP 方法下映射到三维空间的可视化结果，如图 6-7 所示。

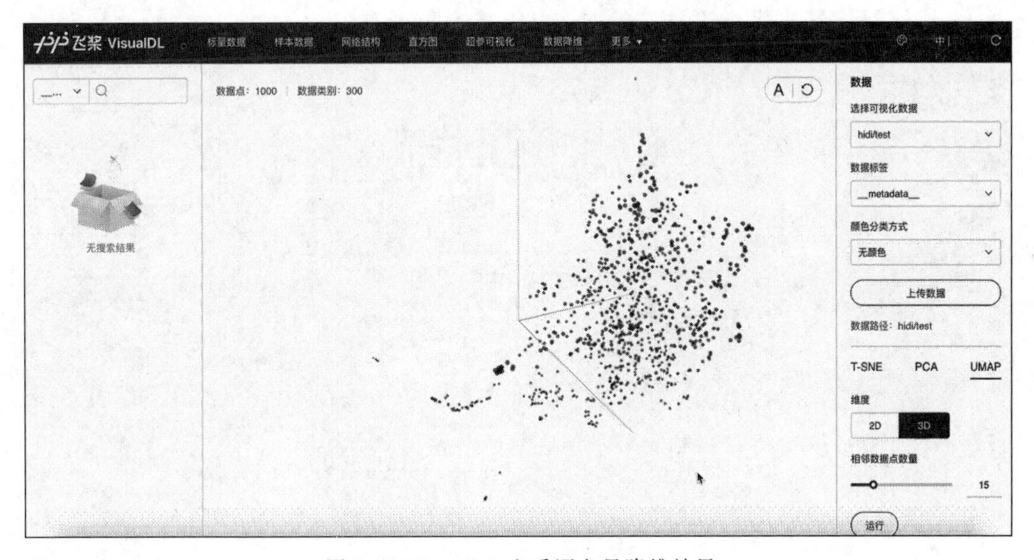

图 6-7　VisualDL 查看词向量降维效果

可以看出，语义相近的词在词向量空间中聚集（如数字、章节等），说明训练的词向量有很好的文本语义表达能力。使用 VisualDL 除了可以可视化 Embedding 结果外，还可以对标量、图片、音频等进行可视化，有效提升调参效率。关于 VisualDL 更多功能和详细介绍，可以参考 VisualDL 使用文档。

6.4.2　句子语义相似度

在许多实际应用场景（如文档检索系统）中，需要衡量两个句子的语义相似程度，通常用词袋模型（Bag of Words，BoW）实现算句子语义向量计算。首先，将两个句子分别进行切词，并在 Token Embedding 中查找相应的单词词向量。然后，根据词袋模型将句子的 Word Embedding 叠加作为句子向量（Sentence Embedding）。最后，计算两个句子向量的余弦相似度。语料数据的格式如图 6-8 所示，每行包括两个句子，用“\t”间隔。

1. 基于 Token Embedding 的词袋模型

使用 BoWEncoder 搭建一个 BoW 模型用于计算句子语义。其中，paddlenlp. TokenEmbedding 组建 word-embedding 层，paddlenlp. seq2vec. BoWEncoder 组建句子建模层。

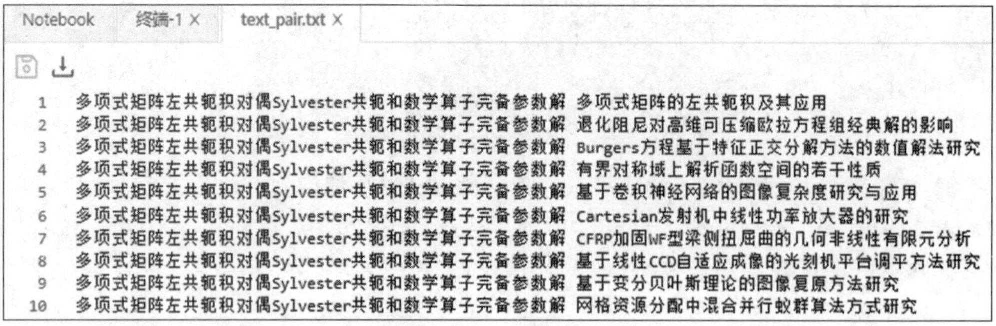

Notebook　终端-1 ×　text_pair.txt ×

```
1   多项式矩阵左共轭积对偶Sylvester共轭和数学算子完备参数解 多项式矩阵的左共轭积及其应用
2   多项式矩阵左共轭积对偶Sylvester共轭和数学算子完备参数解 退化阻尼对高维可压缩欧拉方程组经典解的影响
3   多项式矩阵左共轭积对偶Sylvester共轭和数学算子完备参数解 Burgers方程基于特征正交分解方法的数值解法研究
4   多项式矩阵左共轭积对偶Sylvester共轭和数学算子完备参数解 有界对称域上解析函数空间的若干性质
5   多项式矩阵左共轭积对偶Sylvester共轭和数学算子完备参数解 基于卷积神经网络的图像复杂度研究与应用
6   多项式矩阵左共轭积对偶Sylvester共轭和数学算子完备参数解 Cartesian发射机中线性功率放大器的研究
7   多项式矩阵左共轭积对偶Sylvester共轭和数学算子完备参数解 CFRP加固WF型梁侧扭屈曲的几何非线性有限元分析
8   多项式矩阵左共轭积对偶Sylvester共轭和数学算子完备参数解 基于线性CCD自适应成像的光刻机平台调平方法研究
9   多项式矩阵左共轭积对偶Sylvester共轭和数学算子完备参数解 基于变分贝叶斯理论的图像复原方法研究
10  多项式矩阵左共轭积对偶Sylvester共轭和数学算子完备参数解 网格资源分配中混合并行蚁群算法方式研究
```

图 6-8　Notebook 查看语料文件

代码如下所示。

```
01. import paddle
02. import paddle.nn as nn
03. import paddlenlp
04.
05. class BoWModel(nn.Layer):
06.     def __init__(self, embedder):
07.         super().__init__()
08.         self.embedder = embedder
09.         emb_dim = self.embedder.embedding_dim
10.         self.encoder = paddlenlp.seq2vec.BoWEncoder(emb_dim)
11.         self.cos_sim_func = nn.CosineSimilarity(axis=-1)
12.
13.     def get_cos_sim(self, text_a, text_b):
14.         text_a_embedding = self.forward(text_a)
15.         text_b_embedding = self.forward(text_b)
16.         cos_sim = self.cos_sim_func(text_a_embedding, text_b_embedding)
17.         return cos_sim
18.
19.     def forward(self, text):
20.         # Shape: (batch_size, num_tokens, embedding_dim)
21.         embedded_text = self.embedder(text)
22.         # Shape: (batch_size, embedding_dim)
23.         summed = self.encoder(embedded_text)
24.         return summed
25.
26. model = BoWModel(embedder=token_embedding)
```

2. 构造相似句对

下面以 text_pair.txt 中的样例数据为例，说明构造相似句对。代码如下所示。

```
01. from data import Tokenizer
02. tokenizer = Tokenizer()
```

```
03. tokenizer.set_vocab(vocab = token_embedding.vocab)
04. text_pairs = {}
05. with open("text_pair.txt", "r", encoding = "utf8") as f:
06.   for line in f:
07.       text_a, text_b = line.strip().split("\t")
08.       if text_a not in text_pairs:
09.           text_pairs[text_a] = []
10.       text_pairs[text_a].append(text_b)
```

3. 查看语句相关度

图 6-9 显示了两个句子相似的百分比，其代码如下所示。

```
01. for text_a, text_b_list in text_pairs.items():
02.     text_a_ids = paddle.to_tensor([tokenizer.text_to_ids(text_a)])
03.
04.     for text_b in text_b_list:
05.         text_b_ids = paddle.to_tensor([tokenizer.text_to_ids(text_b)])
06.         print("text_a: {}".format(text_a))
07.         print("text_b: {}".format(text_b))
08.         print("cosine_sim: {}".format(model.get_cos_sim(text_a_ids, text_b_ids).
   numpy()[0]))
09.         print()
```

```
text_a: 多项式矩阵左共轭积对偶Sylvester共轭和数学算子完备参数解
text_b: 多项式矩阵的左共轭积及其应用
cosine_sim: 0.8861938714981079

text_a: 多项式矩阵左共轭积对偶Sylvester共轭和数学算子完备参数解
text_b: 退化阻尼对高维可压缩欧拉方程组经典解的影响
cosine_sim: 0.7975839972496033

text_a: 多项式矩阵左共轭积对偶Sylvester共轭和数学算子完备参数解
text_b: Burgers方程基于特征正交分解方法的数值解法研究
cosine_sim: 0.8188782930374146

text_a: 多项式矩阵左共轭积对偶Sylvester共轭和数学算子完备参数解
text_b: 有界对称域上解析函数空间的若干性质
cosine_sim: 0.8041478395462036

text_a: 多项式矩阵左共轭积对偶Sylvester共轭和数学算子完备参数解
text_b: 基于卷积神经网络的图像复杂度研究与应用
cosine_sim: 0.7444740533828735

text_a: 多项式矩阵左共轭积对偶Sylvester共轭和数学算子完备参数解
text_b: Cartesian发射机中线性功率放大器的研究
cosine_sim: 0.7536822557449341
```

图 6-9 语句相关度比

4. 使用 VisualDL 查看句子向量

启动 VisualDL 代码如下所示。

```
01. # 引入 VisualDL 的 LogWriter 记录日志
02. import numpy as np
03. from visualdl import LogWriter
04. # 获取句子以及其对应的向量
05. label_list = []
06. embedding_list = []
07.
08. for text_a, text_b_list in text_pairs.items():
09.     text_a_ids = paddle.to_tensor([tokenizer.text_to_ids(text_a)])
10.     embedding_list.append(model(text_a_ids).flatten().numpy())
11.     label_list.append(text_a)
12.     for text_b in text_b_list:
13.         text_b_ids = paddle.to_tensor([tokenizer.text_to_ids(text_b)])
14.         embedding_list.append(model(text_b_ids).flatten().numpy())
15.         label_list.append(text_b)
16. with LogWriter(logdir='./sentence_hidi') as writer:
17.     writer.add_embeddings(tag='test', mat=embedding_list, metadata=label_list)
```

从图 6-10 可以看出,语义相近的句子在句子向量空间中聚集(如有关课堂的句子、有关化学描述句子等)。读者可尝试更换 Token Embedding 预训练模型,使用 VisualDL 查看相应的 Token Embedding 可视化效果,并尝试更换后的 Token Embedding 计算句对语义相似度。

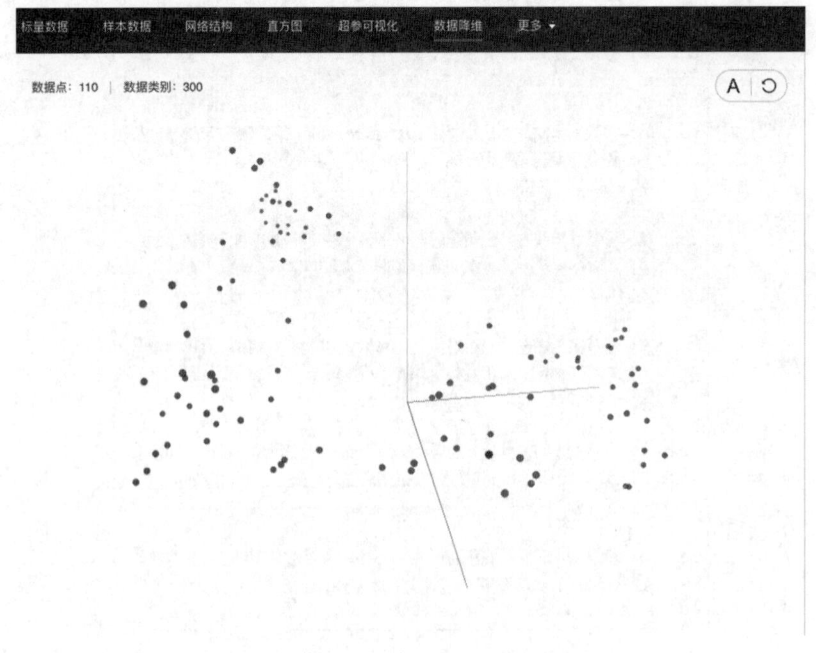

图 6-10 句子级可视化结果

6.5 本章小结

本章介绍了词向量预训练语言模型 word2vec 的相关知识，重点学习了 CBOW 模型和 Skip-gram 模型的原理及其在 PaddlePaddle 平台上的实现。掌握 word2vec 的底层实现，将有助于理解其他词向量预训练语言模型。

第 7 章

预训练语言模型及应用

人与人之间需要交流。人类由于这种基本需要，每天都会产生大量的书面文本。例如，社交媒体、聊天应用、电子邮件、产品评论、新闻文章、研究论文和书籍中的丰富文本。使计算机能够理解文本以提供帮助或基于人类语言作出决策变得至关重要。自然语言处理是计算机科学领域与人工智能领域中的一个重要方向，它研究的是能实现人与计算机之间用自然语言进行有效通信的各种理论和方法。在实践中，使用自然语言处理技术来处理和分析文本数据是非常常见的。例如，第 6 章的 CBOW 模型和 Skip-gram 模型和第 4 章的新闻文本分类模型。

要理解文本，读者可以从学习它的表示开始。利用来自大型语料库的现有文本序列，自监督学习(Self-supervised Learning)已被广泛用于预训练文本表示，例如，通过使用周围文本的其他部分来预测文本的隐藏部分。通过这种方式，模型可以通过有监督学习的方式从海量文本数据中学习，而不需要手动地标注样本数据。本章主要介绍目前主流的预训练语言模型 BERT 及其应用。首先，介绍文本语义匹配任务的研究现状。接着，详细介绍 BERT 的整体结构、输入表示、训练任务和下游应用。最后，详细介绍利用 PaddleNLP 构建基于 BERT 的分类模型，并将其应用到文本语义相似度识别任务上。学习本章，希望读者能够：

- 理解并掌握经典的预训练语言模型 BERT 基础知识；
- 熟悉基于 BERT 的下游任务的开发流程；
- 熟悉如何使用 PaddleNLP 构建文本语义相似度识别模型。

7.1 任务介绍

短文本语义相似度匹配是自然语言处理中一个重要的基础问题，NLP 领域的很多任务都可以抽象为文本匹配任务。例如，信息检索可以归结为查询项和文档的匹配，问答系统可以归结为问题和候选答案的匹配，对话系统可以归结为对话和回复的匹配。语义匹配在搜索优化、推荐系统、快速检索排序、智能客服等场景都有广泛的应用。

文本语义相似度通过一定策略对比两个或两个以上实体（词语、句子、文档）的相似性，以量化的形式表示出来。文本语义相似度计算方法从内容上可以分为三类：基于字符串的计算方法、基于语料库的计算方法、基于知识库的计算方法。基于字符串的文本语义相似度计算方法出现较早，直接对比组成文本的单词（词语）之间的重合程度，以得到两段文本的相似度。基于字符串的文本语义相似度计算方法实现非常简单，不需要其他信息的支撑，但提取到的文本特征也十分有限，仅仅是一种统计特征。在中文语料环境下，使用词语代替英文单词作为最小单元，因此该类方法在计算中文文本语义相似度时极其依赖于文本的分词效果。基于语料库的文本语义相似度计算方法通过训练海量语料提取两段文本之间的全局特征，对比得到相似性。针对不同领域需要选用不同的语料库，一般最为常用的语料库有 Wiki 语料库、百度百科语料库、微博微信语料库等。此类方法对语料库进行数据清洗等预处理操作，然后通过神经网络模型训练得到语料库中词语的词向量。近年来，以 BERT 为首的预训练语言模型在自然语言处理任务中取得较好的效果。7.2 节介绍 BERT 模型结构和基本原理，7.3 节介绍基于 BERT 的文本语义相似度匹配模型。

7.2 BERT 模型

BERT（Bidirectional Encoder Representation from Transformers）是由 Devlin 等在 2018 年提出的基于深层 Transformer 的预训练语言模型。BERT 不仅充分地利用了大规模无标注文本来挖掘其中丰富的语义信息，同时还进一步加深了自然语言处理模型的深度。本节将着重介绍 BERT 的建模方法，包括两个基本的预训练任务。

7.2.1 整体结构

首先，从整体框架的角度对 BERT 进行介绍，了解其基本的组成部分，然后针对每个部分详细介绍。BERT 的基本模型结构由多层 Transformer 构成，包含两个预训练任务：掩码语言模型（Masked Language Model，MLM）和下一个句子预测（Next Sentence Prediction，NSP），如图 7-1 所示。

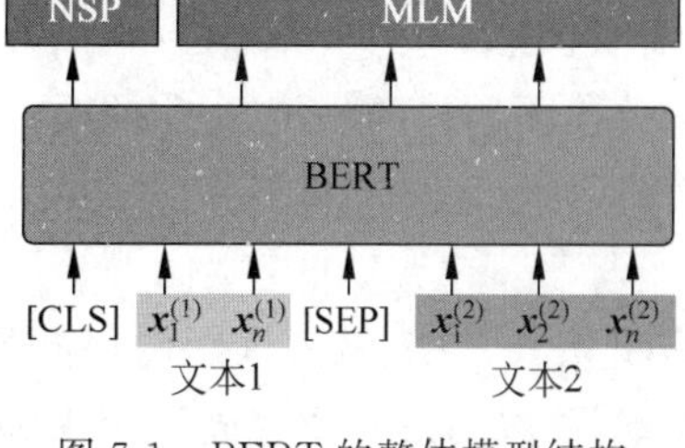

图 7-1　BERT 的整体模型结构

可以看到，模型的输入由两段文本 $\boldsymbol{x}^{(1)}$ 和 $\boldsymbol{x}^{(2)}$ 拼接组成，然后通过 BERT 建模得到上下文语义表示，最终学习掩码语言模型和下一个句子预测。需要注意的是，掩码语言模型对输入形式并没有特别要求，可以是一段文本，也可以是两段文本；而下一个句子预测要求模型的输入是两段文本。因此，BERT 在预训练阶段的输入形式统一为两段文本拼接的形式。接下来介绍如何对两段文本建模，得到对应的输入表示。

7.2.2 输入表示

BERT 的输入表示(Input Representation)由词向量(Token Embeddings)、块向量(Segment Embeddings)和位置向量(Position Embeddings)之和组成,如图 7-2 所示。

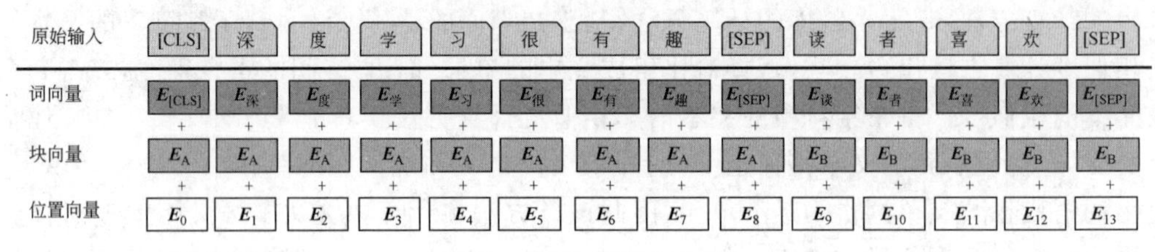

图 7-2 BERT 输入表示

为了计算方便,在 BERT 中,这三种向量维度均为 e,因此可通过式(7-1)计算输入序列对应的输入表示$\boldsymbol{v}$:

$$\boldsymbol{v}=\boldsymbol{v}^t+\boldsymbol{v}^s+\boldsymbol{v}^p \tag{7-1}$$

其中,$\boldsymbol{v}^t$ 表示词向量;$\boldsymbol{v}^s$ 表示块向量;$\boldsymbol{v}^p$ 表示位置向量;三种向量的大小均为 $N\times e$,N 表示序列最大长度,e 表示词向量维度。接下来介绍这三种向量的计算方法。

(1) 词向量。与传统神经网络模型类似,BERT 中的词向量同样通过词向量矩阵将输入文本转换成实值向量表示。具体地,假设输入序列 $\boldsymbol{x}$ 对应的 One-Hot 表示为 $e^t\in\mathbb{R}^{N\times|\mathbb{V}|}$,其对应的词向量表示$\boldsymbol{v}^t$ 为:

$$\boldsymbol{v}^t=e^t\boldsymbol{W}^t \tag{7-2}$$

其中,$\boldsymbol{W}^t\in\mathbb{R}^{|\mathbb{V}|\times e}$ 表示可训练的词向量矩阵;$|\mathbb{V}|$表示词表大小;e 表示词向量维度。

(2) 块向量。块向量用来编码当前词属于哪一个块(Segment)。输入序列中每个词对应的块编码(Segment Encoding)为当前词所在块的序号(从 0 开始计数)。

- 当输入序列是单个块时(如单句文本分类),所有词的块编码均为 0;
- 当输入序列是两个块时(如句对文本分类),第一个句子中每个词对应的块编码为 0,第二个句子中每个词对应的块编码为 1。

需要注意的是,[CLS]位(输入序列中的第一个标记)和第一个块结尾处的[SEP]位(用于分隔不同块的标记)的块编码均为 0。接下来,利用块向量矩阵 $\boldsymbol{W}^s$ 将块编码 $e^s\in\mathbb{R}^{N\times|\mathbb{S}|}$ 转换为实值向量,得到块向量$\boldsymbol{v}^s$:

$$\boldsymbol{v}^s=e^s\boldsymbol{W}^s \tag{7-3}$$

其中,$\boldsymbol{W}^s\in\mathbb{R}^{|\mathbb{S}|\times e}$ 表示可训练的块向量矩阵;$|\mathbb{S}|$表示块数量;e 表示块向量维度。

(3) 位置向量。位置向量用来编码每个词的绝对位置。将输入序列中的每个词按照其下标顺序依次转换为位置 One-Hot Encoding。下一步,利用位置向量矩阵 $\boldsymbol{W}^p$ 将位置 One-Hot Encoding $e^p\in\mathbb{R}^{N\times N}$ 转换为实值向量,得到位置向量$\boldsymbol{v}^p$:

$$\boldsymbol{v}^p=e^p\boldsymbol{W}^p \tag{7-4}$$

其中,$\boldsymbol{W}^p\in\mathbb{R}^{N\times e}$ 表示可训练的位置向量矩阵;N 表示最大位置长度;e 表示位置向量维度。

为了描述方便,后续输入表示层的操作统一归纳为式(7-5)。

$$\boldsymbol{X} = [\mathrm{CLS}]\boldsymbol{x}_1^{(1)}\boldsymbol{x}_2^{(1)}\cdots\boldsymbol{x}_n^{(1)}[\mathrm{SEP}]\boldsymbol{x}_1^{(2)}\boldsymbol{x}_2^{(2)}\cdots\boldsymbol{x}_m^{(2)}[\mathrm{SEP}] \tag{7-5}$$

对于给定的原始输入序列 $\boldsymbol{X}$，经过如下处理得到 BERT 的输入表示 $\boldsymbol{v}$：

$$\boldsymbol{v} = \mathrm{InputRepresentation}(\boldsymbol{X}) \tag{7-6}$$

其中，$\boldsymbol{v} \in \mathbb{R}^{N\times e}$ 表示输入表示层的最终输出结果，即词向量、块向量和位置向量之和；N 表示最大序列长度；e 表示输入表示维度。

7.2.3　基本预训练任务

与 GPT 不同的是，BERT 并没有采用传统的基于自回归的语言建模方法，而是引入了基于自编码(Auto-Encoding)的预训练任务进行训练。BERT 的基本预训练任务由掩码语言模型和下一个句子预测构成。下面详细介绍两个基本预训练任务。

1. 掩码语言模型

传统基于条件概率建模的语言模型只能从左至右(顺序)或者是从右至左(逆序)建模文本序列。如果同时将文本进行顺序建模和逆序建模，则会导致信息泄露。顺序建模表示根据“历史”的词预测“未来”的词；与之相反，逆序建模是根据“未来”的词预测“历史”的词。如果对上述两者同时建模则会导致在顺序建模时“未来”的词已被逆序建模暴露，进而语言模型倾向于从逆序建模中直接输出相应的词，而非通过“历史”词推理预测，从而使得整个语言模型变得非常简单，无法学习深层次的语义信息。对于逆序建模，同样会遇到类似的问题。为了避免这种问题，ELMo 模型采用了独立的前向和后向两个语言模型建模文本。

为了真正实现文本的双向建模，即当前时刻的预测同时依赖于“历史”和“未来”，BERT 采用了一种类似完形填空(Cloze)的做法，并称之为掩码语言模型。MLM 预训练任务直接将输入文本中的部分单词掩码(Mask)，并通过深层 Transformer 模型还原为原单词，从而避免了双向语言模型带来的信息泄露问题，迫使模型使用掩码词周围的上下文信息还原掩码词。

在 BERT 中，采用了 15%的掩码比例，即输入序列中 15%的 WordPieces 子词被掩码。当掩码时，模型使用 [MASK]标记替换原单词以表示该位置已被掩码。然而，这样会造成预训练阶段和下游任务精调阶段之间的不一致，因为人为引入的[MASK]标记并不会在实际的下游任务中出现。为了解决这个问题，当对输入序列掩码时，并非总是将其替换为[MASK]标记，而会按概率选择以下三种操作中的一种：

- 以 80%的概率替换为[MASK]标记；
- 以 10%的概率替换为词表中的任意一个随机词；
- 以 10%的概率保持原词不变，即不替换。

表 7-1 给出了三种掩码方式的示例。可以看到，当要预测[MASK]标记对应的单词时，模型不仅需要理解当前空缺位置之前的词，同时还要理解空缺位置之后的词，从而达到了双向语言建模的目的。在了解 MLM 预训练任务的基本方法后，接下来介绍其建模方法。

表 7-1 MLM 任务训练样本三种掩码方式的示例

原 文 本	The man went to the store to buy some milk.
80%的概率替换为[MASK]	The man went to the[MASK]to buy some milk.
10%的概率替换为随机词	The man went to the apple to buy some milk.
10%的概率保持原词不变	The man went to the store to buy some milk.

(1) 输入层。由于掩码语言模型并不要求输入一定是两段文本,为了描述方便,假设原始输入文本为 $\boldsymbol{x}_1\boldsymbol{x}_2\cdots\boldsymbol{x}_n$,通过上述方法掩码后的输入文本为 $\boldsymbol{x}'_1\boldsymbol{x}'_2\cdots\boldsymbol{x}'_n$。$x_i$ 表示输入文本的第 i 个词,x'_i表示经过掩码处理后的第 i 个词。对掩码后的输入文本进行如下处理,得到 BERT 的输入表示$\boldsymbol{v}$:

$$\boldsymbol{X}=[\text{CLS}]\boldsymbol{x}'_1\boldsymbol{x}'_2\cdots\boldsymbol{x}'_n[\text{SEP}] \tag{7-7}$$

$$\boldsymbol{v}=\text{InputRepresentation}(\boldsymbol{X}) \tag{7-8}$$

其中,[CLS]表示文本序列开始的特殊标记;[SEP]表示文本序列之间的分隔标记。

需要注意的是,如果输入文本的长度 n 小于 BERT 的最大序列长度 N,需要将补齐标记(Padding Token)[PAD]拼接在输入文本后,直至达到 BERT 的最大序列长度 N。例如,在下面的例子中,假设 BERT 的最大序列长度 $N=10$,而输入序列长度为 7(两个特殊标记加上 $\boldsymbol{x}_1$ 至 $\boldsymbol{x}_5$),需要在输入序列后方添加 3 个[PAD]补齐标记。

$$[\text{CLS}]\boldsymbol{x}_1\boldsymbol{x}_2\boldsymbol{x}_3\boldsymbol{x}_4\boldsymbol{x}_5[\text{SEP}][\text{PAD}][\text{PAD}][\text{PAD}]$$

而如果输入序列 $\boldsymbol{X}$ 的长度大于 BERT 的最大序列长度 N,需要对输入序列 $\boldsymbol{X}$ 截断至 BERT 的最大序列长度 N。例如,在下面的例子中,假设 BERT 的最大序列长度 $N=5$,而输入序列长度为 7(两个特殊标记加上 $\boldsymbol{x}_1$ 至 $\boldsymbol{x}_5$),需要对序列截断,使有效序列(输入序列中去除 2 个特殊标记)长度变为 3。

$$[\text{CLS}]\boldsymbol{x}_1\boldsymbol{x}_2\boldsymbol{x}_3[\text{SEP}]$$

为了描述方便,后续将忽略补齐标记[PAD],并以 N 表示最大序列长度。

(2) BERT 编码层。在 BERT 编码层中,BERT 的输入表示$\boldsymbol{v}$ 经过 L 层 Transformer,借助自注意力机制充分学习文本中的每个词之间的语义关联。Transformer 的编码方法已在 5.2.3 节中描述,此处不再赘述。

$$\boldsymbol{h}^{[l]}=\text{Transformer}-\text{Block}(\boldsymbol{h}^{[l-1]}),\quad \forall l\in\{1,2,\cdots,L\} \tag{7-9}$$

其中,$\boldsymbol{h}^{[l]}\in\mathbb{R}^{N\times d}$ 表示第 l 层 Transformer 的隐藏层输出,同时规定 $\boldsymbol{h}^{[0]}=\boldsymbol{v}$,以保持式(7-9)的完备性。为了描述方便,略去层与层之间的标记并简化为:

$$\boldsymbol{h}=\text{Transformer}(\boldsymbol{v}) \tag{7-10}$$

其中,$\boldsymbol{h}$ 表示最后一层 Transformer 的输出,即 $\boldsymbol{h}^{[L]}$。通过上述方法最终得到文本的上下文语义表示 $\boldsymbol{h}\in\mathbb{R}^{N\times d}$,其中 d 表示 BERT 的隐藏层维度。

(3) 输出层。由于掩码语言模型仅对输入文本中的部分词进行了掩码操作,因此并不需要预测输入文本中的每个位置,而只需要预测已经掩码的位置。假设集合$\mathbb{M}=\{m_1,m_2,\cdots,m_k\}$表示所有掩码位置的下标,$k$ 表示总掩码数量。如果输入文本长度为 n,掩码比例为 15%,则 $k=[n\times15\%]$。然后,以集合$\mathbb{M}$ 中的元素为下标,从输入序列的上下文语义表示 $\boldsymbol{h}$ 中抽取出对应的表示,并将这些表示进行拼接得到掩码表示 $\boldsymbol{h}^m\in$

$\mathbb{R}^{k\times d}$。

在 BERT 中，由于输入表示维度 e 和隐藏层维度 d 相同，可直接利用词向量矩阵 $\boldsymbol{W}^t \in \mathbb{R}^{|\mathbb{V}|\times e}$（式(7-2)）将掩码表示映射到词表空间。对于掩码表示中的第 i 个分量 $\boldsymbol{h}_i^m$，通过式(7-11)计算该掩码位置对应的词表上的概率分布 P_i。

$$P_i = \text{Softmax}(\boldsymbol{h}_i^m \boldsymbol{W}^t + \boldsymbol{b}^o) \tag{7-11}$$

其中，$\boldsymbol{b}^o \in \mathbb{R}^{|\mathbb{V}|}$ 表示全连接层的偏置。

最后，在得到掩码位置对应的概率分布 P_i 后，与标签 $\boldsymbol{y}_i$（即原单词 $\boldsymbol{x}_i$ 的 One-Hot 向量表示）计算交叉熵损失，学习模型参数。

2. 下一个句子预测

在 MLM 预训练任务中，模型已经能够根据上下文还原掩码部分的词，从而学习上下文敏感的文本表示。然而，对于阅读理解、文本蕴含等需要两段输入文本的任务来说，仅依靠 MLM 无法显式地学习两段输入文本之间的关联。例如，在阅读理解任务中，模型需要对篇章和问题建模，从而能够找到问题对应的答案；在文本蕴含任务中，模型需要分析输入的两段文本（前提和假设）的蕴含关系。

因此，除了 MLM 任务，BERT 还引入了第二个预训练任务——下一个句子预测（NSP）任务，以构建两段文本之间的关系。NSP 任务是一个二分类任务，需要判断句子 B 是否是句子 A 的下一个句子，其训练样本由以下方式产生。

- 正样本：来自自然文本中相邻的两个句子“句子 A”和“句子 B”，即构成“下一个句子”关系；
- 负样本：将“句子 B”替换为语料库中任意一个其他句子，即构成“非下一个句子”关系。

NSP 任务整体的正负样本比例控制在 1∶1。由于 NSP 任务的设计原则较为简单，通过上述方法能够自动生成大量的训练样本，所以也可以看作无监督学习任务。表 7-2 给出了 NSP 任务的样本示例。

表 7-2　NSP 任务的样本示例

	正　样　本	负　样　本
第一段文本	The man went to the store.	The man went to the store.
第二段文本	He bought a gallon of milk.	Penguins are flightless.

NSP 任务的建模方法与 MLM 任务类似，主要在输出方面有所区别。下面针对 NSP 任务的建模方法进行说明。

(1) 输入层。对于给定的经过掩码处理后的输入文本

$$\boldsymbol{x}^{(1)} = \boldsymbol{x}_1^{(1)} \boldsymbol{x}_2^{(1)} \cdots \boldsymbol{x}_n^{(1)}$$

$$\boldsymbol{x}^{(2)} = \boldsymbol{x}_1^{(2)} \boldsymbol{x}_2^{(2)} \cdots \boldsymbol{x}_m^{(2)}$$

经过如下处理，得到 BERT 的输入表示 $\boldsymbol{v}$。

$$\boldsymbol{X} = [\text{CLS}]\boldsymbol{x}_1^{(1)} \boldsymbol{x}_2^{(1)} \cdots \boldsymbol{x}_n^{(1)} [\text{SEP}] \boldsymbol{x}_1^{(2)} \boldsymbol{x}_2^{(2)} \cdots \boldsymbol{x}_m^{(2)} [\text{SEP}] \tag{7-12}$$

$$\boldsymbol{v} = \text{InputRepresentation}(\boldsymbol{X}) \tag{7-13}$$

其中,[CLS]表示文本序列开始的特殊标记;[SEP]表示文本序列之间的分隔标记。

(2) BERT 编码层。在 BERT 编码层中,输入表示$\boldsymbol{v}$经过L层 Transformer 的编码,借助自注意力机制充分学习文本中每个词之间的语义关联,最终得到输入文本的上下文语义表示。

$$\boldsymbol{h} = \text{Transformer}(\boldsymbol{v}) \tag{7-14}$$

其中,$\boldsymbol{h} \in \mathbb{R}^{N \times d}$,其中$N$表示最大序列长度,$d$表示 BERT 的隐藏层维度。

(3) 输出层。与 MLM 任务不同的是,NSP 任务只需要判断输入文本$\boldsymbol{x}^{(2)}$是否是$\boldsymbol{x}^{(1)}$的下一个句子。因此,在 NSP 任务中,BERT 使用了[CLS]位的隐藏层表示进行分类预测。具体地,[CLS]位的隐藏层表示由上下文语义表示$\boldsymbol{h}$的首个分量h_o构成,因为[CLS]是输入序列中的第一个元素。在得到[CLS]位的隐藏层表示$\boldsymbol{h}_o$后,通过一个全连接层预测输入文本的分类概率$p \in \mathbb{R}^2$。

$$p = \text{Softmax}(\boldsymbol{h}_o \boldsymbol{W}^p + \boldsymbol{b}^o) \tag{7-15}$$

其中,$\boldsymbol{W}^p \in \mathbb{R}^{d \times 2}$表示全连接层的权重;$\boldsymbol{b}^o \in \mathbb{R}^2$表示全连接层的偏置。

最后,在得到分类概率P后,与真实分类标签y计算交叉熵损失,学习模型参数。

7.2.4 预训练语言模型的下游应用

在经过大规模数据的预处理后,可以将预训练语言模型应用到各种各样的下游任务中。通常,预训练语言模型的应用方式有以下两种。图 7-3 给出了两种应用方式。

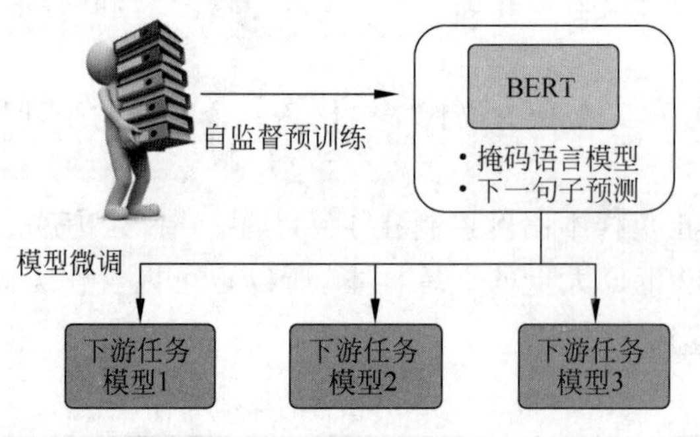

图 7-3 两种应用方式

- 特征提取:仅利用 BERT 提取输入文本特征,生成对应的上下文语义表示,而 BERT 在本书中不参与下游任务的训练,即 BERT 在应用时设置无梯度下降;
- 模型微调(Fine-tune):利用 BERT 作为下游任务模型的输入层部分,生成文本对应的上下文语义表示,并参与下游任务的训练,也就是与下游任务一起进行参数学习和更新。

特征提取方法与传统的词向量技术类似,例如第 6 章介绍的 word2vec,使用起来相对简单。最大缺点是不参与下游任务的训练,更多依赖下游模型的设计,没有全面发挥 BERT 模型的优势。而目前大多数情况采用的模型微调方法,充分利用预训练语言模型庞大的参数数量学习了更多的下游任务知识,所以与下游任务更加匹配。

通过大量实验表明,模型微调方法的效果好于特征提取方法。因此,将在 7.2.5 节介绍微调方法在下游文本语义相似度计算任务的应用。

7.2.5 模型实现

PaddleNLP是百度PaddlePaddle框架下的自然语言处理核心开发库，其内置了ERNIE、BERT、RoBERTa、Electra等丰富的预训练模型，并且内置了各种预训练模型对于不同下游任务的Fine-tune网络。这里以BERT模型为例，介绍其使用方法。

1. 加载预训练模型BERT及Tokenizer

加载预训练模型BERT用于下游任务的Fine-tune网络，只需要指定想要使用的模型名称即可完成网络定义。Tokenizer用于将原始输入文本转化成模型可以接受的输入数据形式。PaddleNLP对于各种预训练模型已经内置了相应的Tokenizer，指定想要使用的模型名字即可加载。代码如下所示。

```
01. import paddle
02. from paddlenlp.transformers import BertTokenizer,BertModel,BertForSequenceClassification
03.
04. #加载 BERT 和 Tokenizer
05. MODEL_NAME = "bert-base-chinese"
06. BERT_Pre_trained_model = BertModel.from_pretrained(MODEL_NAME)
07. tokenizer = BertTokenizer.from_pretrained(MODEL_NAME)
```

下面是加载BERT和Tokenizer过程。

```
[2022-01-29 12:33:10,057] [ INFO] - Downloading http://paddlenlp.bj.bcebos.com/models/transformers/bert/bert-base-chinese.pdparams and saved to /home/aistudio/.paddlenlp/models/bert-base-chinese
[2022-01-29 12:33:10,059] [ INFO] - Downloading bert-base-chinese.pdparams from http://paddlenlp.bj.bcebos.com/models/transformers/bert/bert-base-chinese.pdparams
100%|██████████| 696494/696494 [00:10<00:00, 65532.05it/s]
W0129 12:33:20.832710  102 device_context.cc:447]
Please NOTE: device: 0, GPU Compute Capability: 7.0, Driver API Version: 11.0, Runtime API Version: 10.1
W0129 12:33:20.837150  102 device_context.cc:465]
device: 0, cuDNN Version: 7.6.
[2022-01-29 12:33:28,354] [ INFO] - Weights from pretrained model not used in BertModel: ['cls.predictions.decoder_weight', 'cls.predictions.decoder_bias', 'cls.predictions.transform.weight', 'cls.predictions.transform.bias', 'cls.predictions.layer_norm.weight', 'cls.predictions.layer_norm.bias', 'cls.seq_relationship.weight', 'cls.seq_relationship.bias']
[2022-01-29 12:33:28,625] [ INFO] - Downloading https://paddle-hapi.bj.bcebos.com/models/bert/bert-base-chinese-vocab.txt and saved to /home/aistudio/.paddlenlp/models/bert-base-chinese
[2022-01-29 12:33:28,627] [ INFO] - Downloading bert-base-chinese-vocab.txt from https://paddle-hapi.bj.bcebos.com/models/bert/bert-base-chinese-vocab.txt
100%|██████████| 107/107 [00:00<00:00, 30713.83it/s]
```

2. 调用 Tokenizer 进行数据处理

Transformer类预训练模型所需的数据处理步骤通常包括将原始输入文本切分token；将token映射为对应的token id；拼接上预训练模型对应的特殊token，如[CLS]、[SEP]；最后转化为框架所需的数据格式。为了方便使用，PaddleNLP提供了高阶API，一键即可返回模型所需数据格式。例如，Tokenizer函数可以完成切分token，映射token id以及拼接特殊token。代码如下所示。

```
01. #用 Tokenizer 处理数据,并转换成模型能接受的数据格式
02. encoded_text = tokenizer(text = "请输入测试样例")
03. input_ids = paddle.to_tensor([encoded_text['input_ids']])
04. print("input_ids : {}".format(input_ids))
05. token_type_ids = paddle.to_tensor([encoded_text['token_type_ids']])
06. print("token_type_ids : {}".format(token_type_ids))
#用 Tokenizer 处理数据,并转换成模型能接受的数据格式
encoded_text = tokenizer(text = "请输入测试样例")
input_ids = paddle.to_tensor([encoded_text['input_ids']])
print("input_ids : {}".format(input_ids))
token_type_ids = paddle.to_tensor([encoded_text['token_type_ids']])
print("token_type_ids : {}".format(token_type_ids))
```

读者可以从上面代码输出结果了解BERT的输入格式要求：input_ids表示输入文本的token id，例如，[CLS]对应的id为101，汉字“请”对应的id为6435；token_type_ids表示对应的token属于输入的第一个句子还是第二个句子。上述代码运行结果如下。

```
input_ids : Tensor(shape = [1, 9], dtype = int64, place = CUDAPlace(0), stop_gradient = True,
    [[101 , 6435, 6783, 1057, 3844, 6407, 3416, 891 , 102 ]])
token_type_ids : Tensor(shape = [1, 9], dtype = int64, place = CUDAPlace(0), stop_gradient =
True,
    [[0, 0, 0, 0, 0, 0, 0, 0, 0]])
```

3. 调用 BERT 模型得到相应输出

BERT模型输出有2个tensor：sequence_output是对应每个输入token的语义特征表示，shape为(1, num_tokens, hidden_size)，一般用于序列标注、问答等任务；pooled_output是对应整个句子的语义特征表示，shape为(1, hidden_size)，一般用于文本分类、信息检索等任务。代码如下所示。

```
01. sequence_output, pooled_output = BERT_Pre_trained_model(input_ids, token_type_ids)
02. print("Token wise output: {}, Pooled output: {}".format(
03.     sequence_output.shape, pooled_output.shape))
```

运行结果如下所示。

```
Token wise output: [1, 9, 768], Pooled output: [1, 768]
```

7.3　案例：BERT 文本语义相似度计算

视频讲解

文本语义匹配是自然语言处理中一个重要的基础问题，NLP 领域的很多任务都可以抽象为文本匹配任务。例如，信息检索可以归结为查询项和文档的匹配、问答系统可以归结为问题和候选答案的匹配、对话系统可以归结为对话和回复的匹配。语义匹配在搜索优化、推荐系统、快速检索排序、智能客服上都有广泛的应用。如何提升文本匹配的准确度，是自然语言处理领域的一个重要挑战。

- 信息检索：在信息检索领域的很多应用中，都需要根据原文本来检索与其相似的其他文本，使用场景非常普遍。
- 新闻推荐：通过用户刚刚浏览过的新闻标题，自动检索出其他相似的新闻，个性化地为用户推荐，从而增强用户黏性，提升产品体验。
- 智能客服：用户输入一个问题后，自动为用户检索出相似的问题和答案，节约人工客服的成本，提高效率。

在介绍文本匹配之前，先举例比较各候选句子和原句语义，其中原句："车头如何放置车牌"，比较句子："前牌照怎么装""如何办理武汉的车牌" "后牌照怎么装"。

(1) 比较句子 1 与原句，虽然句式和语序等存在较大差异，但是所表述的含义几乎相同。

(2) 比较句子 2 与原句，虽然存在"如何""车牌"等共现词，但是所表述的含义完全不同。

(3) 比较句子 3 与原句，二者讨论的都是如何放置车牌的问题，只不过一个是前牌照，另一个是后牌照。二者间存在一定的语义相关性。

所以以上句子间的语义相关性，句子 1 大于句子 3，句子 3 大于句子 2，这就是语义匹配。

文本匹配任务的挑战：

- 多义问题：一词多义，如苹果；
- 多词同义问题：如的士和出租车；
- 组合结构问题：如从北京到武汉的飞机和从武汉到北京的飞机，湖人队打败了勇士队和勇士队打败了湖人队；
- 表达多样性问题：苹果的翻译，苹果用英文怎么说；
- 匹配的非对称问题：一瓶娃哈哈多少毫升和娃哈哈的净含量为 550mL；今天特别累了和早点回去休息吧。

7.3.1　方案设计

本案例的实现模型如图 7-4 所示，模型输入的是两个句子(文本 1 和文本 2)，模型输出是两个句子是否语义相关。在模型构建时，需要先对输入的文本进行数据预处理，生成符合模型输入的文本序列数据；然后使用 BERT 对文本序列进行编码，获得文本的语义向量表示；最后经过全连接层和 Softmax 函数得到文本的相关概率。

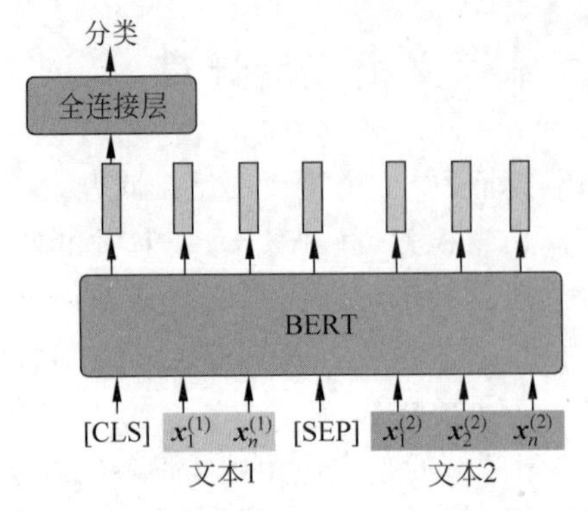

图 7-4　基于 BERT 的文本语义相似度识别模型

7.3.2　数据预处理

1. 数据集介绍

LCQMC 是一个大规模的中文问题匹配语料库，包含 260068 个问题对。其中，训练集 23.9 万条，验证集 0.88 万条，测试集 1.25 万条。

- 训练集：用来训练模型参数的数据集，模型直接根据训练集来调整自身参数以获得更好的分类效果。
- 验证集：用于在训练过程中检验模型的状态、收敛情况。验证集通常用于调整超参数，根据几组模型验证集上的表现，决定采用哪组超参数。
- 测试集：用来计算模型的各项评估指标，验证模型泛化能力。

2. 数据加载

PaddleNLP 内置了适用于阅读理解、文本分类、序列标注、机器翻译等下游任务的多个数据集。本案例使用 load_dataset()函数加载内置语义数据集 LCQMC，并得到 Dataset 类型的训练集和验证集数据 train_ds 和 dev_ds。代码如下所示。

```
01. import time
02. import os
03. import numpy as np
04. import paddle
05. import paddle.nn.functional as F
06. from paddlenlp.datasets import load_dataset
07. import paddlenlp
08. from paddlenlp.transformers import BertTokenizer
09. import paddle.nn as nn
10.
```

```
11. # 一键加载 LCQMC 的训练集、验证集
12. train_ds, dev_ds = load_dataset("lcqmc", splits = ["train", "dev"])
13. # 输出训练集的前 3 条样本
14. for idx, example in enumerate(train_ds):
15.   if idx <= 3:
16.      print(example)
```

3. 数据 Tokenizer

在上文数据加载中 Dataset 通常为原始数据，需要经过一定的数据处理并进行组批次(Batch)，而后通过 paddle.io.DataLoader 为训练或预测使用。数据处理分为两类：

1）基于预训练模型的数据处理

在使用预训练模型做自然语言处理任务时，需要加载对应的 Tokenizer，PaddleNLP 在 PreTrainedTokenizer 中内置的 __call__() 方法可以实现基础的数据处理功能。PaddleNLP 内置的所有预训练模型的 Tokenizer 都继承自 PreTrainedTokenizer。

2）基于非预训练模型的数据处理

在使用非预训练模型做 NLP 任务时，可以借助 PaddleNLP 内置的 JiebaTokenizer 和 Vocab 完成数据处理的相关功能，整体流程与使用预训练模型基本相似。

因为要使用预训练模型 BERT，本节属于数据处理第一类，下面以 BertTokenizer 为例说明其使用方法。代码如下所示。

```
01. # 将 1 条明文数据的 query、title 拼接起来，根据预训练模型的 Tokenizer 将明文转换为 id
    数据
02. # 返回 input_ids 和 token_type_ids
03. def convert_example(example, tokenizer, max_seq_length = 512, is_test = False):
04.    query, title = example["query"], example["title"]
05.    encoded_inputs = tokenizer(
06.        text = query, text_pair = title, max_seq_len = max_seq_length)
07.
08.   input_ids = encoded_inputs["input_ids"]
09.   token_type_ids = encoded_inputs["token_type_ids"]
10.
11.   if not is_test:
12.       label = np.array([example["label"]], dtype = "int64")
13.       return input_ids, token_type_ids, label
14.   # 在预测或者评估阶段，不返回 label 字段
15.   else:
16.       return input_ids, token_type_ids
17.
18. tokenizer = BertTokenizer.from_pretrained('bert - base - chinese')
19. input_ids, token_type_ids, label = convert_example(train_ds[0], tokenizer)
20. # 为了后续方便使用，我们使用 Python 偏函数 partial 给 convert_example 赋予一些默认
    参数
21. from functools import partial
22.
```

```
23. # 训练集和验证集的样本转换函数
24. trans_func = partial(
25.     convert_example,
26.     tokenizer = tokenizer,
27.     max_seq_length = 512)
```

4. 组装 Batch 数据的 batchify_fn 匿名函数

在前一步骤完成了对单条样本的转换的基础上，本过程通过 batchify_fn()函数将样本组合成 Batch 数据，对于不等长的数据还需要进行 Padding 等操作。前一步处理后的单条数据是一个字典，包含 input_ids、token_type_ids 和 label 三个 key，其中 input_ids 和 token_type_ids 是需要进行 Padding 操作后输入模型的，而 label 是需要 stack 之后传入 loss function 的。因此，我们使用 PaddleNLP 内置的 Tuple()、Stack()和 Pad() 函数整理 Batch 中的数据。代码如下所示。

```
01. batchify_fn = lambda samples, fn = Tuple(
02.     Pad(axis = 0, pad_val = tokenizer.pad_token_id), # input_ids
03.     Pad(axis = 0, pad_val = tokenizer.pad_token_type_id), # token_type_ids
04.     Stack(dtype = "int64") # label
05. ): [data for data in fn(samples)]
```

5. 定义 Dataloader

下面代码定义 Dataloader，各相关函数作用如下：

- train_ds：训练集数据；
- trans_func：主要实现文本数据变成 tokenID，具体包括 tokenize、token to id 等操作，并传入数据集的 map()方法，将原始数据转为 feature；
- batch_sampler：对训练数据进行切分成批次；
- batchify_fn：将样本组合成 Batch 数据，对于不等长的数据需要进行 Padding 等操作。

注意：PaddleNLP 内置的 paddlenlp. datasets. MapDataset 的 map()方法支持传入一个函数，对数据集 train_ds 内的数据通过 trans_func 函数进行统一转换成 id。下面以基于 BERT 的文本分类任务的数据处理流程进行说明，如图 7-5 所示。

具体代码实现如下所示。

```
01. # 定义分布式 Sampler：自动对训练数据进行切分，支持多卡并行训练
02. batch_sampler = paddle.io.DistributedBatchSampler(train_ds, batch_size = 32, shuffle
    = True)
03.
04. # 基于 train_ds 定义 train_data_loader
05. # 因为我们使用了分布式的 DistributedBatchSampler, train_data_loader 会自动对训练数
    据进行切分
```

```
06. train_data_loader = paddle.io.DataLoader(
07.         dataset = train_ds.map(trans_func),
08.         batch_sampler = batch_sampler,
09.         collate_fn = batchify_fn,
10.         return_list = True)
11.
12. # 针对验证集数据加载,我们使用单卡进行评估,所以采用 paddle.io.BatchSampler 即可
13. # 定义 dev_data_loader
14. batch_sampler = paddle.io.BatchSampler(dev_ds, batch_size = 32, shuffle = False)
15. dev_data_loader = paddle.io.DataLoader(
16.         dataset = dev_ds.map(trans_func),
17.         batch_sampler = batch_sampler,
18.         collate_fn = batchify_fn,
19.         return_list = True)
```

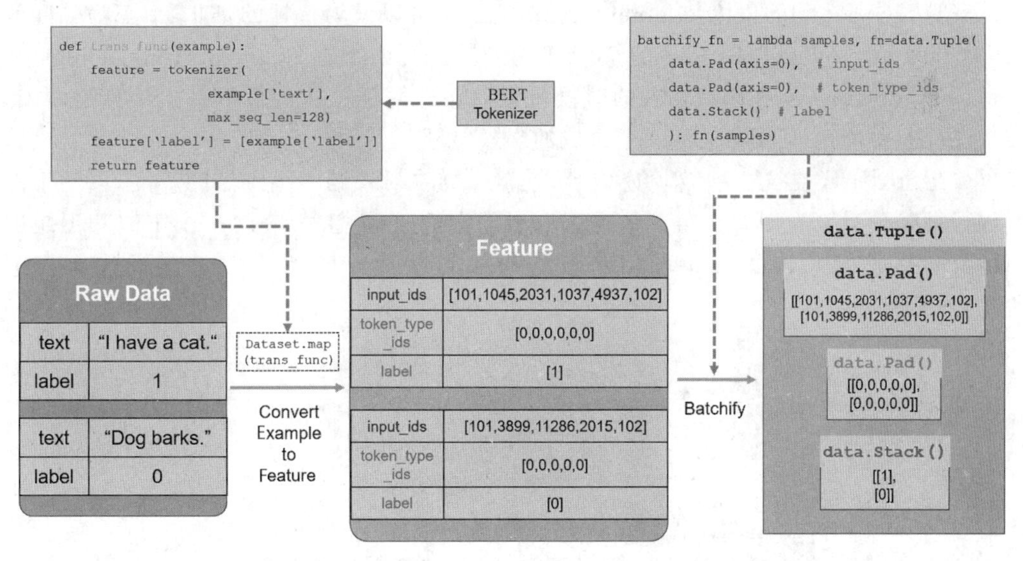

图 7-5 基于 BERT 的文本分类任务的数据处理流程图

7.3.3 模型构建

BERT 模型的输入如图 7-6 所示。

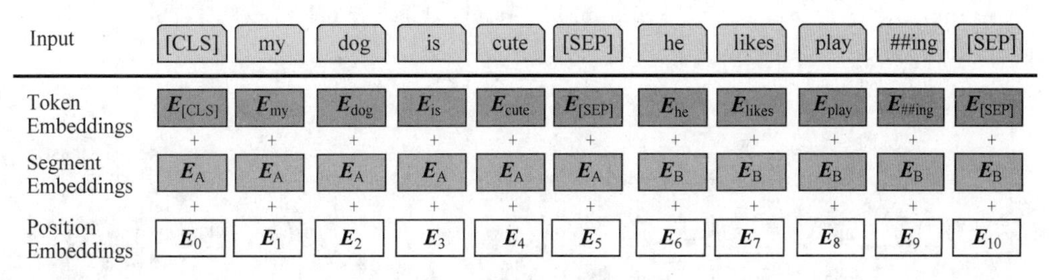

图 7-6 BERT 的输入

图 7-6 中显示出输入数据的样式,包括三个部分:Token Embeddings、Segment Embeddings、Position Embeddings。Embeddings 为嵌入,即将一个元素表示成一个 $1\times n$ 的向量,用以表示这个元素在一个向量空间的相对位置。Token Embeddings 为词嵌入,将分词后的词元素映射成一个个 $1\times n$ 的向量。除此之外,Segment Embeddings 表示每个词元素属于何种角色。具体来说,当我们需要区分一个输入中不同语句时,如在对话模型中,区分输入中每一句话是哪个对象发出的,可以用 Segment Embeddings。Position Embeddings 具有 Transformer 模型的特色,由于此类自注意力机制无法区分距离的远近,引入了该嵌入来增加距离产生的偏置。通常情况下,Position 为一个从句首到句尾递增的数列,如$[0,1,2,3,4,5,\cdots,n-1]$即表示一个长度为 n 的输入的 Position。

如何得到 Embeddings 呢? 通常是构造一个 $N\times n$ 的矩阵,所有元素被唯一对应一个位置索引,元素数量不大于 N。每一个元素的嵌入通过其对应的索引调取矩阵对应的行的 n 个列上的元素,即 $1\times n$ 的向量。该过程请参考第 5 章相关内容。在本案例中,由于不需要区分每一句的角色,Segment Embeddings 可以设为一样的,即索引都为相同的值(如 0)。由于 PaddlePaddle 的 BERT 模型会自动处理 Segment Embeddings 和 Position Embeddings,在构造输入的时候可以忽略这两项。在进行下一步计算前,所有类型进行求和,每个词元素对应一个合成的嵌入向量。

需注意以下类定义中包含填充内容,使输入样本对齐到一个特定的长度,以便于模型进行批处理运算。因此在得到数据读取器的实例时,需注意参数 max_len,其不超过模型所支持的最大长度(PaddleNLP 默认的序列最长长度为 512)。实现代码如下所示。

```
01. # 基于 BERT 模型结构搭建 Point - wise 语义匹配网络
02. pretrained_model = paddlenlp.transformers.BertModel.from_pretrained('bert - base -
    chinese')
03.
04. class PointwiseMatching(nn.Layer):
05.     # 此处的 pretained_model 在本例中会被 BERT 预训练模型初始化
06.     def __init__(self, pretrained_model, dropout = None):
07.         super().__init__()
08.         self.ptm = pretrained_model
09.         self.dropout = nn.Dropout(dropout if dropout is not None else 0.1)
10.
11.         #语义匹配任务:相似、不相似二分类任务
12.         self.classifier = nn.Linear(self.ptm.config["hidden_size"], 2)
13.
14.     def forward(self,
15.                 input_ids,
16.                 token_type_ids = None,
17.                 position_ids = None,
18.                 attention_mask = None):
19.
20.         # 此处的 Input_ids 由两条文本的 token ids 拼接而成
21.         # token_type_ids 表示两段文本的类型编码
```

```
22.         # 返回的 cls_embedding 就表示这两段文本经过模型的计算之后得到的语义表示
    向量
23.         _, cls_embedding = self.ptm(input_ids, token_type_ids, position_ids,
24.                                     attention_mask)
25.
26.         cls_embedding = self.dropout(cls_embedding)
27.
28.         # 基于文本对的语义表示向量进行 2 分类任务
29.         logits = self.classifier(cls_embedding)
30.         probs = F.Softmax(logits)
31.
32.         return probs
33.
34. # 定义 Point-wise 语义匹配网络
35. model = PointwiseMatching(pretrained_model)
```

7.3.4 模型配置与模型训练

模型配置需要定义优化算法和损失函数，这里使用 AdamW 优化算法，通过 LinearDecayWithWarmup 函数在训练中调整学习率。损失函数使用的是交叉熵函数 paddle.nn.loss.CrossEntropyLoss()，该函数适用分类问题。评估采用准确率指标 paddle.metric.Accuracy()，在训练的时候输出分类的准确度。由于训练是按批次进行训练的，因此输出的分类准确度是每一批次数据准确度的平均值。实现代码如下所示。

```
01. from paddlenlp.transformers import LinearDecayWithWarmup
02.
03. epochs = 3
04. num_training_steps = len(train_data_loader) * epochs
05.
06. # 定义 learning_rate_scheduler,负责在训练过程中对 lr 进行调度
07. lr_scheduler = LinearDecayWithWarmup(5E-5, num_training_steps, 0.0)
08.
09. # Generate parameter names needed to perform weight decay.
10. # All bias and LayerNorm parameters are excluded.
11. decay_params = [
12.   p.name for n, p in model.named_parameters()
13.   if not any(nd in n for nd in ["bias", "norm"])
14. ]
15.
16. # 定义 Optimizer
17. optimizer = paddle.optimizer.AdamW(
18.     learning_rate=lr_scheduler,
19.     parameters=model.parameters(),
20.     weight_decay=0.0,
21.     apply_decay_param_fun=lambda x: x in decay_params)
22.
23. # 采用交叉熵损失函数
24. criterion = paddle.nn.loss.CrossEntropyLoss()
```

```
25.
26. #评估的时候采用准确率指标
27. metric = paddle.metric.Accuracy()
28. #因为训练过程中同时要在验证集进行模型评估,因此我们先定义评估函数
29. @paddle.no_grad()
30. def evaluate(model, criterion, metric, data_loader, phase = "dev"):
31.   model.eval()
32.   metric.reset()
33.   losses = []
34.   for batch in data_loader:
35.       input_ids, token_type_ids, labels = batch
36.       probs = model(input_ids = input_ids, token_type_ids = token_type_ids)
37.       loss = criterion(probs, labels)
38.       losses.append(loss.numpy())
39.       correct = metric.compute(probs, labels)
40.       metric.update(correct)
41.       accu = metric.accumulate()
42.   print("eval {} loss: {:.5}, accu: {:.5}".format(phase,
43.                                        np.mean(losses), accu))
44.   model.train()
45.   metric.reset()
46. # 接下来,开始正式训练模型,训练时间较长,如时间有限,可注释掉这部分
47. global_step = 0
48. tic_train = time.time()
49.
50. for epoch in range(1, epochs + 1):
51.   for step, batch in enumerate(train_data_loader, start = 1):
52.
53.       input_ids, token_type_ids, labels = batch
54.       probs = model(input_ids = input_ids, token_type_ids = token_type_ids)
55.       loss = criterion(probs, labels)
56.       correct = metric.compute(probs, labels)
57.       metric.update(correct)
58.       acc = metric.accumulate()
59.
60.       global_step += 1
61.
62.       # 每间隔 10 step 输出训练指标
63.       if global_step % 10 == 0:
64.         print(
65.             "global step %d, epoch: %d, batch: %d, loss: %.5f, accu: %.5f, speed:
   %.2f step/s"
66.             % (global_step, epoch, step, loss, acc,
67.                 10 / (time.time() - tic_train)))
68.         tic_train = time.time()
69.       loss.backward()
70.       optimizer.step()
71.       lr_scheduler.step()
```

```
72.         optimizer.clear_grad()
73.
74.         # 每间隔 100 step 在验证集和测试集上进行评估
75.         if global_step % 100 == 0:
76.             evaluate(model, criterion, metric, dev_data_loader, "dev")
77.
78. # 训练结束后,存储模型参数
79. save_dir = os.path.join("checkpoint", "model_%d" % global_step)
80. os.makedirs(save_dir)
81.
82. save_param_path = os.path.join(save_dir, 'model_state.pdparams')
83. paddle.save(model.state_dict(), save_param_path)
84. tokenizer.save_pretrained(save_dir)
```

如上代码基于默认参数配置进行单卡训练,大概要持续 72 分钟。当完成 3 个 Epoch,模型准确率为 89.62%。

7.3.5 模型推理

模型推理需要加载测试数据集和模型,对数据集进行预测得到相似度输出,具体实现如下所示。

```
01. # 定义预测函数
02. def predict(model, data_loader):
03.
04.    batch_probs = []
05.
06.    # 预测阶段打开 eval 模式,模型中的 dropout 等操作会关掉
07.    model.eval()
08.
09.    with paddle.no_grad():
10.        for batch_data in data_loader:
11.            input_ids, token_type_ids = batch_data
12.            input_ids = paddle.to_tensor(input_ids)
13.            token_type_ids = paddle.to_tensor(token_type_ids)
14.
15.            # 获取每个样本的预测概率: [batch_size, 2] 的矩阵
16.            batch_prob = model(
17.                input_ids=input_ids, token_type_ids=token_type_ids).numpy()
18.
19.            batch_probs.append(batch_prob)
20.        batch_probs = np.concatenate(batch_probs, axis=0)
21.
22.        return batch_probs
23.
24. #预测数据的转换函数,predict 数据没有 label, 因此 convert_example 的 is_test 参数设
    为 True
```

```
25. from functools import partial
26. trans_func = partial(
27.   convert_example,
28.   tokenizer = tokenizer,
29.   max_seq_length = 512,
30.   is_test = True)
31.
32. # 预测数据的组 Batch 操作
33. # predict 数据只返回 input_ids 和 token_type_ids,因此只需要 2 个 Pad 对象作为
    batchify_fn
34. = lambda samples, fn = Tuple(
35.    Pad(axis = 0, pad_val = tokenizer.pad_token_id), # input_ids
36.    Pad(axis = 0, pad_val = tokenizer.pad_token_type_id), # segment_ids
37. ): [data for data in fn(samples)]
38.
39. # 加载预测数据
40. test_ds = load_dataset("lcqmc", splits = ["test"])
41.
42. # 加载模型
43. pretrained_model = paddlenlp.transformers.BertModel.from_pretrained('bert - base -
    chinese')
44. model = PointwiseMatching(pretrained_model)
45. state_dict = paddle.load("./checkpoint/model_state.pdparams")
46. model.set_dict(state_dict)
47.
48. # 执行预测函数
49. y_probs = predict(model, predict_data_loader)
50.
51. # 根据预测概率获取预测 label
52. y_preds = np.argmax(y_probs, axis = 1)
```

7.4 本章小结

本章首先介绍了文本语义相似度任务,并说明了该任务的现状以及难点。其次,介绍了预训练语言模型 BERT 的相关理论。最后,使用 PaddleNLP 构建了基于 BERT 的文本语义相似度识别模型。

第 8 章

词性分析技术及应用

命名实体识别(Named Entry Recognition，NER)是自然语言处理中一项非常基础的任务，是信息提取、问答系统、句法分析、机器翻译等众多自然语言处理任务的重要基础工具。命名实体识别的准确度，决定了下游任务的效果。NER 任务提供了两种解决方案，一类是使用 LSTM/GRU+CRF，RNN 类的模型来抽取底层文本的信息，而使用 CRF(条件随机场)模型来学习底层 token 之间的联系；另外一类是通过预训练模型，例如 ERNIE、BERT 模型，直接预测 token 的标签信息。学习本章，希望读者能够：

- 理解并掌握经典的时序模型长短时记忆网络 LSTM 的基础知识；
- 了解命名实体识别任务，以及它的应用场景；
- 了解条件随机场 CRF 的原理，以及其与 LSTM 的结合方式；
- 使用 PaddlePaddle 搭建 BERT-BiLSTM-CRF 模型。

8.1 任务简介

命名实体识别从自然语言文本中找出特定类型的实体，如人名、组织机构名、地名等，常被用于金融、医疗、法律等垂直领域。NER 有基于规则、基于统计及深度学习三种方法，其中深度学习方法能在低成本、高可扩展性、高召回率的情况下完成实体识别任务，是当前研究的主流方法，已经在医学、公安和国防科技等领域广泛应用。

NER 任务提供了两种解决方案，一种是使用 LSTM/GRU+CRF；另外一种是通过预训练模型 BERT 等，直接预测 token 的标签信息。需要指出的是，LSTM+CRF 在通用命名实体识别领域取得了不错的效果，在具体应用领域仍存在以下问题：中文地址要素解析的待识别实体由多个字符组成，实体边界难以划分；待识别的实体存在嵌套、缩写、人名较长等情况。近年来针对预训练语言模型的研究表明，BERT 等预训练语言模型是语言理解系统不可或缺的组成部分,能够有效地改进命名实体识别等“词”(token)层面的任务。鉴于BERT预训练语言模型在自然语言处理任务中的优异表现,本章尝试在命名实体识别任务中引入BERT预训练向量,在此基础上,针对CCKS2021阿里天池地址识别竞赛任务,借助双向长短记忆神经网络对上下文信息的整合能力和条件随机场对句子语法结构的约束能力,完成从快递单中抽取姓名、电话、省、市、区、详细地址等内容,形成结构化信息。

8.2 基于BERT-BiLSTM-CRF模型的命名实体识别模型

本章使用BERT-BiLSTM-CRF模型作为命名实体识别模型,该模型将文本转换为词序列特征,并完成最终实体标注。模型主要包括3层,即文本表示层、特征抽取层和序列标注层,如图8-1所示。

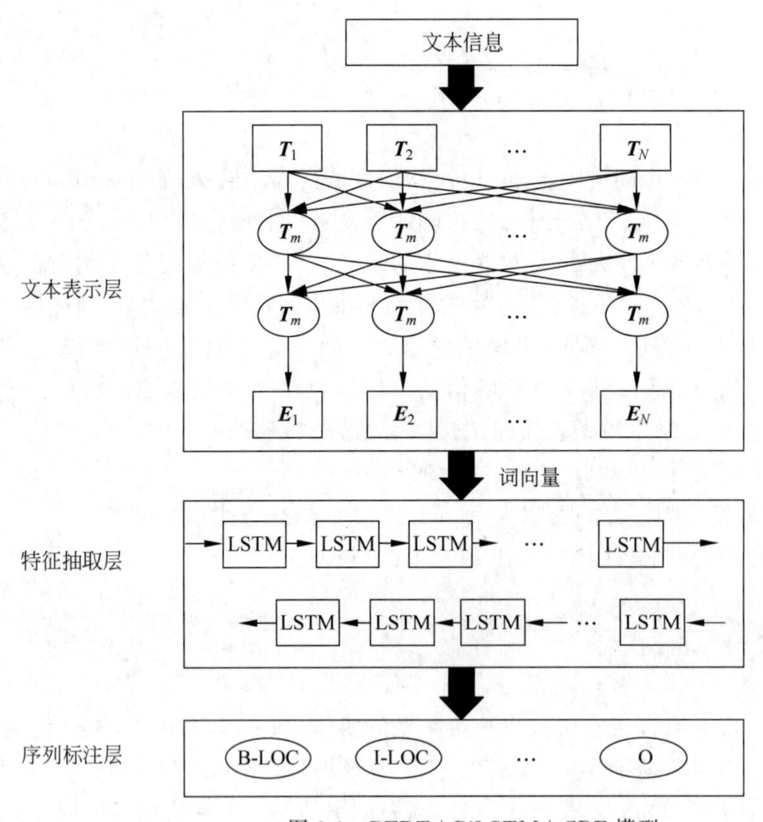

图8-1 BERT+BiLSTM+CRF模型

(1) 文本表示层:神经网络无法直接处理自然语言,需要转换成词向量表示词汇的信息,文本表示层对文本进行基础特征表示。本书采用BERT预训练的词向量,微调后生成词序列向量。

(2) 特征抽取层:以文本表示层的句子序列向量作为输入,使用BiLSTM进行特征抽取,并捕获上下文信息。

(3) 序列标注层：特征抽取层的输出为隐藏层向量所代表的上下文信息，序列标注层对其实现标注，引入 CRF 模型，在相邻标签间添加转移分数，根据分数值约束标签的依存关系。

本章提出的模型与其他基于深度学习的命名实体识别模型的不同之处在于本章的引入了 BERT 模型。BERT 模型通过强大的预训练能力进行词语和句子级别的向量表示。在训练方式上，将 BERT 的参数固定，只训练 BiLSTM-CRF 的参数，因此能够缩短相应的训练时间。

8.2.1 BERT 词表示层

近年来，经过微调之后的预训练神经网络被用于垂直任务的训练，并得到了广泛认可。语言模型如式(8-1)所示：

$$p(s)=p(w_1,w_2,\cdots,w_m) \tag{8-1}$$

BiLSTM 需要词的上下文以体现词的多义性和句子的句法特征。作为 BiLSTM 的上层模型，BERT 预训练语言模型恰好可以满足这一需求。BERT 采用双向 Transformer 作为编码器以融合词的上下文，并以 Masked 语言模型和下一个句子预测两项任务分别捕获词和句子两个级别的向量表示。Masked 语言模型采用了类似于"完形填空"的学习模型，即随机遮挡句子中某些单词，然后用编码器预测被遮挡的单词。下一个句子预测则随机替换文本中的部分句子，然后利用上句来预测下一句，其本质是以二分类模型预测句子之间的关系。BERT 输入由 Token Embeddings、Segment Embeddings、Position Embeddings 拼接，在一个标记序列中表示单个或一对文本句子，如图 8-2 所示。其中，[CLS]代表待命名实体句子的开始，[SEP]代表句子的间隔和结束。

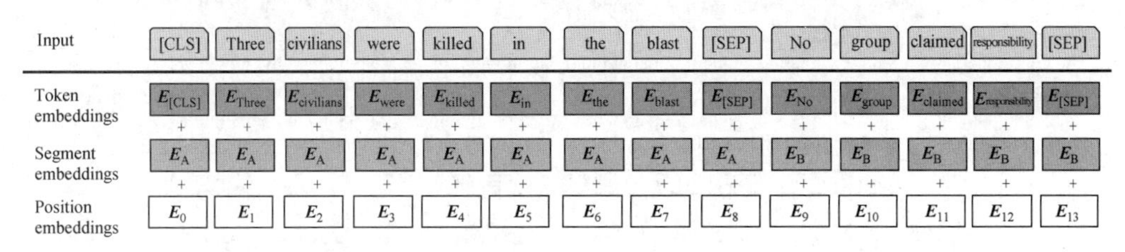

图 8-2 BERT 输入量表示

BERT 采用的是 Transformer 模型编码器结构，其自注意力(Self-Attention)部分如式(8-2)所示：

$$\text{Attention}(\boldsymbol{Q},\boldsymbol{K},\boldsymbol{V})=\text{Softmax}\left(\frac{\boldsymbol{Q}\boldsymbol{K}^{\mathrm{T}}}{\sqrt{d_k}}\right)\boldsymbol{V} \tag{8-2}$$

其中，$\boldsymbol{Q}$、$\boldsymbol{K}$、$\boldsymbol{V}$ 均是输入词向量矩阵，d_k 为输入向量维度。

式(8-2)用于计算句子中每个词与句中其他所有词的关系，体现了不同词之间的关联性以及重要程度，可以作为每个词的权重。同时，为了提高注意力部分表达不同位置的能力，Transformer 采用了"多头"模式，如式(8-3)所示：

$$\text{MultiHead}(\boldsymbol{Q},\boldsymbol{K},\boldsymbol{V})=\text{Concat}(\text{head}_1,\text{head}_2,\cdots,\text{head}_h)\boldsymbol{W} \tag{8-3}$$

其中,head_i 由式(8-2)确定。该模型中还加入了残差网络和层归一化技术以解决模型的退化问题。

8.2.2 BiLSTM 特征提取层

LSTM 是 Schmidhuber 提出的具有记忆单元的循环神经网络,其从左到右的前向推算过程如下:

$$i_t = \sigma(W_i x_t + U_i h_{t-1} + b_i) \tag{8-4}$$

$$f_t = \sigma(W_f x_t + U_f h_{t-1} + b_f) \tag{8-5}$$

$$o_t = \sigma(W_o x_t + U_o h_{t-1} + b_o) \tag{8-6}$$

$$\hat{c}_t = \tanh(W_c x_t + U_c h_{t-1} + b_c) \tag{8-7}$$

$$c_t = f_t \odot c_{t-1} + i_t \odot \tilde{c}_t \tag{8-8}$$

$$h_t = o_t \odot \tanh(c_t) \tag{8-9}$$

其中,$\sigma(\cdot)$为 Logistic 函数,x_t 为当前时刻输入,i_t、f_t、o_t 分别表示输入门、遗忘门和输出门,候选态$\hat{c}_t$表示归纳出的待存入细胞态的新知识,细胞态 c_t 表示长短期记忆,h_t 表示短期记忆。式(8-4)~式(8-7)利用当前时刻的输入 x_t 和上一时刻隐藏层短期记忆 h_{t-1} 计算出三个门和候选态$\hat{c}_t$。在以上的计算基础上,式(8-8)~式(8-9)依次完成表示 c_t 和 h_t 的更新,完成的具体过程如图 8-3 所示。

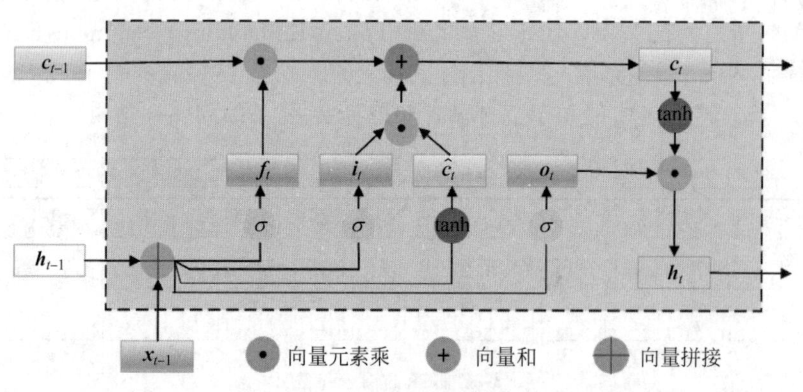

图 8-3 LSTM 网络循环单元结构

后向推算是从右到左的反方向计算,过程与前向类似。BiLSTM 对已知的训练序列进行向前和向后两次 LSTM 特定训练,以此来保证特征提取的全局性和完整性。

8.2.3 CRF 序列标注层

虽然 BiLSTM 考虑了上下文信息,但无法标识标签之间的依赖关系;CRF 恰能通过考虑标签之间的相邻关系从而获得全局最优标签序列。CRF 是一种概率无向图,常被应用于句法分析、词性标注和命名实体识别。

令 $\boldsymbol{x}=(\boldsymbol{x}_1,\boldsymbol{x}_2,\cdots,\boldsymbol{x}_n)$和 $\boldsymbol{y}=(\boldsymbol{y}_1,\boldsymbol{y}_2,\cdots,\boldsymbol{y}_n)$分别为输入观测序列和输出标签序列,其中 $\boldsymbol{x}_i$ 为输入文本第 i 个单词的向量;$\boldsymbol{y}$ 表示给定 $\boldsymbol{x}$ 下所有可能输出标签序列。设

$P(\boldsymbol{Y}|\boldsymbol{X})$为条件随机场，则在随机变量 $\boldsymbol{X}$ 取值为 $\boldsymbol{x}$ 的条件下，随机变量 $\boldsymbol{Y}$ 取值为 $\boldsymbol{y}$ 的条件概率为：

$$p(\boldsymbol{y} \mid \boldsymbol{x})=\frac{1}{z(\boldsymbol{x})}\exp(\sum_{i,k}\lambda_k t_k(\boldsymbol{y}_{i-1},\boldsymbol{y}_i,\boldsymbol{x},i)+\sum_{i,l}\mu_l s_l(\boldsymbol{y}_i,\boldsymbol{x},i)) \tag{8-10}$$

$$Z(\boldsymbol{x})=\sum_{\boldsymbol{y}}\exp(\sum_{i,k}\lambda_k t_k(\boldsymbol{y}_{i-1},\boldsymbol{y}_i,\boldsymbol{x},i)+\sum_{i,l}\mu_l s_l(\boldsymbol{y}_i,\boldsymbol{x},i)) \tag{8-11}$$

其中，t_k 和 s_l 分别表示概率无向图边上和结点上的特征函数，称为转移特征和状态特征，其权值为 λ_k 和 s_l；$Z(x)$为规范化因子。条件随机场完成由特征函数 t_k 和 s_l 和对应的权值 λ_k 和 s_l 确定。

在训练过程中，利用训练数据集通过极大似然或正则化的极大似然估计得到条件概率，其对数似然函数为：

$$L(w)=\log\prod_{\boldsymbol{x},\boldsymbol{y}}P_w(\boldsymbol{y} \mid \boldsymbol{x})^{\widetilde{P}(\boldsymbol{y}|\boldsymbol{x})} \tag{8-12}$$

预测时，通过式(8-12)得出有效输出序列，经式(8-13)得到整体概率最大的一组输出序列 $\boldsymbol{y}^*$：

$$\boldsymbol{y}^* = \underset{\boldsymbol{y}\in\boldsymbol{Y}}{\operatorname{argmax}}(\boldsymbol{w}\cdot\boldsymbol{F}(\boldsymbol{y},\boldsymbol{x})) \tag{8-13}$$

其中，$\boldsymbol{w}$ 表示权值向量，由 λ_k 和 s_l 确定；$\boldsymbol{F}(\boldsymbol{y},\boldsymbol{x})$表示全局特征向量，由 t_k 和 s_l 确定；$\boldsymbol{y}$ 表示所有的标签序列，其中也包含不符合 BIO(Beginning Inside Outside)三元标记规则的标记序列。由此，BiLSTM 神经网络实现了与 CRF 的结合，对 BiLSTM 输出进行处理，从而得到较理想的命名实体标记结果。

8.3 深入了解 BiLSTM-CRF 模型

由于之前的章节已经分别介绍了双向长短记忆循环神经网络和预训练语言模型 BERT，本节将首先重点介绍 BiLSTM+CRF 模型架构，然后介绍线性条件随机场、发射分数和转移分数等概念，最后给出 CRF 模型的具体实现。

假设长度为 n 的文本序列为 $\boldsymbol{x}=(\boldsymbol{x}_1,\boldsymbol{x}_2,\boldsymbol{x}_3,\cdots,\boldsymbol{x}_n)$，其中 $\boldsymbol{x}_i$ 代表该文本序列中的第 i 个字；实体词类型是 person 和 organization 实体，故对应的 5 个标签分别是 B-person，I-person，B-Organizaiton，I-Organization，O。注意：每个标签的结果只有 B、I、O 三种，这种标签的定义方式叫作 BIO 格式，也有稍麻烦一点的 BIESO 格式，这里不作介绍。其中，B 表示一个标签类别的开头，I 表示一个标签的延续，O 表示其他类别。

8.3.1 BiLSTM+CRF 模型架构

图 8-4 为 BiLSTM+CRF 模型架构，本节自底向上地来解释这个模型。

- 获取文本序列 $\boldsymbol{x}$ 中对应的 BERT 词向量 $\boldsymbol{e}$。然后将该词向量传入 BiLSTM 中，经过 BiLSTM 前向和后向的计算之后，每个词都会转换成对应隐藏层输出向量，代表该词的语义特征。
- 将这些隐藏层输出向量传入线性层(全连接层)，便可获得每个时间步骤对应的标签

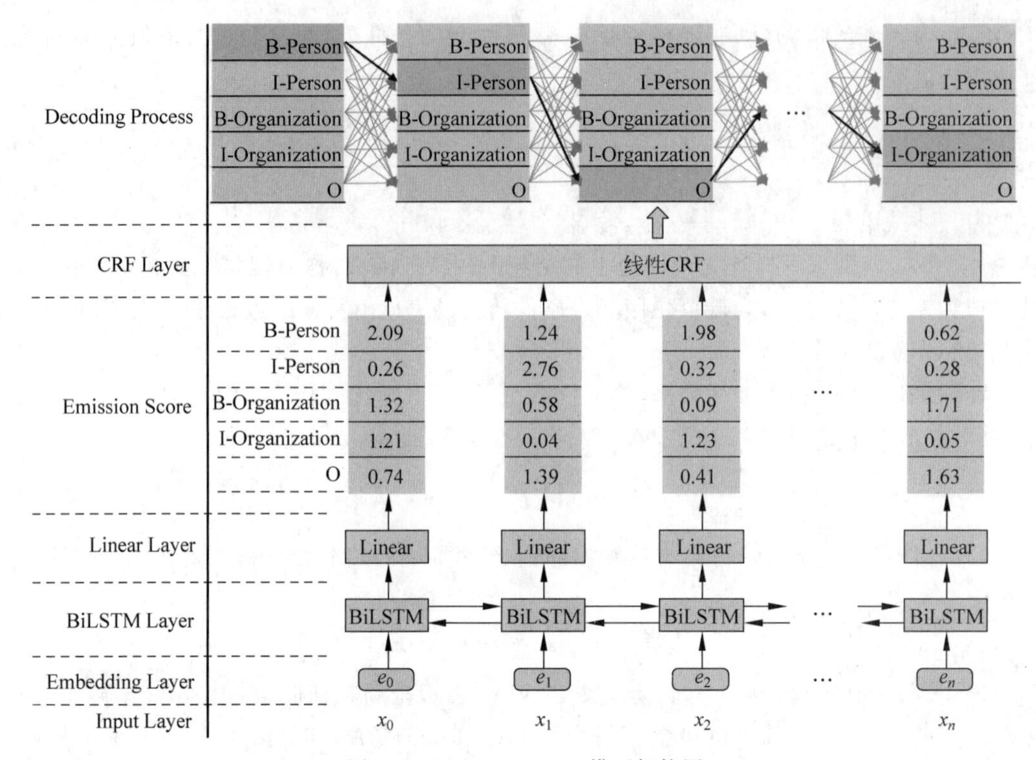

图 8-4 BiLSTM+CRF 模型架构图

分数。例如,经过 BiLSTM 计算和线性层的映射之后,$\boldsymbol{x}_2$ 对应的标签分数输出为 1.98(B-Person)、0.32(I-Person)、0.09(B-Organization)、1.23(I-Organization)、0.41(O)。注意,BiLSTM 在线性层的隐藏层输出向量被定义为标签分数,而在 CRF 层该分数被称为发射分数。

- 在获得各个位置的标签分数之后,这些标签分数将被作为发射分数传入 CRF 中。CRF 层根据输入的发射分数解码成相应的标签序列。从图 8-4 最上层的解码过程可以看出,存在不同标签序列构成的路径。例如,路径 1:B-Person,I-Person,O,…,I-Organization;路径 2:B-Organization,I-Person,O,…,I-Person;路径 3:B-Organization,I-Organization,O,…,O。

通过以上分析可知,文本序列有 n 个词,每个词向量对应着 k 个标签(图 8-4 中 $k=5$),共计 k^n 条标签序列,CRF 解码过程就变成了概率图中的寻找最优路径问题,即在这 k^n 条路径中,找出概率最大和效果最优的一条路径,路径上节点序列就是命名实体的最终结果。

8.3.2 CRF 模型定义

设 $\boldsymbol{X}=(\boldsymbol{x}_1,\boldsymbol{x}_2,\cdots,\boldsymbol{x}_n)$,$\boldsymbol{Y}=(\boldsymbol{y}_1,\boldsymbol{y}_2,\cdots,\boldsymbol{y}_n)$均为线性链表示的随机变量序列,若在给定随机变量序列的 $\boldsymbol{X}$ 的条件下,随机变量序列 $\boldsymbol{Y}$ 的条件概率分布 $P(\boldsymbol{Y}|\boldsymbol{X})$构成条件随机场,即满足马尔可夫性 $P(\boldsymbol{y}_i|\boldsymbol{X},\boldsymbol{y}_1,\cdots,\boldsymbol{y}_{i-1},\boldsymbol{y}_{i+1},\cdots,\boldsymbol{y}_n)=P(\boldsymbol{y}_i|\boldsymbol{X},\boldsymbol{y}_{i-1},\boldsymbol{y}_{i+1})$,$i=1,2,\cdots,n$,则称 $P(\boldsymbol{Y}|\boldsymbol{X})$为线性条件随机场。图 8-5 展示了经典的线性 CRF 的结构图,能够较清楚地阐述线性条件随机场的定义:

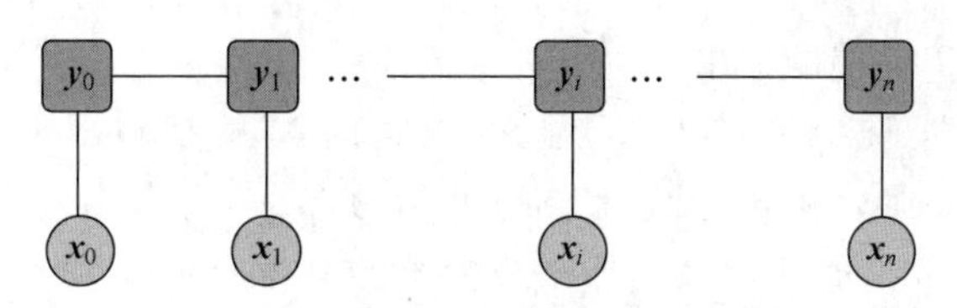

图 8-5　一种经典的线性 CRF 结构图

- 确保输入序列 $\boldsymbol{X}$ 和输出序列 $\boldsymbol{Y}$ 是线性序列；
- 每个标签 $\boldsymbol{y}_i$ 的产生，只与这些因素有关系：当前位置的输入 $\boldsymbol{x}_i$、$\boldsymbol{y}_i$ 直接相连的两个邻居 $\boldsymbol{y}_{i-1}$ 和 $\boldsymbol{y}_{i+1}$，与其他的标签和输入没有关系。

在图 8-5 中，$\boldsymbol{x}=[\boldsymbol{x}_0,\boldsymbol{x}_1,\cdots,\boldsymbol{x}_i,\cdots,\boldsymbol{x}_n]$代表 CRF 模型的输入变量，其中 $\boldsymbol{x}_i$ 代表的是图 8-4 的发射分数，$\boldsymbol{y}=[\boldsymbol{y}_0,\boldsymbol{y}_1,\cdots,\boldsymbol{y}_i,\cdots,\boldsymbol{y}_n]$代表相应的标签序列。其中，每个输入 $\boldsymbol{x}_i$ 均对应着一个标签 $\boldsymbol{y}_i$，它指示了当前的输入 $\boldsymbol{x}_i$ 应该对应什么样的标签；在每个标签 $\boldsymbol{y}_i$ 之间也存在横向连线，它表示当前位置的标签 $\boldsymbol{y}_i$ 向下一个位置的标签 $\boldsymbol{y}_{i+1}$ 的一种转移。例如，假设当前位置的标签是"B-Person"，那下一个位置就很有可能是"I-Person"标签，即标签"B-Person"向"I-Person"转移的概率会比较大。

8.3.3　标签分数

本节讨论通过矩阵运算产生标签分数，即发射分数，这一过程与 5.2.2 节类似。如图 8-6 从矩阵计算的角度给出了发射分数的计算，其中 embedding_size 表示词向量的维度；hidden_size 表示 BiLSTM 的隐藏神经元数量；tag_size 表示标签的总数量。发射分数具体计算过程如下：

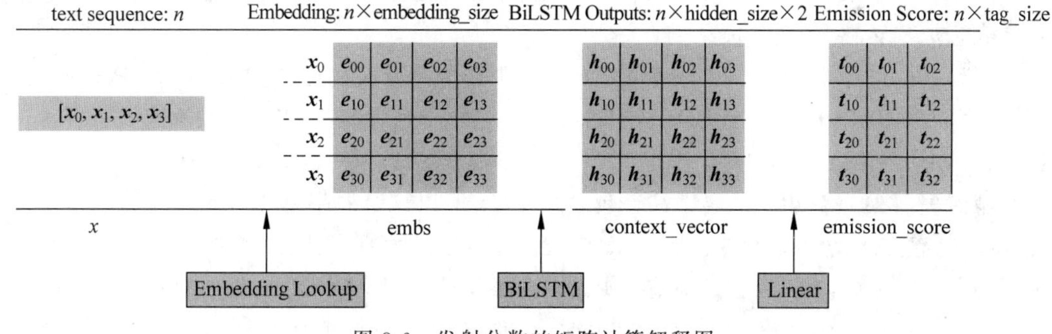

图 8-6　发射分数的矩阵计算解释图

- 在文本序列 $\boldsymbol{x}=[\boldsymbol{x}_1,\boldsymbol{x}_2,\boldsymbol{x}_3,\cdots,\boldsymbol{x}_n]$映射为对应词向量之后，将会得到一个 shape 为[n,embedding_size]的词向量矩阵 **embs**，其中每行对应一个词(图上样例只使用了 4 个词)，例如 $\boldsymbol{x}_0$ 对应的词向量是$[\boldsymbol{e}_{00},\boldsymbol{e}_{01},\boldsymbol{e}_{02},\boldsymbol{e}_{03}]$。
- 将 **embs** 传入 BiLSTM 后，每个词的位置都会产生一个上下文向量，所有的向量组合之后会得到一个向量矩阵 **context_vector**，其中每行代表对应单词经过 BiLSTM 后的上下文向量。注意，每个向量的维度是 hidden_size×2，这是因为使用的是双向 LSTM，在每个词对应的位置会产生两个向量，即一个前向向量，一个反向向量，每个向量的维度均是 hidden_size，最终将这两个向量进行拼接作为该单词在 BiLSTM 层的输出。

- 线性层做线性变换 $y = XW + b$,显然,这里的 X 就是 **context_vector**,y 是相应的 emission_score,W 和 b 是线性层的可学习参数。前边提到,context_vector 的 shape 为[n,hidden_size * 2],那么线性层的 W 的 shape 应该是[hidden_size * 2, tag_size],经过以上公式的线性变换,就可以得到发射分数 emission_score,其中每个字词对应一行的标签分数(图中只设置了三列,代表一共有 3 个标签),例如,x_0 对第一个标签的分数预测为 t_{00},对第二个标签的分数预测为 t_{01},对第三个标签的分数预测为 t_{02},以此类推。

每个位置的上下文向量可以用来指导当前位置应该输出的标签信息,但是输出向量的维度和标签数量不等,因此在后边加上一层线性层,将这个输出向量的维度映射为标签的数量,该向量的每个元素分别对应相应标签的分数,这个分数可以用来指导最终标签的输出。在此,根据标签分数就可以输出最终标签序列,但方案不是最好的。但是实际使用过程中,可能会出现一些问题。从图 8-4 中可以看到,已经选择了每个时刻分数最大的标签序列,但最终呈现的整体标签序列却违背了最基本的认知。例如,B-Person 后边不应该出现 I-Organization 标签,因为 I-Organization 标签只能出现在 B-Organization 的后面。类似这种常识性的问题,选择每个时刻分数最大标签生成标签序列的策略比较难避免这类问题,因为在实际训练的过程中,训练集可能会很复杂,模型没有针对性。以上问题,可以通过 8.3.2 节的 CRF 层模型解决。

8.3.4 转移分数

前面探讨了线性 CRF 的定义以及它的输入发射分数,接下来举例说明 CRF 的另一重要概念——转移分数。

图 8-7 展示了转移分数矩阵,请从列到行来观察该分数。例如,B-Person 向 I-Person 转移的分数为 0.93,B-Person 向 I-Organization 转移的分数为 0.02,前者的分数远远大于后者。I-Person 向 I-Person 转移的概率是 0.71,I-Organization 向 I-Organization 转移的分数是 0.95,因为一个人或者组织的名字往往包含多个字,所以这个概率是相对比较高的,这其实也是很符合直观认识的。该矩阵是 CRF 模型训练时通过学习获得的参数矩阵,能够帮助建模标签之间的转移关系,有效避免前文提到的由常识性知识建模不足引发的缺陷。

	B-Person	I-Person	B-Organization	I-Organization	O
B-Person	0.37	0.49	0.35	0.38	0.64
I-Person	0.93	0.71	0.07	0.01	0.11
B-Organization	0.25	0.54	0.16	0.69	0.83
I-Organization	0.02	0.08	0.86	0.95	0.02
O	0.65	0.66	0.78	0.83	0.91

图 8-7 转移分数矩阵图

8.3.5　解码策略

图 8-8 展示了 CRF 解码时的策略，假设文本序列的长度为 n，标签的个数为 k，那么将存在共计 k^n 条不同的标签序列，CRF 的作用就是在这 k^n 条路径中选择一条得分最大的路径，它是一种全局择优的策略，相当于是在 k^n 条路径中选择一条最好的路径，是一个 k^n 的问题。然而 8.3.2 节提到的在每个位置选择发射分数最大的标签组成标签序列的策略，它其实是一种局部择优的策略，每个位置相当于一个 k 分类问题，整体相当于 n 个 k 分类问题。显然，CRF 的全局解码是一种更好的策略，下面详细介绍其计算公式。

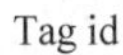

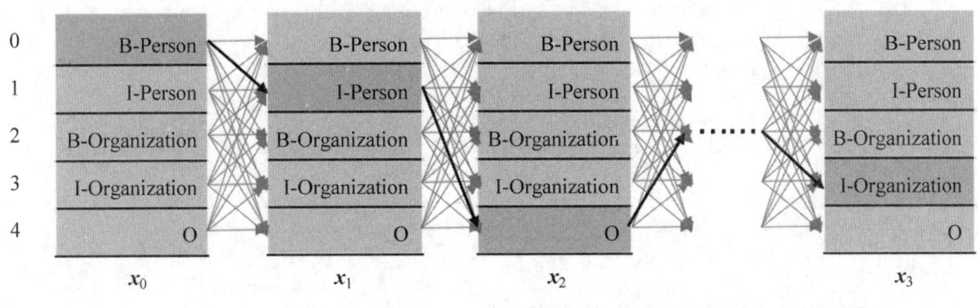

图 8-8　CRF 解码过程

假设 $\boldsymbol{E}$ 代表发射分数矩阵，$\boldsymbol{T}$ 代表转移分数矩阵，n 代表文本序列长度，tag_size 代表标签的数量，每个标签对应着 id（第一个标签的 id 是 0，第二个标签的 id 是 1，依次类推）。如图 8-8 所示 CRF 解码过程，假设第 i 个位置对应的标签为 $\boldsymbol{y}_i$，则任一路径的分数可表示为发射分数和转移分数的组合：

$$S_{\text{path}} = \sum_{i=0}^{n-1} E_{i,y_i} + \sum_{i=0}^{n-2} T_{y_{i+1},y_i} \tag{8-14}$$

式(8-14)说明每条路径节点处得分是由发射分数和转移分数组成。例如，如图 8-8 所示 $\boldsymbol{x}_0$ 的标签是 B-Person，对应的发射分数是 E_{00}，$\boldsymbol{x}_1$ 的标签是 I-Person，对应的发射分数是 E_{11}，由 B-Person 向 I-Person 转移的分数是 T_{10}，因此路径到这一步的分数就是$E_{00}+T_{10}+E_{11}$。

由上分析可知，CRF 模型的构建需要计算所有路径的分数。因为路径的数量非常多，呈指数级，所以按照式(8-1)去计算所有的路径分数不太可能。因此，在实践中采用的是前向计算的动态规划算法，它能帮助将所有路径的计算拆解为每个位置的计算，最终得出所有的路径中的最优路径，称为 Viterbi 算法。

8.3.6　CRF 模型实现

本节最后给出包括以上发射分数、转移分数、Viterbi 算法等的代码。由于发射分数需要 BiLSTM 层产生，转移分数需要 CRF 训练时学习获得，为了简化操作，发射分数和转移分数通过随机方式生成，具体如下所示。

```
01. import numpy as npimport paddle
02. paddle.seed(102)
```

```
03. #批次为2,向量长度为4,标签数为3
04. batch_size, seq_len, num_tags = 2, 4, 3
05. #随机产生 CRF 输入的发射分数
06. emission = paddle.rand((batch_size, seq_len, num_tags), dtype = 'float32')
07. print("随机产生 CRF 输入的发射分数:{}".format(emission))
08. length = paddle.randint(1, seq_len + 1, [batch_size])
09. tags = paddle.randint(0, num_tags, [batch_size, seq_len])
10. #随机产生转移分数矩阵,形状为 num_tags * num_tags
11. transition = paddle.rand((num_tags, num_tags), dtype = 'float32')
12. print("随机产生转移分数矩阵:{}".format(transition))
13. # 定义解码器,使用 Viterbi 算法
14. decoder = paddle.text.ViterbiDecoder(transition, include_bos_eos_tag = False)
15. scores, path = decoder(emission, length)
16. print("两个路径的打分值分别为:{}".format(scores))
17. print("两批次输入产生两个路径分别为:{}".format(path))
```

以上代码执行结果如下所示,可以看出两个输入最终产生了两个输出路径[1,0,0]和[1,1,0]。

```
随机产生 CRF 输入的发射分数:Tensor(shape = [2, 4, 3], dtype = float32, place = CUDAPlace
(0), stop_gradient = True,
    [[[0.00229275, 0.67330980, 0.33796573],
      [0.94435024, 0.73148161, 0.34835672],
      [0.52753407, 0.59685558, 0.81642890],
      [0.83827007, 0.13387251, 0.15977269]],

     [[0.38742879, 0.57579863, 0.37571615],
      [0.19468038, 0.41665801, 0.49862388],
      [0.07359686, 0.59435904, 0.30443656],
      [0.45718440, 0.74876440, 0.60587013]]])
随机产生转移分数矩阵:Tensor(shape = [3, 3], dtype = float32, place = CUDAPlace(0), stop_
gradient = True,
    [[0.83827007, 0.13387251, 0.15977269],
    [0.38742879, 0.57579863, 0.37571615],
    [0.19468038, 0.41665801, 0.49862388]])
两个路径的打分值分别为 Tensor(shape = [2], dtype = float32, place = CUDAPlace(0), stop_
gradient = True,
    [3.37089300, 1.56825531])
两批次输入产生两个路径分别为 Tensor(shape = [2, 3], dtype = int64, place = CUDAPlace(0),
stop_gradient = True,
    [[1, 0, 0],
    [1, 1, 0]])
```

视频讲解

8.4 案例:基于 BERT+BiGRU+CRF 模型的阿里中文地址要素解析

本案例将演示如何使用 BERT+BiLSTM+CRF 模型完成从快递单中抽取姓名、电话、省、市、区、详细地址等内容,形成结构化信息,辅助物流行业从业者进行有效信息的提取,从而降低客户填单的成本。阿里中文地址要素解析数据集由训练集、验证集和测试集

组成,整体标注数据大约 2 万条。其地址数据通过抓取公开的地址信息(如黄页网站等)获得,并通过众包标注的方式生成。

8.4.1 方案设计

本节利用了 BERT+BiLSTM+CRF 模型来实现命名实体识别任务。本项目的方案设计如图 8-9 所示,模型的输入是待识别的文本序列,模型的输出就是该文本对应标签序列。在建模过程中,对于输入的待识别文本,首先需要进行数据处理生成规整的文本序列数据,包括语句分词、将词转换为 id,过长文本截断、过短文本填充等操作;然后,将文本序列传入 BERT 预训练语言模型转换成词向量,接着输出到双向的 LSTM 模型中,这样在 LSTM 每个时间步骤都能获得一个与输入对应的向量,然后将这些向量传入全连接层,将会得到一个被称为“发射分数”的向量。最后,将这个发射分数传给条件随机场 CRF,CRF 会根据这个“发射分数”进行解码,得到原始输入对应的标签序列。

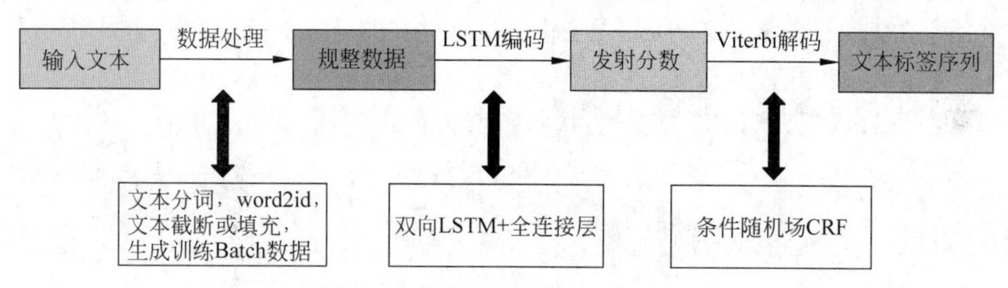

图 8-9 命名实体识别任务的实验流程

8.4.2 数据预处理

1. 数据集描述

本项目来自于 CCKS2021 阿里中文天池地址识别竞赛任务,即将一条地址分解为上述几个部分的详细标签。

```
输入:浙江省杭州市余杭区五常街道文一西路 969 号淘宝城 * 号楼,放前台.
输出:Province = 浙江省 city = 杭州市 district = 余杭区 town = 五常街道 road = 文一西路 road_number = 969 号 poi = 淘宝城 house_number = * 号楼 other = 放前台
```

2. 快递单信息抽取任务

从物流信息中抽取想要的关键信息,首先要定义好需要抽取哪些字段。比如拿到一个快递单作为模型输入,例如“张三 18625584 *** 广东省深圳市南山区学府路东百度国际大厦”,那么序列标注模型的目的就是识别出其中的“张三”为人名(用符号 P 表示),“18625584 *** ”为电话名(用符号 T 表示),“广东省深圳市南山区百度国际大厦”分别是 1～4 级的地址(分别用 A1～A4 表示,可以释义为省、市、区、街道)。以上各字段、实体类型及相应符号表示如表 8-1 所示。

表 8-1　各类实体及符号

抽取实体/字段	符　号	抽 取 结 果
姓名	P	张三
电话	T	18625584 ***
省	A1	广东省
市	A2	深圳市
区	A3	南山区
详细地址	A4	百度国际大厦

3. 数据集准备

为了训练序列标注模型，一般需要准备三个数据集：训练集 train. conll、验证集 dev. conll、测试集 final_test. txt。由于原始文件 train. conll、dev. conll、final_test. txt 的存储格式不同，需要将 train. conll 和 dev. conll 都转换为 final_test. txt 的格式。

1）观察原始数据集格式

使用 head 函数获得前 20 行数据，代码实现如下。

```
01. #观察数据集
02. !head -n20 dataset/train.conll
```

运行结果如下所示。

```
浙 B-prov
江 E-prov
杭 B-city
州 I-city
市 E-city
江 B-district
干 I-district
区 E-district
九 B-town
堡 I-town
镇 E-town
三 B-community
村 I-community
村 E-community
一 B-poi
区 E-poi

浙 B-prov
江 I-prov
省 E-prov
```

2）调整训练集和验证集的格式

训练集中除第一行是 text_a\tlabel 以外，后面的每行数据都是由两列组成，以制表符分隔，第一列是 UTF-8 编码的中文文本，以\002 分隔，第二列是对应序列标注的结果，以 \002

分隔。代码如下所示。

```
01. import paddle
02. import paddlenlp as ppnlp
03. from paddlenlp.datasets import MapDataset
04. from paddlenlp.data import Stack, Pad, Tuple
05. from paddlenlp.metrics import ChunkEvaluator
06. import paddle.nn.functional as F
07. import numpy as np
08. from functools import partial  #partial()函数可以用来固定某些参数值,并返回一个新的
    callable 对象
09. import pdb
10. import os
11.
12. #对文件 source_filename 的数据格式进行调整,结果保存在文件 target_filename 中
13. def format_data(source_filename, target_filename):
14.       #pdb.set_trace()
15.       #结果列表初始化为空
16.       datalist = []
17.       #读取 source_filename 所有数据到 lines 中,每个元素是字标注
18.       with open(source_filename, 'r', encoding = 'utf - 8') as f:
19.           lines = f.readlines()
20.     words = ''
21.     labels = ''
22.     #当前处理的是否为每句话首字符,0:是,1:不是
23.     flag = 0
24.     #逐个处理每个字标注
25.     for line in lines:
26.         #空行表示每句话标注的结束
27.         if line == '\n':
28.             #连接文本和标注结果
29.             item = words + '\t' + labels + '\n'
30.             #print(item)
31.             #添加到结果列表中
32.             datalist.append(item)
33.             #重置文本和标注结果
34.             words = ''
35.             labels = ''
36.             flag = 0
37.             continue
38.         #pdb.set_trace()
39.         #分离出字和标注
40.         word, label = line.strip('\n').split(' ')
41.         #不是每句话的首字符
42.         if flag == 1:
43.             #words/labels 非空,和字/标签连接时需要添加分隔符'\002'
44.             words = words + '\002' + word
45.             labels = labels + '\002' + label
```

```
46.         else:#每句话首字符,words/labels为空,和字/标签连接时不需要添加分隔符'\002'
47.             words = words + word
48.             labels = labels + label
49.             flag = 1#修改标注
50.     with open(target_filename, 'w', encoding = 'utf-8') as f:
51.         #pdb.set_trace()
52.         #将转换结果写入文件target_filename
53.         lines = f.writelines(datalist)
54.     print(f'{source_filename}文件格式转换完毕,保存为{target_filename}')
55.
56. #逐个转换文件
57. format_data('./dataset/dev.conll', './dataset/dev.txt')
58. format_data(r'./dataset/train.conll', r'./dataset/train.txt')
59. !head dataset/dev.txt
```

3）生成标签文件

根据训练集和测试集中的地址标签生成标签文件。代码如下所示。

```
01. #提取文件source_filename1和source_filename2的标签类型,保存到target_filename
02. def gernate_dic(source_filename1, source_filename2, target_filename):
03.     #标签类型列表初始化为空
04.     data_list = []
05.
06.     #读取source_filename1所有行到lines中,每行元素是单个字和标注
07.     with open(source_filename1, 'r', encoding = 'utf-8') as f:
08.         lines = f.readlines()
09.
10.     #处理每行数据(单字+' '+标注)
11.     for line in lines:
12.         #数据非空
13.         if line != '\n':
14.             #提取标注,-1是数组最后1个元素
15.             dic = line.strip('\n').split(' ')[-1]
16.             #不在标签类型列表中,则添加
17.             if dic + '\n' not in data_list:
18.                 data_list.append(dic + '\n')
19.
20.     #读取source_filename2所有行到lines中,每行元素是单个字和标注
21.     with open(source_filename2, 'r', encoding = 'utf-8') as f:
22.         lines = f.readlines()
23.
24.     #处理每行数据(单字+' '+标注)
25.     for line in lines:
26.         #数据非空
27.         if line != '\n':
28.             #提取标注,-1是数组最后1个元素
29.             dic = line.strip('\n').split(' ')[-1]
```

```
30.             # 不在标签类型列表中,则添加
31.             if dic + '\n' not in data_list:
32.                 data_list.append(dic + '\n')
33.
34.     with open(target_filename, 'w', encoding = 'utf - 8') as f:
35.         # 将标签类型列表写入文件 target_filename
36.         lines = f.writelines(data_list)
37.
38. # 根据训练集和验证集生成 dic,保存所有的标签
39. gernate_dic('dataset/train.conll', 'dataset/dev.conll', 'dataset/mytag.dic')
40. # 查看生成的 dic 文件
41. !cat dataset/mytag.dic
```

4）加载数据集，并转换成 BIO 编码格式

在本案例中，针对需要被抽取的"姓名、电话、省、市、区、详细地址"等实体，标签集合可以定义为：label＝{P-B，P-I，T-B，T-I，A1-B，A1-I，A2-B，A2-I，A3-B，A3-I，A4-B，A4-I，O}。每个标签的含义如表 8-2 所示。

表 8-2 标签及其含义

标签	含义
P-B	姓名起始位置
P-I	姓名中间位置或结束位置
T-B	电话起始位置
T-I	电话中间位置或结束位置
A1-B	省份起始位置
A1-I	省份中间位置或结束位置
A2-B	城市起始位置
A2-I	城市中间位置或结束位置
A3-B	县区起始位置
A3-I	县区中间位置或结束位置
A4-B	详细地址起始位置
A4-I	详细地址中间位置或结束位置
O	无关字符

例如，对于句子"张三 18625584 *** 广东省深圳市南山区百度国际大厦"，每个汉字及对应 BIO 格式的标签如图 8-10 所示。BIO 格式标签定义可以参考 8.3 节。

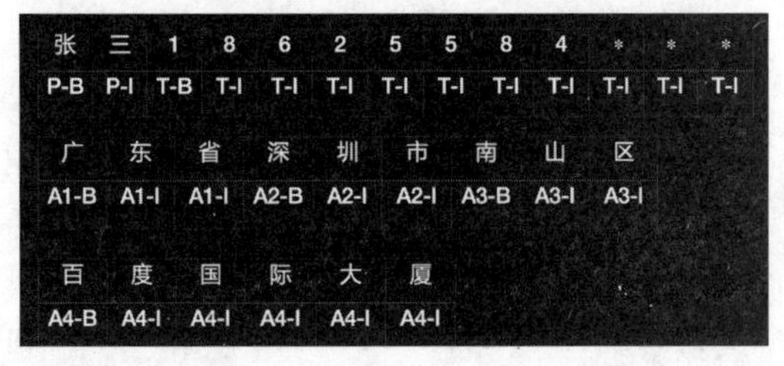

图 8-10 数据集标注示例

注意到"张""三"在这里表示成了"P-B"和 "P-I",然后"P-B"和"P-I"合并成"P" 这个标签。这样重新组合后可以得到如表 8-3 所示抽取结果。

表 8-3 抽取结果

张三	18625584 ***	广东省	深圳市	南山区	百度国际大厦
P	T	A1	A2	A3	A4

代码如下所示。

```
01. #加载数据文件 datafiles
02. def load_dataset(datafiles):
03.     #读取数据文件 data_path
04.     def read(data_path):
05.         with open(data_path, 'r', encoding = 'utf - 8') as fp:
06.             next(fp) # Skip header #Deleted by WGM
07.             #处理每行数据(文本 + '\t' + 标注)
08.             for line in fp.readlines():
09.                 #提取文本和标注
10.                 words, labels = line.strip('\n').split('\t')
11.                 #文本中单字和标注构成的数组
12.                 words = words.split('\002')
13.                 labels = labels.split('\002')
14.                 #迭代返回文本和标注
15.                 yield words, labels
16.
17.     #根据 datafiles 的数据类型,选择合适的处理方式
18.     if isinstance(datafiles, str):#字符串,单个文件名称
19.         #返回单个文件对应的单个数据集
20.         return MapDataset(list(read(datafiles)))
21.     elif isinstance(datafiles, list) or isinstance(datafiles, tuple):#列表或元组,多个
    文件名称
22.         #返回多个文件对应的多个数据集
23.         return [MapDataset(list(read(datafile))) for datafile in datafiles]
24.
25. #加载字典文件,文件由单列构成,需要设置 value
26. def load_dict_single(dict_path):
27.     #字典初始化为空
28.     vocab = {}
29.     #value 是自增数值,从 0 开始
30.     i = 0
31.     #逐行读取字典文件
32.     for line in open(dict_path, 'r', encoding = 'utf - 8'):
33.         #将每行文字设置为 key
34.         key = line.strip('\n')
35.         #设置对应的 value
36.         vocab[key] = i
37.         i += 1
38.     return vocab
```

```
39.
40. # 加载 BERT 模型需要的输入数据
41. train_ds, dev_ds = load_dataset(datafiles=(
42.         './dataset/train.txt', './dataset/dev.txt'))
43. #加载标签文件,并转换为 KV 表,K 为标签,V 为编号(从 0 开始递增)
44. label_vocab = load_dict_single('./dataset/mytag.dic')
45.
46. print("训练集、验证集、测试集的数量:")
47. print(len(train_ds),len(dev_ds))
48. print(train_ds[0])
49. print(dev_ds[0])
50. print(label_vocab)
```

5）转换为 BERT 模型可以接受的格式

函数 convert_example()利用输入 Tokenizer 和字典将输入的 example 转换成 BERT 可以接受的格式。实现代码如下。

```
01. #数据预处理
02. #tokenizer:预编码器,label_vocab:标签类型 KV 表,K 是标签类型,V 是编码
03. def convert_example(example, tokenizer, label_vocab, max_seq_length = 256, is_test =
    False):
04.     #测试集没有标签
05.     if is_test:
06.         text = example
07.     else: #训练集和验证集包含标签
08.         text, label = example
09.     #tokenizer.encode 方法能够完成切分 token,映射 token id 以及拼接特殊 token
10.     encoded_inputs = tokenizer.encode(text = text, max_seq_len = None, pad_to_max_seq_
    len = False, return_length = True)
11.     #pdb.set_trace()
12.     #获取字符编码('input_ids')、类型编码('token_type_ids')、字符串长度('seq_len')
13.     input_ids = encoded_inputs["input_ids"]
14.     segment_ids = encoded_inputs["token_type_ids"]
15.     seq_len = encoded_inputs["seq_len"]
16.
17.     if not is_test: #训练集和验证集
18.         #[CLS]和[SEP]对应的标签均是['O'],添加到标签序列中
19.         label = ['O'] + label + ['O']
20.         #生成由标签编码构成的序列
21.         label = [label_vocab[x] for x in label]
22.         return input_ids, segment_ids, seq_len, label
23.     else: #测试集,不返回标签序列
24.         return input_ids, segment_ids, seq_len
25.
26. #加载 BERT 预训练模型,将原始输入文本转化成序列标注模型 Model 可接受的输入数据格式
27. tokenizer = ppnlp.transformers.BertTokenizer.from_pretrained("bert - base - chinese")
```

```
28. #functools.partial()的功能:预先设置参数,减少使用时设置的参数个数
29. #使用 partial()来固定 convert_example 函数的 tokenizer, label_vocab, max_seq_length
    等参数值
30. trans_func = partial(convert_example, tokenizer = tokenizer, label_vocab = label_
    vocab, max_seq_length = 128)
31.
32.
33. #对训练集和测试集进行编码
34. train_ds.map(trans_func)
35. dev_ds.map(trans_func)
36. print ([train_ds[0]])
```

6）构造 DataLoader

现在已经获得了符合预期格式的模型。但模型的训练一般是按照 Batch 批量训练的,所以需要构造一个 DataLoader 函数完成数据对齐和异步多进程数据加载。代码如下所示。

```
01. #使用 paddle.io.DataLoader 接口多线程异步加载数据
02. ignore_label = -1
03. #创建 Tuple 对象,将多个批处理函数的处理结果连接在一起
04. #因为数据集 train_ds、dev_ds 的每条数据包含 4 部分,所以 Tuple 对象中包含 4 个批处理
    函数
05. batchify_fn = lambda samples, fn = Tuple(
06.     #将每条数据的 input_ids 组合为数组,如果 input_ids 不等长,那么填充为 pad_val
07.     Pad(axis = 0, pad_val = tokenizer.pad_token_id),
08.     #将每条数据的 segment_ids 组合为数组,如果 segment_ids 不等长,那么填充为 pad_val
09.     Pad(axis = 0, pad_val = tokenizer.pad_token_type_id),
10.     #将每条数据的 seq_len 组合为数组
11.     Stack(),
12.     #将每条数据的 label 组合为数组,如果 label 不等长,那么填充为 pad_val
13.     Pad(axis = 0, pad_val = ignore_label)
14. ): fn(samples)
15.
16. #paddle.io.DataLoader 加载给定数据集,返回迭代器,每次迭代访问 batch_size 条数据
17. #使用 collate_fn 定义所读取数据的格式
18. #训练集
19. train_loader = paddle.io.DataLoader(
20.     dataset = train_ds,
21.     batch_size = 300,
22.     return_list = True,
23.     collate_fn = batchify_fn)
24. #验证集
25. dev_loader = paddle.io.DataLoader(
26.     dataset = dev_ds,
27.     batch_size = 300,
28.     return_list = True,
29.     collate_fn = batchify_fn)
```

8.4.3 模型构建

1. 模型结构

BERT+BiLSTM+CRF模型首先通过BERT获取文本串的词向量；然后将其传入BiLSTM中获得相应的上下文向量；接下来继续将每个位置BiLSTM输出的上下文向量传入线性层获得相应的发射分数，这里每个位置都对应着一个发射分数向量，它指示在该位置对应的各个标签分数是多少。最后，将各个位置的发射分数传给CRF。如果当前在训练模型，根据以上提到的损失函数内容，CRF将会计算真实标签路径的分数和所有路径的分数，这样就可以获得当前的损失，然后继续迭代；如果当前在模型预测，那么CRF会计算出所有路径中分数最大的那一条对应的标签序列进行输出。代码如下所示。

```
01. import paddle.nn as nn
02. from paddlenlp.transformers import BertModel
03. from paddlenlp.layers.crf import LinearChainCrf, LinearChainCrfLoss, ViterbiDecoder
04. #继承 nn.Layer 才能训练 call forward 函数
05. class BertBiGRUCRFForTokenClassification(nn.Layer):
06.     def __init__(self,bert,gru_hidden_size = 300,
07.                  num_class = 2,
08.                  crf_lr = 100):
09.         super().__init__()
10.         self.num_classes = num_class
11.         self.bert = bert
12.         self.gru = nn.GRU(self.bert.config["hidden_size"],
13.                           gru_hidden_size,
14.                           num_layers = 2,
15.                           direction = 'bidirect')
16.         self.fc = nn.Linear(gru_hidden_size * 2, self.num_classes + 2)
17.         self.crf = LinearChainCrf(self.num_classes)
18.         self.crf_loss = LinearChainCrfLoss(self.crf)
19.         self.viterbi_decoder = ViterbiDecoder(self.crf.transitions)
20.
21.    def forward(self,
22.                input_ids,
23.                token_type_ids,
24.                lengths = None,
25.                labels = None):
26.         sequence_out, _ = self.bert(input_ids,
27.                                     token_type_ids = token_type_ids)
28.         gru_output, _ = self.gru(sequence_out)
29.         emission = self.fc(gru_output)
30.         if labels is not None:
31.             loss = self.crf_loss(emission, lengths, labels)
32.             return loss
33.         else:
34.             _, prediction = self.viterbi_decoder(emission, lengths)
```

```
35.         return prediction
36. bert = BertModel.from_pretrained("bert - base - chinese")
37. model = BertBiGRUCRFForTokenClassification(bert, 300,len(label_vocab),100)
```

2. 训练配置

本部分定义模型训练时用到的一些组件和资源，包括定义模型的实例化对象、选择模型训练或评估时需要使用的计算资源(CPU 或者 GPU)、指定模型训练迭代的优化算法。其中，精确率、召回率和 F1-score 计算是通过 ChunkEvaluator()函数实现的。代码如下所示。

```
01. #设置 Fine - Tune 优化策略 #1.计算块检测的精确率、召回率和 F1 - score
02. metric = ChunkEvaluator(label_list = label_vocab.keys(), suffix = True)
03. #2.在 Adam 的基础上加入权重衰减的优化器,可以解决 L2 正则化失效问题
04. optimizer = paddle.optimizer.AdamW(learning_rate = 2e - 5, parameters = model.
    parameters())
05. #3.损失函数在模型训练时给出
```

3. 模型训练

上文已经实现了模型结构，并且完成了训练的配置，接下来就可以开始训练模型了。在训练过程中，可以分为四个步骤：获取数据、传入模型进行前向计算、反向传播和参数更新。训练过程中的每次迭代基本都是在循环往复地执行这四个步骤。在训练过程中，每执行完一轮的训练，使用开发集进行一次模型评估。这里统计了每个实体类型的准确率、召回率、F1-score 以及整体全部实体类型的准确率、召回率、F1-score。

以 Person 标签为例，假设开发集样本中所有的真实 Person 标签数量为 T，所有预测为 Person 标签的标签数量为 P，其中预测正确的 Person 标签数量为 C，则可按照如下方式来计算 Person 标签的精度、召回率、F1-score。

$$\text{精度：precision} = \frac{C}{P} \tag{8-15}$$

$$\text{召回率：recall} = \frac{C}{T} \tag{8-16}$$

$$\text{F1-score：F1} = \frac{2 \times \text{precision} \times \text{recall}}{\text{precision} + \text{recall}} \tag{8-17}$$

模型训练代码如下所示。

```
01. #评估函数
02. def evaluate(model, metric, data_loader):  model.eval()
03.     metric.reset() #评估器复位
04.     #依次处理每批数据
05.     for input_ids, seg_ids, lens, labels in data_loader:
```

```
06.         # CRF loss
07.         preds = model(input_ids, seg_ids, lengths = lens)
08.         n_infer, n_label, n_correct = metric.compute(lens,preds,labels)
09.         metric.update(n_infer.numpy(),n_label.numpy(),n_correct.numpy())
10.         precision, recall, f1_score = metric.accumulate()
11.     print("评估精度: %.6f - 召回率: %.6f - f1 得分: %.6f" % (precision, recall,
    f1_score))
12.     model.train()
13. # 模型训练
14. global_step = 0
15. for epoch in range(10):
16.     # 依次处理每批次的数据
17.     for step, (input_ids, segment_ids, seq_lens, labels) in enumerate(train_loader,
    start = 1):
18.         # 直接得到 CRF Loss
19.         loss = model(input_ids, token_type_ids = segment_ids,lengths = seq_lens, labels
    = labels)
20.         avg_loss = paddle.mean(loss)
21.         avg_loss.backward()
22.         optimizer.step()
23.         optimizer.clear_grad()
24.         if global_step % 10 == 0 :
25.             print("训练集的当前 epoch: %d - step: %d" % (epoch, step))
26.             print("损失函数: %.6f" % (avg_loss))
27.         global_step += 1
28.     # 评估训练模型
29.     evaluate(model, metric, dev_loader)
30.     paddle.save(model.state_dict(),
31.             './checkpoint/model_%d.pdparams' % (global_step))
32.
33. # 模型存储
34. !mkdir bert_result
35. #model.save_pretrained('./bert_result')
36. #tokenizer.save_pretrained('./bert_result')
```

8.4.4 模型推理

1. 加载测试数据

这部分代码大部分与 8.4.2 节类似,在此不再详细介绍。代码如下所示。

```
01. def load_testdata(datafiles):
02.     def read(data_path):
03.         with open(data_path, 'r', encoding = 'utf-8') as fp:
04.             # next(fp) # 没有 header,不用 Skip header
05.             for line in fp.readlines():
06.                 ids, words = line.strip('\n').split('\001')
```

```
07.                 # 要预测的数据集没有 label,后面需要时可以再修改
08.                 labels = ['O' for x in range(0,len(words))]
09.                 words_array = []
10.                 for c in words:
11.                 words_array.append(c)
12.             yield words_array, labels
13.
14.     #根据 datafiles 的数据类型,选择合适的处理方式
15.     if isinstance(datafiles, str):#字符串,单个文件名称
16.         #返回单个文件对应的单个数据集
17.         return MapDataset(list(read(datafiles)))
18.     elif isinstance(datafiles, list) or isinstance(datafiles, tuple):
    #列表或元组,多个文件名称
19.         #返回多个文件对应的多个数据集
20.         return [MapDataset(list(read(datafile))) for datafile in datafiles]
21.
22. #加载测试文件
23. test_ds = load_testdata(datafiles = ('./dataset/final_test.txt'))
24. for i in range(10):
25.   print(test_ds[i])
26. #预处理编码
27. test_ds.map(trans_func)
28. print (test_ds[0])
29.
30. #使用 paddle.io.DataLoader 接口多线程异步加载数据
31. ignore_label = 1
32. #创建 Tuple 对象,将多个批处理函数的处理结果连接在一起
33. #因为数据集 train_ds、dev_ds 的每条数据包含 4 部分,所以 Tuple 对象中包含 4 个批处理函
    数,分别对应 token id、token type、len、label
34. batchify_fn = lambda samples, fn = Tuple(
35.   Pad(axis = 0, pad_val = tokenizer.pad_token_id), # input_ids
36.   Pad(axis = 0, pad_val = tokenizer.pad_token_type_id), # token_type_ids
37.   Stack(), # seq_len
38.   Pad(axis = 0, pad_val = ignore_label) # labels
39. ): fn(samples)
40. #paddle.io.DataLoader 加载给定数据集,返回迭代器,每次迭代访问 batch_size 条数据
41. #使用 collate_fn 定义所读取数据的格式
42. test_loader = paddle.io.DataLoader(
43.   dataset = test_ds,
44.   batch_size = 50,
45.   return_list = True,
46.   collate_fn = batchify_fn)
```

2. 模型加载和推理

本部分循环对文本进行数据处理,然后利用训练好的模型进行解码,并输出最终的解码序列。代码如下所示。

```
01. #将标签编码转换为标签名称,组合成预测结果
02. #ds:模型生成的编码序列列表,decodes:待转换的标签编码列表,lens:句子有效长度列表,
    label_vocab:标签类型 KV 表
03. def wgm_trans_decodes(ds, decodes, lens, label_vocab):
04.     #将 decodes 和 lens 由列表转换为数组
05.     decodes = [x for batch in decodes for x in batch]
06.     lens = [x for batch in lens for x in batch]
07.     #先使用 zip 形成元祖(编号, 标签),然后使用 dict 形成字典
08.     id_label = dict(zip(label_vocab.values(), label_vocab.keys()))
09.     #保存所有句子解析结果的列表
10.     results = []
11.     #初始化编号
12.     inNum = 1;
13.     #逐个处理待转换的标签编码列表
14.     for idx, end in enumerate(lens):
15.         #句子单字构成的数组
16.         sent_array = ds.data[idx][0][:end]
17.         #句子单字标签构成的数组
18.         tags_array = [id_label[x] for x in decodes[idx][1:end]]
19.         #初始化句子和解析结果
20.         sent = "";
21.         tags = "";
22.         #将字符串数组转换为单个字符串
23.         for i in range(end - 2):
24.             #pdb.set_trace()
25.             #单字直接连接,形成句子
26.             sent = sent + sent_array[i]
27.             #标签以空格连接
28.             if i > 0:
29.                 tags = tags + " " + tags_array[i]
30.             else:#第 1 个标签
31.                 tags = tags_array[i]
32.         #构成结果串:编号 + 句子 + 标签序列,中间用"\u0001"连接
33.         current_pred = str(inNum) + '\u0001' + sent + '\u0001' + tags + "\n"
34.         #pdb.set_trace()
35.         #添加到句子解析结果的列表
36.         results.append(current_pred)
37.         inNum = inNum + 1
38.     return results
39.
40. #从标签编码中提取出地址元素
41. #ds:模型生成的编码序列列表,decodes:待转换的标签编码列表,lens:句子有效长度列表,
    label_vocab:标签类型 KV 表
42. def wgm_parse_decodes(ds, decodes, lens, label_vocab):
43.     #将 decodes 和 lens 由列表转换为数组
44.     decodes = [x for batch in decodes for x in batch]
45.     lens = [x for batch in lens for x in batch]
46.     #先使用 zip 形成元组(编号, 标签),然后使用 dict 形成字典
```

```
47.    id_label = dict(zip(label_vocab.values(), label_vocab.keys()))
48.
49.    #地址元素提取结果,每行是单个句子的地址元素列表
50.    #例如:('朝阳区', 'district') ('小关北里', 'poi') ('000 - 0 号', 'houseno')
51.    outputs = []
52.    for idx, end in enumerate(lens):
53.        #句子单字构成的数组
54.        sent = ds.data[idx][0][:end]
55.        #句子单字标签构成的数组
56.        tags = [id_label[x] for x in decodes[idx][1:end]]
57.        #初始化地址元素名称和标签列表
58.        sent_out = []
59.        tags_out = []
60.        #当前解析出来的地址元素名称
61.        words = ""
62.        #pdb.set_trace()
63.        #逐个处理(单字, 标签)
64.        #提取原理:如果当前标签是 O,或者以 B 开头,那么说明遇到新的地址元素,需要存储
   已经解析出来的地址元素名称 words
65.        #然后,根据情况进行处理
66.        for s, t in zip(sent, tags):
67.            if t.startswith('B-') or t == 'O':#遇到新的地址元素
68.                if len(words):#words 非空,需要存储到 sent_out
69.                    sent_out.append(words)
70.                if t == 'O':#标签为 O,则直接存储标签
71.                    #pdb.set_trace()
72.                    tags_out.append(t)
73.                else:#提取出标签
74.                    tags_out.append(t.split('-')[1])
75.                #新地址元素名称首字符
76.                words = s
77.            else:#完善地址元素名称
78.                words += s
79.        #处理地址串第 1 个地址元素时,sent_out 长度为 0,和 tags_out 的长度不同,需要
   补齐
80.        if len(sent_out) < len(tags_out):
81.            sent_out.append(words)
82.        #按照(名称,标签)的形式组织地址元素,并且用空格分隔开
83.        outputs.append(' '.join(
84.            [str((s, t)) for s, t in zip(sent_out, tags_out)]))
85.        #换行符号
86.        outputs.append('\n')
87.    return outputs
88.
89. #使用模型推理,并保存预测结果
90. #data_loader:
91. def wgm_predict_save(model, data_loader, ds, label_vocab, tagged_filename, element_
   filename):
```

```
92.    pred_list = []
93.    len_list = []
94.    for input_ids, seg_ids, lens, labels in data_loader:
95.        #pdb.set_trace()
96.        preds = model(input_ids, seg_ids, lengths = lens)
97.        preds = [pred[1:] for pred in preds.numpy()]
98.        pred_list.append(preds)
99.        len_list.append(lens)
100.   #将标签编码转换为标签名称,组合成预测结果
101.   predlist = wgm_trans_decodes(ds, pred_list, len_list, label_vocab)
102.   #从标签编码中提取出地址元素
103.   elemlist = wgm_parse_decodes(ds, pred_list, len_list, label_vocab)
104.   #保存预测结果
105.   with open(tagged_filename, 'w', encoding = 'utf-8') as f:
106.       f.writelines(predlist)
107.   #保存地址元素
108.   with open(element_filename, 'w', encoding = 'utf-8') as f:
109.       f.writelines(elemlist)
110.
111. #加载 BERT 模型
112. #model = ppnlp.transformers.BertForTokenClassification.from_pretrained("bert-
     base-chinese", num_classes = len(label_vocab))
113. model_dict = paddle.load('checkpoint/model_300.pdparams')
114. model.set_dict(model_dict)
115.
116. #推理并预测结果
117. wgm_predict_save(model, test_loader, test_ds, label_vocab, "predict_wgm.txt",
     "element_wgm.txt")
```

8.5 本章小结

本章首先介绍了命名实体识别任务,并说明了该任务的研究现状以及难点。其次,介绍了基于 BERT-BiLSTM-CRF 模型的命名实体识别模型。最后,使用 PaddlePaddle 构建了命名实体识别模型,实现了对阿里中文地址要素的解析任务。

图书资源支持

感谢您一直以来对清华版图书的支持和爱护。为了配合本书的使用，本书提供配套的资源，有需求的读者请扫描下方的“书圈”微信公众号二维码，在图书专区下载，也可以拨打电话或发送电子邮件咨询。

如果您在使用本书的过程中遇到了什么问题，或者有相关图书出版计划，也请您发邮件告诉我们，以便我们更好地为您服务。

我们的联系方式：

清华大学出版社计算机与信息分社网站：https://www.shuimushuhui.com/

地　　址：北京市海淀区双清路学研大厦 A 座 714

邮　　编：100084

电　　话：010-83470236　010-83470237

客服邮箱：2301891038@qq.com

QQ：2301891038（请写明您的单位和姓名）

资源下载：关注公众号“书圈”下载配套资源。